Living Forest

いのちの森

生物親和都市の理論と実践

森本幸裕・夏原由博
［編著］

京都大学学術出版会

本書は　財団法人日本生命財団の出版助成を
得て刊行された

ニホンイタチの母子（撮影・大島和男）（第3章3-4参照）
　大阪府箕面市粟生間谷，勝尾寺川流域．護岸壁の隙間を利用した繁殖巣．
　1980年代半ばまでは，このような光景が毎夏観察された．だがその年代の末よりはじまったニュータウン「彩都」の関連工事により環境は荒れ，ニホンイタチはこのあたりから姿を消した．代わりにシベリアイタチが住むようになったが，この種はおそらく人家内で繁殖しているものと思われ，このような光景を見ることはできない．
　2002年の罠捕獲調査では，この川の上流にニホンイタチ（雌）が「まだいる」ことを確認した．だが，繁殖巣をみることはできなかった．

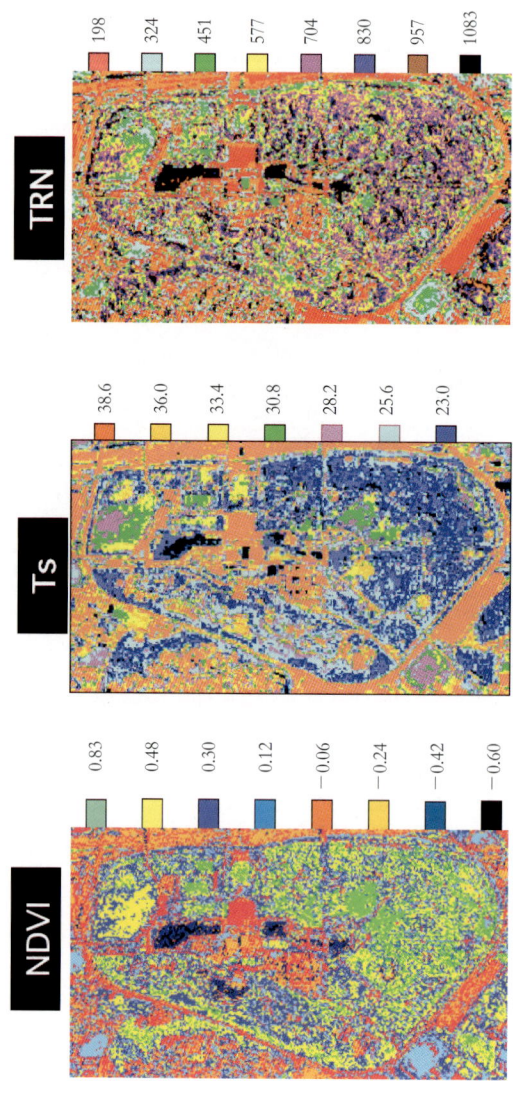

万博の森の航空機 MSS によるリモートセンシング（第4章4-1参照）

植生の活性を評価する3つの方法：NDVI は赤 (R) と近赤外 (IR) の反射率から計算した植生指数 (IR-R)／(IR+R) で、ほぼ緑の密度を反映する。Ts は地表面温度を、TRN は朝と昼の温度の変化に対する純放射量の積算値で熱慣性特性値を示し、緑の蒸散機能を評価することができる。

はじめに

　都市は本来，集住のメリットを求めて自然を切り開いて建設してきたものである．だから，都市の利便性を享受しながら都市に自然がないと不平をいったり，自然環境を保全しろだとかいうのは矛盾していることでもある．だが，人は何を求めて利便性を追求してきたのだろうか．豊かな自然にふれあえることは，私たちが健全で豊かな生活を送るためにも必要不可欠なことだと考えている．都市では利便性を追求すべきで，自然が欲しければ山にハイキングにでもいけばいいでないか，というのも一理ある．でも，私たちがあえて生物親和都市を求める理由は主にふたつある．
　まず，太陽の光や雨風のような無機的な自然だけでなく，小さなフクロウの仲間であるアオバズクの声に緑の季節を感じることのできる都市は，人々にとってもよい環境にちがいないということだ．日々の生活に豊かな自然体験と癒しを与えてくれるはずである．もうひとつは，都市が立地している土地をもともとの棲み場所としていた野生生物の行き場がないことである．私たちが手を差し伸べないと存続の危機に瀕する生き物も多い．
　では，どこにその矛盾の折り合いをつければよいのだろうか．この問題は意外に難問である．時の政治や経済に左右されるだけでなく，生き物の反応に関する基礎的な知見すら十分でない．かつてほとんどの生態学者は原生自然を追い求めており，都市などには目もくれなかった．その一方で，昔から都市緑地を作ってきた環境派の多くは樹木と芝生で満足していたし，野生の

はじめに

重要性に気づきはじめたビオトープ派にあっても，どのような目標をたてて，どのようにすれば，どのような成果が得られるかが不明なまま，熱き思いだけが先走っていることも多いようだ．しかし，都市の緑地では，太陽と雨や雪や風のみならず，深山幽谷のものと思われていた腐生ランの一種，タシロランが生えてくることもあるし，はるばる海を越えてやってくるアオバズクが子育てをすることもある．

そこで，「どの程度の規模で，どのような立地で，どのようなデザインの緑地ならこうしたことが持続的に可能なのか」という問題に答える研究が必要なのである．つまり都市の緑地を偏見なしに生態学的に評価する手法を開発することが，都市生活との折り合いをつける第一歩であろう．

本書はこのようなことを考えつつ，京都と大阪を主なフィールドとして展開した研究を，なんとか町の作り方にフィードバックしようとまとめたものだ．まだまだ荒削りではあるが，都市と野生のすてきな関係の構築への手がかりとなれば幸いである．

森本幸裕・夏原由博

目次
CONTENTS

口　絵　i
はじめに　iii

第1章
都市の野生とハビタット

1-1　都市によみがえる野生　[森本幸裕] ──── 3

 1　はじめに　3
 2　いのちの森との出会い　3
 3　ビオトープよりも花が好まれる理由　6
 4　計画と設計　7
 5　モニタリング活動　15
 6　ほどほど管理　22
 7　植物相の変遷　27
 8　市民のいのちの森　30
 9　矛　盾　31
 10　おわりに　34

1-2　都市の景観生態学　[夏原由博, 村上健太郎, 森本幸裕] ──── 36

 1　都市と自然景観　36
 2　ランドスケープの生態学　37
 3　種の生活史や種間競争の効果　48

目次

1-3 小さな生態系としての庭園 ［森本幸裕，伊藤早介］ —— 56

1. はじめに　56
2. 庭園のイチモンジタナゴ　57
3. 琵琶湖疏水の水を引く園池と魚類相　58
4. 平安神宮と織宝苑の園池　63
5. 多種の共存をもたらす秘密　68
6. 変化する庭園と手入れ　69
7. 日本庭園のシダ類　70
8. 日本庭園はコケ類の宝庫　72
9. 絶滅危惧種とは？　73
10. レフュージ（避難場所）としての庭園　76
11. レフュージの危機　78

第2章
野生生物と都市 —— 孤立林

2-1 孤立林の樹木とシダ植物 ［村上健太郎］ —— 83

1. 緑の島 —— 孤立林の樹木　83
2. 種多様性保全のための面積を考える　90
3. シダ植物と微地形　98
4. 「いのちの森」と万国博記念公園のシダ植物　101
5. まとめ　108

目 次

2-2　都市に残る野生 ── 糺の森 ［田端敬三，森本幸裕］ ── 111

1. 都市の森としての「鎮守の森」　112
2. ニレ科樹林としての「糺の森」　112
3. 人々の憩いの場としての「糺の森」　114
4. 変質しつつある糺の森の植生　116
5. 糺の森の現在の植生と最近11年間での変化　117
6. クスノキの優占度増大の要因　119
7. 糺の森での樹木の世代交代　121
8. 糺の森をモデルとしたビオトープ復元　125
9. おわりに　127

2-3　都市緑地の菌類 ［岩瀬剛二，大藪崇司，下野義人］ ── 130

1. 菌類とは　130
2. きのこの分類　133
3. 自然界における菌類の役割　136
4. 都市緑地「いのちの森」におけるきのこ　142
5. おわりに　150

2-4　孤立林の鳥 ［橋本啓史］ ── 152

1. はじめに　152
2. 林の面積と野鳥の関係　153
3. 都市の森のシンボル，アオバズクの保全　167
4. 都市に創られた新たな森への鳥類の飛来と定着　172

目次

第3章
野生生物と都市 —— 水辺

3-1 都市河川と水鳥 [須川恒] ———— 185

1 はじめに　185
2 ユリカモメの都市河川への定着　186
3 さまざまな水鳥の都市河川への定着　195
4 都市河川環境保全と水鳥保護のための視点　203

3-2 沿岸域の湿地再生と保全
　　—— 大阪南港野鳥園の事例 [髙田博, 和田太一] ———— 214

1 はじめに　214
2 自然湿地があった頃から南港野鳥園ができるまで　215
3 南港野鳥園における湿地づくり　218
4 海岸生物の生息状況　221
5 水鳥とくにシギ・チドリ類の利用状況　227
6 そのほかの生物の生息状況　235
7 湿地づくりのポイントと課題　235
8 さいごに　238

3-3 人工水域を利用するトンボ・ヤゴ [松良俊明] ———— 240

1 都市部から消滅しつつある池　241
2 プールのヤゴ　243
3 ある貯水池の場合　252
4 町中の造成池から羽化したトンボ　263
5 まとめ　267

3-4　都市のイタチ，田舎のイタチ ［渡辺茂樹］ ────── 270

　1　シベリアイタチとニホンイタチ　270
　2　都市はシベリアイタチ，田舎（農村・山林）はニホンイタチ　272
　3　珍獣ニホンイタチ　275
　4　2種の種間関係，和歌山県日置川町における調査より　277
　5　2種の種間関係，その補足　289
　6　今後の課題について　295

第4章
共生の管理と計画

4-1　万国博記念公園の森 ── 郷土の森の再生 ［森本幸裕］ ────── 303

　1　はじめに＝森の再生　303
　2　日本における森林の保全再生の変遷　304
　3　森林の復元　308
　4　「エコロジー緑化」の課題　316
　5　郷土の生物多様性を保全する森づくり　318
　6　おわりに　321

4-2　万国博記念公園の森 ── 人工ギャップによる再生
　　　　　　　　　　　　　　　　　　　　［中村彰宏，夏原由博］ ────── 324

　1　植物の種多様性を高めるための森林管理　324
　2　チョウにとっての人工ギャップ　336

目次

4-3 野鳥からみた都市緑地計画 [橋本啓史] ──────── 346
　1 なぜ都市に野鳥からの視点が必要なのか？　346
　2 大阪市の都市緑地における鳥類相　349
　3 シジュウカラを指標とする都市緑地計画　356

4-4 都市に自然をつくる [夏原由博] ──────── 366
　1 失われたものはなにか　366
　2 自然をつくる生態学　367
　3 都市の自然の目標とポテンシャル　370
　4 都市の自然の歴史　372
　5 いろいろなハビタット　381
　6 進化する自然づくり　385

あとがき　391
本書の刊行にあたってご協力を頂いた皆様　394
索　引　395

いのちの森

生物親和都市の理論と実践

第1章
都市の野生とハビタット

森本幸裕
Yukihiro Morimoto

Section
1–1

都市によみがえる野生

1 はじめに

　都市公園というものは，もちろんひとが利用するために作ったものである．人間の生活環境の整備がその本来の目的である．これに対し，むしろ主人公が生き物である公園がある．京都駅の近く，市内でももっとも自然から遠い存在でもあった，旧国鉄貨物列車操車場の跡地，梅小路公園の一角「いのちの森」がそれである．都市にも野生の聖域を確保するこの試みは，もともとその地に生息していた生き物を絶滅に追い込まない町づくりへの，ほんのはじまりだと私は思っている．全国に先駆けて都心の一等地，7000m^2弱を野生に開放したその顛末を記録しておきたい．

2 いのちの森との出会い

　それは1本の電話からはじまった――ランドスケープ・コンサルタントと

第1章　都市の野生とハビタット

表1　いのちの森開園までの流れ

1984年	国鉄ヤード系輸送を全廃
1987年	国鉄分割民営化
1993年	梅小路公園起工式
1994年	第11回全国都市緑化京都フェア開催（9〜11月）
1995年	ビオトープ研究会発足
	(財)京都市都市緑化協会（いのちの森の管理を担当）設立（3月）
	梅小路公園第1期整備完了し，一部開園（4月）
	「いのちの森」の設計（株）空間創研（2〜7月）
	基盤的な環境整備の施工（翌年3月まで）
1996年	「いのちの森」開園（4月）
	モニタリンググループ結成（4月）

いう仕事の草分けの1人，吉田昌弘からで，「ビオトープを作るのを手伝ってほしい」とのことだった．場所は旧国鉄の貨物列車操車場，京都市が買い入れたところ．この場所は平安遷都1200年記念の目玉事業として，全国都市緑化フェアという博覧会が開催されたところで，私はその跡地を公園とすることが決まっているのは知っていた．

　ランドスケープとは昔のいいかたでは「造園」で庭園や公園づくり，緑の保全と創造の専門分野である．しかし，自然や野生の復活といっても，もともとの自然とはいったいなになのか．どのように設計すればいいのか．うまく施工できるのか．それから，はたして自然が回復していくのだろうか．ビオトープづくりなるものは，コンセプトばかり先行して，中身と実態については心もとないことも多いのが現状だ．そこで，まずいろんな生物の専門家の知恵を集めて，京都の町の真ん中でどんな風にすればいいか話し合える研究会を作りたい，という．

　そういえば100年前には平安遷都1100年祭を契機に，いまは市内随一の文化施設ゾーンとなっている岡崎一帯の公園整備が進んだ．そのときもまず博

覧会,「第4回内国勧業博覧会」が開催されている．いまや京都のシンボルともなった平安神宮はそのときの創建で，平安京の大内裏を模した応天門と社殿の北には神苑が広がる．この神苑こそ小川治兵衛が近代日本庭園のスタイルを生み出した庭園史上の傑作でもある．

今回の1200年記念事業でも公園のなかに伝統庭園が計画されているのはうなずけるが，これに加えて地球環境問題のひとつ，生物多様性の危機が深刻化したことを反映して，その一角を京都で最初の本格的なビオトープにしよう，という点が特徴である．100年前の岡崎では博覧会後に動物園が作られたのとは見事に対照的である．

ただ，平安神宮ができた100年前の岡崎は田園地帯だったが，今回は既成市街地の都心．地価も高く京都駅から歩いて15分という利便性の高い立地で，その11.6haを緑地にするというだけでも大英断である．さらにその一角といえども野生生物の生息環境を作ろうとする，京都ではじめての試み．これほどの都心に，まとまったビオトープを作るのは全国でも例がない．

近頃は学校ビオトープという活動も各地で見られるが，その概念はもうひとつ明確でなく，むしろかなりの誤解も生まれている．これは，もともと主にヨーロッパで使われていた生態学の概念で，ビオ＝生き物，トープ＝場所，の合わさったことばであり，専門家の間でも多義的な使われかたがみられる．日本では，「池を掘ってちょっと植物などを導入すればビオトープ」というような誤解があるが，もともと「作る」という意味はない．英語圏ではこのような野生生物がやってくることを目標とした園地のことをナチュラル・ハビタット（野生生物の生息場所）・ガーデン，略してハビタット・ガーデンとよぶこともある．なんとかこの新しい試みを成功に導くために，私は喜んで協力することにした．

3 ビオトープよりも花が好まれる理由

　実はこの話の前，いのちの森の開園を遡る2年前のこと，この地で開かれた第11回全国都市緑化京都フェアの主催者展示に私が協力したときに，ビオトープに対する市民の反応を調べたことがある．京都の町中は緑が少ない．そこで京都にふさわしい緑化のありかたをいくつか提示してゲーム形式で参加者に選んでもらい，緑化してから5年10年の景観の変化をコンピュータで予測して，都市緑化に関心を持ってもらおうとする展示を行った．

　樹木のCGは葉や枝がたくさん不規則な形をしていて，3次元表示は簡単でない上に，成長もする．その成長原理と実際の樹木を計測したデータにもとづいた，世界初の植物成長シミュレータ，AMAPを使って，京都の都市緑化景観シミュレーションをやってみたのである．

　このゲームに参加した人の選択結果が実に興味深い．私の大学の学生たちは，圧倒的にビオトープ型の緑化を好んだが，市民は花いっぱいの緑化が大好きだった．この差は歴然としていた．なぜそんな好みの違いがでるのか．この原因についてはつぎのような解釈が成り立つと思う．つまり「花」は色とりどりで，そのよさが説明抜きでみんなにわかってもらえるのに対し，見た目に華やかでないビオトープはわかりづらい．だが，そこに住む生き物のドラマの知識を持っていて，野生動植物の意義を知っている人にとっては魅力がある．だから，ビオトープの住民のなかでもホタルとかチョウ，トンボはあまり説明しなくてもファンを獲得できるのに対して，多くの草や虫はその他大勢，ということになってしまうのだ．

　見て美しい花園に対して，ビオトープの方は，話を聞いておもしろい，あるいはいじってみたり，場合によっては味わってみたり，つまり基礎知識を得ながら体験してはじめておもしろくなるということなのだろう．

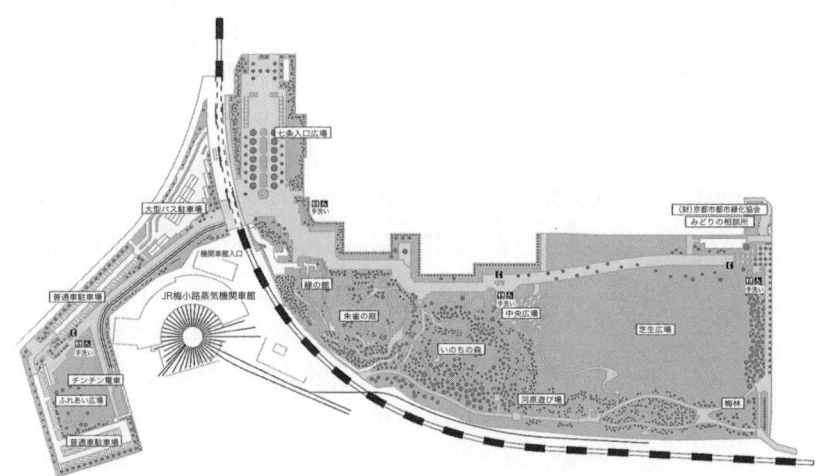

図1　梅小路公園(11.6ha)とその中央の「いのちの森」(㈶京都市都市緑化協会資料)

どこにでもいたはずのメダカやキキョウまで環境省のレッドリスト(絶滅の危機に瀕する生物種のリスト)となってしまった現在,なんとかみなにビオトープの意義をわかってもらわねば,というのが博覧会での私の結論であった.そしてその方法を考えながら実践に参加できる機会が到来したのである.

4 計画と設計

(1) 研究会

さて,どのようなビオトープにするか.まず合理的な目標をたてることが研究会の大きな目的だった.植物とその生育場所の整備のことならこれまでの経験があってなんとかなるが,動物といっても虫や鳥などいろんな種類が

いるので，それぞれの専門家の知恵がいる．メンバーはカマキリやアリジゴクなど肉食性昆虫の専門家で最近は小学校のプールにやってくるトンボ類も研究している松良俊明，京都の鴨川に再びやってくるようになったユリカモメのウォッチング仕掛人である，野鳥の生態の専門家の須川亘，それから小型哺乳類の数少ない専門家である渡辺茂樹に加えて，公園緑地政策の専門家である小林義樹，設計を担当する吉田昌弘の事務所のスタッフを含めた研究会がはじまった．

　テーマによっては，たとえばチョウの専門家を招いたりしながら，どのようなコンセプトと目標をたて，どのような手段をとればよいか，また外国の先進事例やこれまでの生態学の知見をふまえて，いのちの森の意義と実現可能性とその方法などを半年にわたって検討した．そしてまず，基本的な態度を次のコラムに示したように決定した．

> **復元型ビオトープの目標**
> 「一言でいえば，梅小路の都市的条件の下で
> 1 ha 程度のオープンスペースにおいて，
> できるだけ多様性が豊かで，
> できるだけ発展的ないし持続的で，
> できるだけ「京都」にかかわりが深くて，
> できるだけ多くの人に親しまれる，
> または親しまれるであろう種を含み
> できれば多様性を損なう種は
> 個体群の密度が低い，
> 生物相を持つ生態系を育成する．」

(2) 目標は山城原野

　まず無理のない目標である．地質，地形，気候などの立地条件とともに，都市の中心部にあって限られた面積であるという限界もある．そこで，面積はここよりかなり大きいものの，ひとつのよいモデルは，京都市左京区の賀茂川と高野川の合流点にある下鴨神社，糺の森であろうということになった．これは，地質や地形からみて共通点が多いと考えられたからだ．

　どちらも，もともと鴨川が形成した砂礫質の沖積層が広がる京都盆地にあって，平安京の都市建設以前は，いわゆる山城原野であった．糺の森は一部に常緑のシイやイチイガシも交えるが，ニレ科のムクノキ，ケヤキ，エノキという落葉樹の多い河畔林の様相を残す，めずらしい鎮守の森である．2章で述べるように，山城原野のモデルとしてこれ以上のものはない．

　森だけではない．平安時代にはまだ巨大な姿をとどめていた神泉苑という池も京都盆地のまっただ中に存在した．また，盆地北端にはユニークなミズゴケ湿原の深泥池もあれば，南端には広大な遊水池の機能を果たす巨椋池や横大路沼という低層湿原など，多様な湿地もかつて存在した．だが生産や便利な都市生活と引き換えに，そうしたところの生物を絶滅に追いやってきたのである．

　たとえば，まわりの都市化とともに，川の氾濫を押さえるために高野川や鴨川の河床を深く掘り下げる河川改修をしたことによって，森の中を流れる小川，源氏物語や枕草子をはじめ数々の物語や詩歌や絵図にも残る瀬見小川や奈良小川が涸れ，森の中の湧水池であった糺池も涸れ，森はどんどん乾燥化が進んだ．その結果，土用の丑の日の足付け神事で知られる御手洗社の泉も涸れてしまったのである．平安貴族が盛夏を乗り切る厄除けとして神社の冷たい湧き水に足をひたしに来ていたのがはじまりという，御手洗祭りの伝統を守るために，いまでは祭りのときだけ，新たに掘った井戸から水を流し

ている.

　この緩扇状地の自然と歴史を反映した森の水辺の風景をなんとか継承するため,神社は糺の森顕彰会（千宗室会長）や文化庁や京都府などの協力も得て,整備事業を10年あまりにわたって展開している．その結果,高野川から取水する泉川の水を引いて,小川の流れを,見かけ上ではあるが復活させることに成功はした．だが,湿った林床を好むフタバアオイがなくなるなど,森のようすもかなり変化してしまっている.

　京都盆地の平地は鴨川や桂川などの氾濫原だが,ところどころに基盤岩の丘が頭を出している．まわりの山々の続きが,盆地の中の沖積層から抜け出ているようなもので,吉田山,船岡山,双ヶ丘がそれである．これらは都人にとってもっとも身近な丘の風景を構成し,これまた数々の歴史といわれの舞台となってきた．こうしたところでは,現在はシイ林が拡大中だが,かつてはほとんどアカマツ林で,そのほか,コナラ林などが覆っていた．できればこうした要素を断片でも初期条件として再現したいと考えた．ちょっと欲張った考えだが,ニレ科の樹林を主体としつつも,少し丘も作り,多様な湿地や池と流れ,一部に常緑の森を含むものにしようという全体構想だ.

(3) 基盤条件の整備

　目標は山城原野といってもただちに再現できるわけではない．われわれのできることはできるかぎり最初に条件を整えておくことである．その条件の中心は土や水や石など,物理的なものとなる．だがそれだけでは,すでに周りにまったく自然の残っていないところをそのまま放置しておいてもけっして豊かな自然の再生はできない．豊かな自然地から孤立したところは,移動性に富むものしか移入できないからだ．また,時間の経過も非常に大きな要素である．だから少し大きな樹木や,倒木など,発達した生態系の要素でも

再現が可能なものは，計画に取り入れたい．

　幸い，街路樹の大きくなったケヤキが街路の整備事業のために，たくさん行き場を失っていた．ならばその第二の生涯をいのちの森で過ごしてもらって，山城原野の森の再現までの時間の短縮に貢献してもらおうということになった．大きな樹木はそれだけで環境形成能力を持っている．つまり，多様な生物のハビタット（生息環境）を作ることになる．ケヤキの幹肌を例にとると，若木の間は滑らかだが，直径が40cmくらいを超えるようになると，樹皮は5～10cmくらいの楕円形にはがれやすくなる．その隙間は成虫越冬するヤノナミガタチビタマムシという虫などの冬越しの場所ともなって，ケヤキの葉がのきなみ虫食い状態となることもある．つまり，大木は大きいだけでなく，多様な種の生息場所ともなる．とくに，樹洞ができる古木となると実に多様な生物がそのご利益にあずかることになる．都市でもこうした樹洞は大きな意味を持つ．京都では，山際の緑地に植栽されたサクラの樹洞に，キマダラルリツバメという絶滅危惧種のチョウがハリブトシリアゲアリというアリと共生しているのが知られている．

　さらにまた，自然の森には5％くらいは枯死木があるし，倒木もある．キノコや昆虫，鳥にとって重要なそうした資源は，それが自然にできるのをまつのは時間がかかりすぎるから，やはり導入せざるをえないと考えた．

(4)　シャイな生き物とのつきあいかた

　野生生物にはカラスやドバトなどのように，都市的な環境にライフスタイルを変えたものもいるが，多くは人間や都市の喧噪を避ける．だから野生の聖域はできるかぎり人が近づけないようにしておかないと，シャイな生き物はやってきてくれないし，そういう生き物が来てくれないことには値打ちがない．しかし立ち入り禁止にしてしまえば，心ある市民も観察すらできなく

第1章　都市の野生とハビタット

写真1　樹冠の間をゆく空中の回廊

なって，それでは公園の意味も薄れる．そこで考えられたのが，日本庭園とつながった有料区域とすることである．これによって，来園者はかなりの意識を持った人に限定できるので，少しは安寧が保てる．

もうひとつは園路をごく限られた部分に設定したことと，空中の木々の梢の間をめぐる歩行デッキ，樹冠回廊の採用である．利用は基本的に限られた園路のみにして，さらにその園路からも見えにくい場所も設定し，年に数回だけ核心部のガイドツアーを企画することにした．また樹冠回廊にすると，利用者の踏みつけによる土壌の固結化も招かないし，野生への影響が少ない上に，ふだんは見えない高木の樹冠のようすが文字通り手に取って見える．たとえば美しい花木のひとつ，日本産のヤマボウシは同属のアメリカハナミ

ズキと異なって，新葉がでてから花が上向きに咲くため，地上からではやや見にくい難点があるが，回廊上では上から楽しめるのが強みである．これは利用者にもたいへん評判がよかった．大阪吹田の万博記念公園の森に「ソラード」と名づけられた空中樹冠回廊を作ることになったとき，私は，この経験を生かして自然観察のしかけを随所にちりばめた計画作成に協力することができた．

(5) 湿地と平清盛

山城原野に存在した多様な湿地を再現しようとするなら，地盤を掘り下げないといけない．しかし，ここは平安京の遺跡の埋蔵地，平清盛の屋敷跡である．そのようなところを全面的に掘削するには，まず発掘調査が必要であって，そのためには何年も時間がかかって予定の開園には間に合わない．そこでとりあえず，遺構面を保護して，市内の工事残土で盛土し，井戸で水をくみ上げることになった．

京都盆地の多様な湿地を意識して，園内にもいくつかのタイプの池と流れが作られた．水は基本的に井戸水の循環水とするものと，くみ上げた水をそのまま導入するものを設定し，底質も砂利や石のものと泥のものなど，異なった環境を意図して多様な初期条件が設計されたのである．

(6) 埋土種子という自然復元素材

大賀ハスとよばれるハスがある．遺跡発掘調査で掘り出されたハスの種を大賀博士がまいたら芽が出てきて，古代のハスが再現されたというのである．植物には種の寿命が数日のものからハスのように長いものまでいろいろある．母樹にいる間から根や芽を出すのを胎生といい，マングローブが有名だ

が，生け垣などに使うことも多いイヌマキという木もある．一方，種子が成熟してから休眠して，長年月土中に埋もれたまま，温度変化や光の刺激がないと発芽しないものや，その反応も画一的でないものなど，実にさまざまである．散布された種子が土に埋もれているのはちょうど次世代の発生に向けて貯蓄しているようなのでシードバンク（種子の銀行）という．

　さまざまな種類の植物の種子を土に埋めて，長年月の間の生存能力を調べた昔の有名な実験があり，いまも貴重な資料となっている．湿地の植生にはこのシードバンクを形成するものが多い．水面下の泥の中では酸素も少ないので，休眠に都合がいい．これがたまたま攪乱されて空気に触れたりすると，発芽するわけである．先日も大阪の町中の川に絶滅危惧種が発生した．いまは下水処理場からの処理水の放水を唯一の水源とする今川というコンクリート3面張りの川であるが，底に溜った泥の中からオニバスが出現して巨大な葉に成長した．これが1年草とは信じられないほどだが，いまは全国的に限られたところでしか見られなくなった．しかし，溜池などの泥をかきまぜると休眠していた種子が目をさまして発芽する．だから土は昔の植生復元の貴重な材料なのである．

　そこでいのちの森に計画したひとつの池の底には田んぼの土が使われることになった．田んぼがまだたくさん残っている滋賀県の栗東から土が運ばれて，池の底に敷き詰められた．なお，のちに開園を迎えてからまず芽を出したのはコナギという水草で，秋には紫の花をつけたのだった．除草剤の発達によってこんな水草もめっきり減ってしまっていることにあらためて気づいたのである．

都市によみがえる野生 | 1-1

写真2 貨物列車ヤードであった時代の梅小路（国土画像情報（カラー空中写真）国土交通省）

5 モニタリング活動

(1) グループの結成

　貨物列車ヤード跡という，都心部で木が1本も生えてなかったところに本格的なビオトープが作られたのは日本ではじめてのことだし，なんとか成功させて，こうした存在の意義を多くの人に伝えたい．そのためには，どんな動植物がどれだけ生息できるか，具体的なデータを示さないといけないが，「そうした体制も予算もない」というのが，市の担当部局やプロジェクトに協

力した私たちの悩みでもあった．そこで，インターネットのメーリングリストなどでよびかけたところ，思いがけない反響があって，立派なボランティア調査団ができあがったのである．

　大学や研究所，環境コンサルタントの専門家や学生に加えて熱心な市民も含むサポーターの存在は，たいへん心強いものであった．はたして思い通りに山城原野が復活するのだろうか．植物，昆虫，土壌動物，鳥，きのこ，それから光環境や土壌条件もできるかぎり調べようという，自然再生ウォッチングがはじまった．月に一度くらいずつ園内を見回って，どのような動植物がいるかチェックする悉皆調査である．さて，調べてみると，いろいろおもしろいこととともに問題点もあらわとなってきた．問題点はとかく隠されがちだが，むしろそれは今後の各地での取り組みにたいへん参考となるはずなので，いろんなうれしいできごととともに，あえて紹介したいと思う．

(2)　ニッポンアカヤスデ —— 落葉の掃除屋さん

　あまり見た目のさえない生き物だが，土壌動物にヤスデというのがいる．石をひっくりかえすとムカデの小型版のような形のようなのが丸まっていたりする．ムカデとちがって，こちらは人を刺したりはしない．この仲間でときに新聞を賑わすのがキシャヤスデ．8年に一度，八ヶ岳の東南麓の野辺山付近では，このヤスデの成虫が地表を群遊し，時に線路に群がって列車の車輪がスリップし，立ち往生させる．

　土壌動物班がいのちの森に大発生したヤスデを専門家に送って鑑定してもらったところ，ニッポンアカヤスデということで，これまで大発生の記録はないということが判明した．とすればいのちの森では，史上はじめての記録がとれたことになる．これが，わがモニタリンググループ結成による最初の大きな成果であった．

トンボやチョウのようなファンが多い昆虫ならともかく，こんなさえないムシのどこがおもしろいのだろう，と首をかしげる方も多いと思う．しかし，もし彼らがいなかったら，生態系の物質循環が成り立たない．いわば，落葉の掃除屋さんである．彼らがいない町なかの街路樹では，人間が掃除して処分しないといけない．だから，市役所の公園課は落葉シーズンになると苦情電話で困るので，イチョウがきれいな紅葉を迎える前に剪定してしまうことが多い．実にもったいないことである．ちなみに，冬も葉をつけている常緑樹なら落葉掃除はいらないと思っている方もおられるようだが，常緑樹も葉の寿命がつきれば落葉する．マツやシイは1年から3年くらいのが多い．クスノキは1年しかもたない．こういうのは，新葉が展開する春先が落葉シーズンである．竹の秋，といわれるように，竹の葉は新しい葉に入れ替わる春がちょうど紅葉シーズンとなる．

　この落葉がヤスデなどの土壌動物やきのこなどに分解されて，また森の樹々の養分となるわけである．森林土壌では，尾根筋と斜面，沢筋では土壌動物相が非常に異なっていて，物質循環の担い手の種類が立地の指標ともなっている．いのちの森のどのような条件がニッポンアカヤスデの大発生に結びついたのか，もうひとつ原因がよくわからないが，この新たに造成したビオトープの特徴のひとつにまちがいない．

(3)　ツキヨタケときのこ班

　発光生物というのは実に人を引きつける．海の夜光虫と里のホタルはその代表だ．では山ではなにかといえばツキヨタケだろう．普通にはなかなかお目にかかれない．深山幽谷のきのこだ．それが町の真ん中で発生したのだから驚いた．専門的な解説は第2章に譲って，ここではその騒動の顛末を記しておきたい．

第1章　都市の野生とハビタット

写真3　ツキヨタケ（左：イヌブナ材切片：布谷知夫，右上：幼菌，右中：発光する傘の裏，右下：成菌）

　きのこ班から興奮したようすで連絡が入った．「ツキヨタケですよ．たくさん生えてきました．見に来てください」．そんなことありえるのか？　いったいどんな木から生えてきたのか？　半信半疑のまま，いのちの森に駆けつけた．なるほど立派なシイタケみたいなのがいっぱい，複数の倒木から生えてきている．いかにもおいしそうなので，きのこ中毒のなかではこれが一番多いそうである．

なるほど立派だがツキヨタケが光るところを見たい．それにはやはり夜でなくては，ということで協会に頼んで特別に夜のようすを調べることになった．夜は勤務時間外だが，ツキヨタケだとしたら中毒の多いきのこだし，管理当局としてもその真偽と動向はきっちり把握しておく必要がある，という理由で夜の観察会が実現した．

さて，日没後に待ち合わせていのちの森に向かったがいやに明るい．それもそのはず，街の真ん中だし，となりは JR の線路の明かりが煌々と光っている．都会の夜は，とてもツキヨタケの光が太刀打ちできるものではないのだ．幻想的なツキヨタケ明かりを期待していたわれわれはまず出鼻をくじかれてしまった．しかたがないので手近にあった大きな黒い寒冷紗を 2, 3 回折り重ねてかぶってみたら中はなんとか真っ暗．その闇の中でツキヨタケの笠の内側全体がぼんやりと，しかしはっきりと光っていた．さっそく，参加者は交代で 2, 3 人ずつ寒冷紗をかぶってはツキヨタケの光とご対面という，怪しげな観察会となってしまったが，都市環境の光汚染（ライト・ポルーション）の凄まじさを実感せざるをえなかった．とくに昆虫相の大幅な貧困化の主要因のひとつと目される光汚染が，いのちの森でも大きな問題であることに気づいた．

最初は「公園のきのこなんて」といいつつ渋々モニタリングに参加してくれていたきのこ班がもっとも熱心なグループに変身したのは，このツキヨタケのおかげである．

しかし，本来ツキヨタケはブナやミズナラに生える．京都市内の復元型ビオトープとしてはちょっと疑問である．この倒木の材はいったいなんだろう．もともとここの倒木については近くの里山を除伐した材とか，御池通りという目抜き通りにあった街路樹が地下鉄工事で移植することになり，それがうまくいかずに枯れた樹木の材を入れる予定になっていた．だが，よく調べたらイヌブナで，京都市の北の方からきたものらしいことがわかった．それな

らツキヨタケがでるのも納得できる．もともと菌がついていたのだろうが，よく都会でも発生したものである．その後も，都会の環境に負けずに継続して出るだろうか．これがきのこ班の大きなテーマのひとつとなった．

(4) 生態遷移

ニッポンアカヤスデが大発生したつぎの年，あれほどうじゃうじゃいたのに，探してもなかなか見つからない．これはどういうことだろう，と不思議に思っていたのだが，昆虫班の調査でその秘密がわかった．ヤスデが少なくなったかわりに，カメムシが現れていたのである．つまり，ニッポンアカヤスデはほとんどカメムシに食べられてしまったらしい．

そして，そのカメムシもだんだん増加してきた鳥たちに食べられているようである．虫を食べるシジュウカラのような鳥の，恰好の餌なのであろう．

そして，4年目にして大型の捕食者であるジョロウグモも出現した．つまり，生態系の食物連鎖が徐々に高次なものとなりつつある．しかし，コガタスズメバチのようなものは，もし営巣するようなら駆除せざるをえない．

(5) カワセミ —— 水辺の宝石

その時，思わず拍手があがった——年に1回のモニタリンググループの全体会の会議に初参加したメンバーがカワセミの飛翔をビデオに撮影した，と報告したときのことである．水辺の宝石ともよばれる美しい鳥だ．

カワセミが巣作りをするのは，川の侵食でできた裸地の崖が多い．そこでカワセミがやってくることを願って，そのような形に土を固めたところを作った．循環式の流れの末端あたりのその池を，「カワセミの池」と名づけたときは，まだだれもそれが現実になろうとは夢にも思っていなかった．それ

写真4　湿地の周りの自然観察会

が文字通りの成功を収めたのは開園5年目のことであった．

　クマタカやイヌワシという猛禽類は食物連鎖の頂点にいるため，猛禽類のいる生態系は全体としても豊かなものと考えられている．これを陸域の生態系の頂点と考えれば，魚類を食べるカワセミは淡水の生態系の頂点ともいえる．こんな町中の小さな緑地の小さな池でも，条件を整えればやってきてくれるのだ．うれしいことに，この年の春の自然観察会を催したとき，市民の目の前で，カワセミ2羽がおそらく繁殖期の行動なのであろう，円舞してくれたのである．

(6) 希少種について

　いのちの森で記録した植物のうち，日本の植物に関するレッドリストで準絶滅危惧（NT）に指定されている植物はヒメシャガ1種であり，「近畿地方の保護上重要な植物—レッドデータブック近畿—」に記載されている植物は，コムラサキ，ミツガシワ，シモツケ，ヒメシャガ，カキツバタ，ヤマユリ，ウチワドコロ，ニラ，トチカガミの7科9種であった．これらのなかで，植栽以外のものはヤマユリ，ウチワドコロ，ニラである．ニラはおそらく栽培品のエスケープ，前2者は埋土種子か移植工事で地下部がもたらされたものと私たちは思っている．ウチワドコロの近畿での確実な産地は滋賀県のみであり，注意して保全する必要があると考えた．

　トチカガミは1997年に「ガマの池」一面に広がり，多数の花を咲かせていたが，その数年後からは残念ながらまったく記録できなかった．トンボ類の盛衰と軌を一にしているようだ．

6 ほどほど管理

(1) 自然のプロセスを肩代わり

　造成地でのこれまでの経験から，なにもしなければ都心の空き地はたちまち外来の雑草に占拠されてしまうことは明らかだ．クズやセイタカアワダチソウだけが繁茂すれば，せっかくいろんな種子が運ばれてきても地面が暗くてなかなか発芽や成長がままならない．そのためいわゆる植生遷移が停滞して，なかなか森にならない．こうした現象を「偏向遷移」という．また，どんな空き地にでもすぐ生えてくる，いわゆるジャンク種とよばれるものだけ

が繁茂しても，自然の再生にはつながらない．

　そのうえ，ほんとうの自然なら毎年の梅雨や台風時の増水や数十年に一度の大洪水がおこって，植生が破壊されたり，新たな土砂が堆積するという攪乱が発生するのだが，そうしたプロセスを制御している現在では，どうしても限られた種だけに単純化してしまう．

　せっかく都心の一等地に野生の聖域を作るのだから，なんとか本来の自然の構成種がたくさん定着できるようにしたい．そのためには，単に保護するだけではなくて，人間が洪水や台風の代わりになって攪乱，つまり草の刈り込みだとか，池の泥上げだとかをしないといけないわけだ．

　生き物については，初期条件は整えて，あとはやってきてくれるのを待つのが基本姿勢だが，偏向遷移を招く種，とくに侵略的外来種（移入種）など限られた種の大繁茂はなんとか押さえて，種多様性を確保したいと考えた．つまり，ちょっとおこがましいが，自然のプロセスの肩代わりとしての管理が必要なのである．

(2)　ウシガエルとアメリカザリガニ

　開園 3 年目，春の自然観察会の当日，水生昆虫班はヤゴを採集しようと試みたが，最上流部のミツガシワの池以外ではヤゴの採取ができなかった．前年には 5 科 15 種のトンボの羽化が確認されたのに，当日はウシガエルの幼生（オタマジャクシ）が大量に採取されるのみであった．この件の詳細は第 3 章にゆずるが，こうした池の富栄養化とそれに適したウシガエルやアメリカザリガニという侵略的外来種の繁殖は，ほかの多くのビオトープ池でも見られる．これが都市における自然再生の厄介な課題である．

　泥上げやきれいな水の供給がなくては，どうしてもこのような状況になりやすい．本来の山城原野という河川の中流域では，頻繁に洪水が発生し，た

まった泥を流したり，上流から砂礫が供給されるプロセスがあったはずである．それに似たプロセスを発生させるとすると，泥上げと，くみ上げた地下水をたくさん供給することであろう．

(3) 順応的管理

ウシガエルやアメリカザリガニがいのちの森の多様性にとって困ったものだとか，池や流れでの水辺の植物の過繁茂をどうするか，という議論をモニタリンググループでしていたとき，画期的な概念「順応的管理」を提案しているアメリカ生態学会の委員会13名の共同執筆による論文（Christensen, N.L. et al. 1996）を知った．この骨子はつぎのようなものだ．

よくわからない生態系とか野生生物を対象として，最初から完璧な保全計画や管理はできるはずはない．不確実な情報をもとに，予防的に管理せざるをえず，臨機応変な管理が余儀なくされる．そこで生態系の管理にあたっては，説明する責任（accountability）を伴った順応的な管理（adaptive management）を提案しているのである．つまり，可能な限りの知見をもとに，合理的と思われる (1) 管理の当面の目標を設定し，(2) モニタリングを継続し，(3) 予測と評価を行いつつ管理を実行し，(4) 問題が発生したら改めて方針を柔軟に変更する，というやりかたである．

われわれも，最初に述べたような方針にそって，多様な立地の設計と，最初から一定の大きな樹木の導入も図ったが，今後ようすをみながら管理をしていく必要がある．そのためにも，われわれのモニタリング活動はたいへん意義あるものと受け止める一方，その結果の公表とともに，いろいろな専門家の意見もうかがわねば，ということになった．

（4） 2人の先覚者のコメント

　1998年度には，「山城原野はよみがえるか」というテーマで村田源，元京都大学講師と杉山恵一，静岡大学教授（当時）を招いて都市の復元型ビオトープの可能性に関する研究集会を開催し，その前にいのちの森の現場も見てもらった．村田講師は植物分類学の権威で，故・北村四郎京都大学教授との共著の植物図鑑は名著との誉れが高い．杉山教授は早くからいわゆるビオトープづくりを提唱している．そのときのコメントはつぎのようなものだった．

> [村田]「町の真ん中に野生植物が元気にしているのを見るのはたいへんうれしい．とくに近年少なくなったフトイも旺盛に生育している．エノキをはじめ，園内に木本植物の実生がかなりあるようだ．これらはかなり短い期間に，植栽したものより大きくなるのではないか．今後，徐々にそうした自然に根づく郷土の植物を大事にして，植栽したものと置き換えていくと，より自然的な状態となるのではないか．アメリカセンダングサやセイタカアワダチソウなどの侵略的外来種の大繁茂はコントロールした方がよい．」（非常に大きく育ったアメリカセンダングサを見て，「こんな立派なのは残しておいては？」という村田講師のコメントもあった！）

> [杉山]「町の真ん中にこれだけの場所を確保して作ったことの意義は大きい．これまでいくつかビオトープ池の整備例を見てきたが，当初たくさんトンボ類がやってきて15〜17種くらいまで増えることがある．しかし数年たつと徐々にトンボの種類が減少する．かわりにアメリカザリガニが繁殖する．このコントロールをなんとかしないと，多様性は減じる．データをきっちりとっていないことが多いので，ここではモニタリングをやっていることの意義は大きい．生物が侵入するためには，本質的に攪乱が必要で，最初は多様な種が侵入する．その後競争がはじまって弱いものが絶滅するので，どうしても多様性は減少する．生物多様性を目標にするには遷移を止めたり，逆行させることが必須である．」（いのちの森でもアメリカザリガニは増えた．2年目のレポート裏表紙を飾ったヒツジグサは残念ながらアメリカザ

リガニにちょんぎられて，姿を消してしまったし，その後導入されたハスなど多くの水生植物も同じ運命にあった．しかし，アメリカザリガニがいるのでサギ類がやってくる，という意見もある．）

(5) 「ほどほど管理」のすすめ

　管理が重要というが，では実際にどれほど人手がかかるものか．いのちの森の生態系管理に要している直接的な人手を2年目について集計してみると，年間haあたり100人程度であった．園路など場所を決めた除草，草刈り，池の藻類除去，ホテイアオイ除去，枯損木と支柱撤去などである．草刈りは年2回程度，区域をきめて行い，池や流れは開水面を確保できるように除草している．また初期には区域をきめて，アメリカセンダングサとセイタカアワダチソウの刈り倒しが実行された．管理とはこのようにたいへん種々雑多で場当たり的な対応も余儀なくされる．「順応的管理」といえばわかったような気にもなるが，問題の先送りの感もある．どのような姿勢でビオトープ管理に臨むのがよいのか．私たちは，たとえば以下の希少種や本来の種を大事にする「ほどほど管理」を考えている．

- 希少種：自然的な豊かさとその変動は，簡単にコントロールできるものではない．しかし，日本で3例目のきのこや，近畿地方のレッドデータブック記載種が出現したら，レフュージ（避難地）としての意義があるので，直接的な競合種は制御する．
- 本来の種：導入した種よりも，侵入・定着しつつある「本来の」郷土の生物，樹木の場合は種子から芽ばえて種子根という深く伸びる根系を失っていない個体などによる生態系を尊重する．

　しかし，なにが「本来」の生態系であるかは，かならずしも明確でないのが問題で，無機的環境，生物的環境が変動していて，いま地球温暖化の途上

表2　ビオトープいのちの森の生き物の記録例（いのちの森 No.1-8 より抜粋）

1年目：木本40科115種，草本18科34種植栽，ニッポンアカヤスデ大発生
　　　　ツキヨタケ発生
2年目：トンボ目幼虫15種，クリタケ属のきのこ（日本3例目）発見
3年目：トンボ目大幅に減少，ウシガエル大量発生，ゴマダラチョウ成虫
4年目：植栽以外の草本224種確認，ゴマダラチョウ幼虫越冬，ジョロウグモ，
　　　　コガタスズメバチ越冬，カワセミ飛来，アメリカザリガニ食害顕著，
　　　　変形菌29種累積記録，菌根性きのこ30種に倍増
5年目：植栽以外の木本40種確認，コクワガタ発生
6年目：シダ類22種（うち植栽5種）確認，セミ類4種の抜け殻，バッタ類大幅減少
7年目：蘚苔類23科39種確認
8年目：苗高50cm以上の実生稚樹59種1952本（32.5本/m²，最大8m）
　　　　チョウゲンボウ，セミ類成虫7種確認

にあることを踏まえる必要もある．だから，たとえじゃまに見えるものも完全には排除しない「ほどほど管理」が生物多様性に寄与するのではないかと思っている．たとえば池の過繁茂植生の排除にあたっては1/4を残しておくという提案をした．ここしばらくはこの姿勢で管理を継続し，適当な機会にモニタリング結果から，管理の評価をする必要がある，というのが，われわれと管理を担う協会担当者の間の合意事項となった．

7 植物相の変遷

さて，ここで少し植物相の変遷について，要点だけだが示しておきたい．図2はいのちの森の草本種数の変遷を示したものである．2年目にたくさんの新規加入があったのがおわかりいただけるだろう．4年目頃に種数ではピークを迎え，その後ほぼ安定している．つまり，造成初期の攪乱状態が多くの草本の侵入に適した状態を作っていたが，現在は落ち着いてきている．しか

第1章　都市の野生とハビタット

新規加入種数の変遷と累積種数

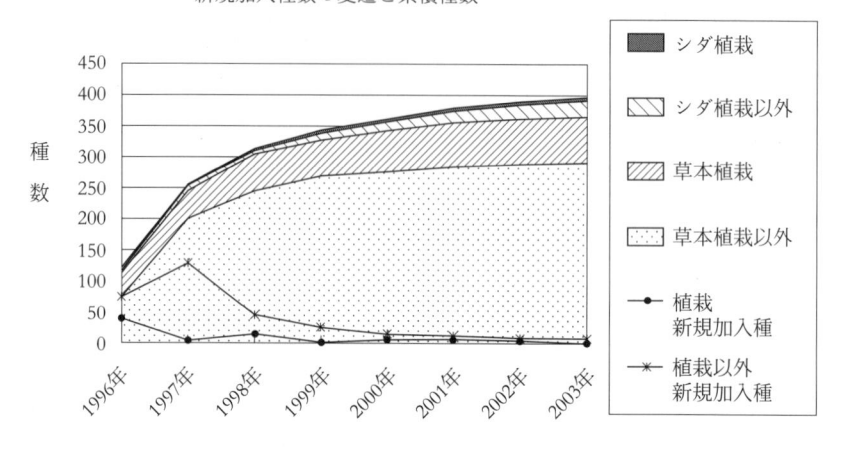

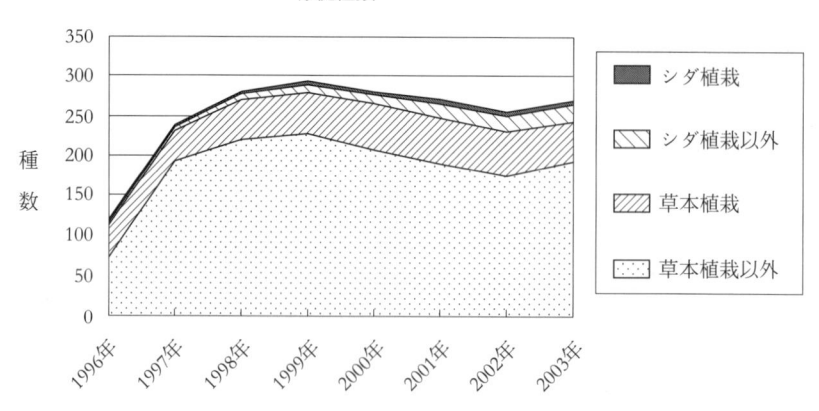

存続種数

図2　いのちの森の草本種数の変遷

図3 いのちの森の木本種数の変遷

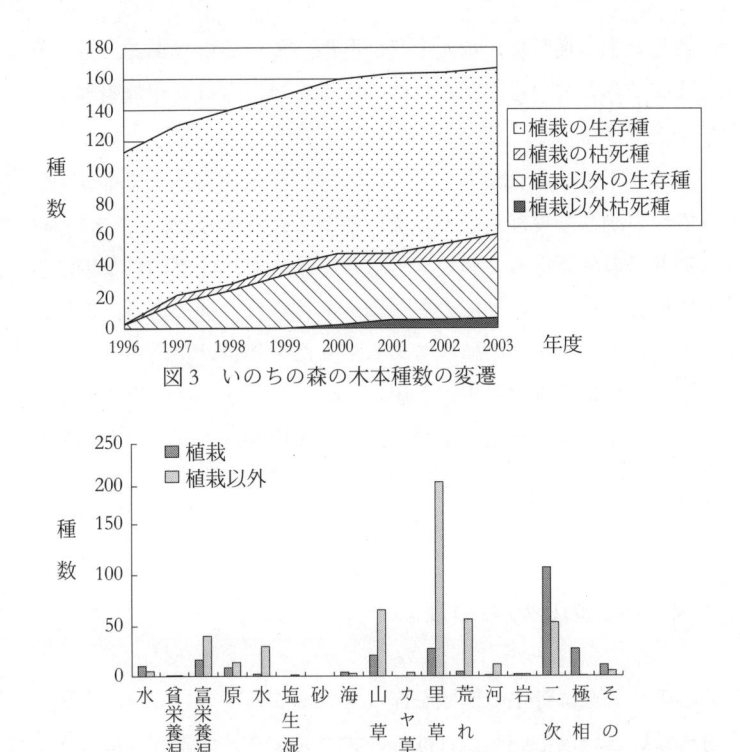

図4 本来の生育地別種数（複数カウント：たとえばススキはカヤ草地，里草地，荒れ地，河原とした）

しシダ類はわずかずつだが着実に増加しているのが注目される．侵入種が攪乱依存型からストレス耐性型にかわりつつあるとみられる．

一方，木本種（図3）の種数の増加は草本と比べて少し遅れた．また導入種のなかで根づかなかった種類も一部にとどまっている．シイ（スダジイとツブラジイ）は，まだ発達していない土壌のためか，やや葉が黄色くて小さいが，じっくり育っている．そのため種数だけみれば，面積がここの100倍ほどの

第1章　都市の野生とハビタット

京都御苑の木本種数に，なんとほぼ匹敵しているのである．もちろん，これは植栽に依存しているからにほかならないが，今後も粗放管理でこうした状態が持続できるなら，都心の緑として大きな意義があるといえよう．

　図4は3年目の調査結果をもとに，植物相全体について本来の生育地を大別してその割合を見たものである．植栽したものと，そうでないものにわけ，さらに本来の生育地もくわしく分類して示した．圧倒的に草地が多い．とくに里草地をはじめ，かつての農村周辺でみられた種である．近年，荒廃が叫ばれている里地・里山の植生である．まだ8年目だが，こうしたことが明らかとなったのは大きな成果だと思う．

　樹木の実生，水生昆虫，きのこ，鳥，昆虫などの詳細はそれぞれの章を参照してほしい．

8　市民のいのちの森

　都心の一等地に野生の聖域を作っていることについては，市民の理解と関心を得ないといけない．これはこのプロジェクトの先行きに大きな意味をもつ．都市で自然といえば，当局は人目を引くために，ホタルやカブトムシなど，すでにスターになっている生き物を苦労して導入するという方法をとることが少なくない．もし，そうした生き物が無理なく生息できる環境が成立していればよいが，現状ではやや無理がある．それならそんなに無理しなくても，実はよく知れば感動する生き物のドラマはどこにでも潜んでいるので，むしろそうした新たな発見をモニタリングによって発掘して，その情報をうまく市民に伝えていくことに大きな意義がある，というのがあるメンバーの持論だった．

　そこで一般向けの自然観察会を，公園を管理する協会の行事にあわせて

行っている．その方法は，来園者数名ごとに園内を案内する「エスコート型」を主体としつつ，おもしろい観察対象のところで通りがかった来園者に説明する「待ち受け型」を併用している．たとえば，きのこはごく小さいのもあるしそのままでは観察もむずかしいので，採集したものをあつめて，倒木のきのこが多いところに店を広げる待ち受け型である．もう8年目となると，リピーターも増えてきて賑やかだ．

これとは，別に夏期の親子自然観察会のような一般向けの企画や，グループメンバーを中心とする大学の現地講義，さらに専門家向けのシンポジウムや現地見学会など，多方面に利用されている．こうした活動はKBS京都，NHK教育テレビ，NHK総合テレビ，朝日新聞ほか，多数のマスメディアにも取り上げられることになった．

日々の活動は，ホームページ http://inochinomori.web.infoseek.co.jp/ と毎年の報告書で紹介しているのでご覧いただきたい．

9 矛　盾

さて，都市における自然再生というのは，もともといくつかの矛盾を含んでいる．これまでに出くわした問題点をつぎのように整理してみた．

(1) タイプ1（コンセプトの矛盾——3つの自然）

「自然」について，もともと生息していた野生生物相「構成種」の再現に重点をおくのか，その土地のもともとの形態「パターン」におくか，人為ではない風雨や洪水や生物の移入と定着，絶滅といった自然の動き「プロセス」におくか，この3通りの「自然」は，このような都市内の限られた面積では

第1章　都市の野生とハビタット

表3　自然の3つの性質と生物親和都市の目標

	構成要素	パターン	プロセス
自然の性質	地域の植物相，動物相，地形，地質	パッチ・コリドー・マトリックス．地域の景観．	日射，大気，水，土砂などの物質，生物の動き．
原生自然でのありかた	本来の多様な自生の動植物	原生林，原野（河川，湿地を含む），連続した山—川—海．シフティング・モザイク．	さまざまな要素の自然的日変動，季節変動，年変動，台風，洪水，山火事，地震などのイベントなど．物質循環．生物のさまざまな動き．
生物親和都市の目標	本来の生物相を絶滅させない町づくり．豊かな自然とのふれあい．	緑の拠点と回廊の確保．その最適化された分布．自然立地的土地利用．	災害のリスク評価，生態系機能評価にもとづく自然プロセスの尊重と防災のバランス最適化．
劣化した自然でのありかた	野生生物絶滅と植物園，動物園などでの存続．移入種（外来種）の卓越．	断片化，孤立化，消耗した緑の拠点．エコトーンの消滅．	過度の防災事業に伴う攪乱依存型生物の衰退．自然プロセス代替としての緑地管理．

必ずしも一致しない．そこで，最初に紹介したような基本的な態度で，あまり無理しないでできる範囲で豊かな生物相を目標としようということになっている．しかし，こうした事業に関心を寄せる熱心な人々やわれわれの間にも，前3者のどれをより重く見るかで，微妙な意見の相違はある．これがタイプ1の矛盾，いわばコンセプト段階の矛盾である．

　この3つの自然性質を表3に整理してみた．「生物親和都市」の理論はこの3要素の，さまざまな制約の中での最適化だと思う．

　公園管理当局は，できるかぎり多様な魅力的な動植物を導入してでも，来園者数の向上につなげたい意向を持っている．だが，動物園や植物園とちがうのは，生き物の自由なプロセスをできるかぎり保障しようというところに

ある．なんとか狭いところで本来の豊かな生物相を確保して，人々が触れあえる仕組みを考えるのはよいことだが，そのためにあまりにその場の本来のポテンシャルに逆らうと，維持がたいへんである．しかし，もしウチワドコロのような絶滅が危惧される生物がやってきてくれる状況ができたら，それだけで意義深いことなので，すこし配慮して存続させたいと思う．

(2)　タイプ2（過度の保護と導入）

だれが持ち込んだものか，ときに外国産の植物やコイやホタルなどの動物があらわれる．こうしたものはもともと生物親和都市に関心の高い人々の仕業であることが多い．結果的に本来の生物的自然の再生のマイナスとなることが必至なのだが，いわゆる放生池のような，人間の生き物に優しくとの思いとも関連が深いので，対応もむずかしい．これがタイプ2の矛盾，過度の保護の矛盾である．これを避けるには，人々の認識をより深いものにしていくための広報活動も必要かと思う．

(3)　タイプ3（施工と管理のミス）

このほか，モチツツジを植栽したところが，花が咲いてみると八重の美しい園芸種だったり，コバノミツバツツジのはずが関東のミツバツツジだったり，さらにはセイタカアワダチソウを刈り倒すはずが，サワギキョウまで根こそぎ刈り取ってしまったというような問題が，いのちの森でも施工と管理の段階で発生した．これはタイプ3の矛盾，自然再生の担い手と，自然再生をささえるシステムの未熟性によるものである．一般市民だけでなく，専門職能の育成，そのための社会的なシステムの整備も課題といえる．

10 おわりに

　もうすぐ10年を迎えるいのちの森は，このような矛盾をはらみつつも，それなりの生態系が育ってきている．しかし，今後都心におけるさらに質の高い野生の聖域として育っていくためには，いのちの森の中での矛盾の解決や順応的管理だけでは不可能だ．なぜならここの面積規模が豊かな生物相の安定的な供給源となる規模というには少し苦しいことも，明らかとなってきたからだ．なんとか周りとの連携を図っていく必要がある．街路樹や屋上緑化なども含めた都市緑化の推進などによって，都市をかこむ東，北，西の三山や野生の回廊としての桂川などの自然と，いわゆる緑のネットワークを形づくっていくことができれば，いつのまにか私たちの身の回りから姿を消していった多くの生き物が帰ってくるだろう．それは，こうした都市の自然再生に手弁当で貢献しているモニタリンググループの喜びであるとともに，豊かな都市の生活環境を示すものとなるはずだ．

▶ ....引用・参考文献

いのちの森モニタリンググループ(1997)『いのちの森1』京都ビオトープ研究会，35頁．
いのちの森モニタリンググループ(1998)『いのちの森2』京都ビオトープ研究会，49頁．
いのちの森モニタリンググループ(1999)『いのちの森3』京都ビオトープ研究会，50頁．
いのちの森モニタリンググループ(2000)『いのちの森4』京都ビオトープ研究会，48頁．
いのちの森モニタリンググループ(2001)『いのちの森5』京都ビオトープ研究会，46頁．
いのちの森モニタリンググループ(2002)『いのちの森6』京都ビオトープ研究会，53頁．

いのちの森モニタリンググループ(2003)『いのちの森 7』京都ビオトープ研究会, 52 頁.
いのちの森モニタリンググループ(2004)『いのちの森 8』京都ビオトープ研究会, 47 頁.
榎本百利子・佐藤治雄・中村進・北川ちえこ・宮本水文・芹田彰・田中泰信・森本幸裕 (1999)「都市内復元型ビオトープにおける植生モニタリングからみた生態系管理に関する事例研究」『第 30 回日本緑化工学会研究発表会要旨集』290-291 頁.
Murakami, K., H. Maenaka, H. and Y. Morimoto (2005) Factors influencing species diversity of ferns and fern allies in fragmented forest patches in the Kyoto city area, *Landscape and Urban Planning*. 70, 221-229.
Christensen, N.L., A.M. Bartuska, J.H. Brown, S. Carpenter, C.D 'Antonio, R. Francis, J.F. Franklin, J.A. MacMahon, R.F. Noss, D.J. Parsons, C.H. Peterson, M.G. Turner, R.G. Woodmansee. (1996) The Report of the Ecological Society of America Committee on the Scientific Basis for Ecosystem Management. Ecological Applications 6, no.3: 665-691.

夏原由博 *Yosihiro Natuhara*
村上健太郎 *Kentaro Murakami*
森本幸裕 *Yukihiro Morimoto*

Section
1-2

都市の景観生態学

1 | 都市と自然景観

　近代化とともに急成長した都市で都心の過密から逃れて自然の中で暮らしたいという願望は，19世紀末のイギリスにはじまるようだ．しかし日本での反応も早かった．ハワードの著書『田園都市』が出版されて10年ほどで，わが国でも私鉄が郊外居住のキャンペーンを行っている．そして戦後の大規模なニュータウン政策によって，都市の面積は拡大する．丘陵地の地形は変えられ，樹林や農地の大部分はアスファルトや建築物によって覆われてしまった．しかし，そうしてつくられた千里ニュータウンの緑被率は28％であり大阪市の6％に比べると高い．このように都市は通常，中心から同心円状に発達するため，都市化が著しい都心から郊外あるいは自然地域までの環境の変化（環境傾度）を示し，自然地域では連続している生物の生息場所は，都市では小さな断片へと変化している．それゆえ，都市―郊外の環境の変化は，生物群集が景観の改変によってどのような影響を受けるかを知るための実験室といえる．実際，都市化による森林など生息場所の断片化と生物

多様性の関係についてたくさんの研究がなされている．

　どれくらいの広さの緑地がいくつくらいあれば，都市に自然がよみがえるのか，よく質問を受ける．しかし，答えはどのような自然を目標にするかによって異なる．研究者としてはこれくらいの内容と面積の緑地が，どのような配置で何個作られれば，この程度の生物多様性が再生する，という答えは用意する必要があるだろう．さらに将来は欲張って，どれくらい「健全な」生態系の機能が回復するという答えも用意したいと思っている．そうした提案は第4章に譲って，ここではその基礎となる生態学の考えかたを整理する．

2 ランドスケープの生態学

　都市で自然が失われたのは，もともとあった樹林や草地，農地，水辺が失われたからである．したがって，自然を取り戻すには，そうした失われた場所を元に戻せばよい．しかし，すでに家が建ち道路ができていたりするために元に戻すことは不可能である．次善の策としては少ない量の自然でより効果的に自然を回復することである．私たちはその鍵となるのが景観生態学（ランドスケープエコロジー）だと考えている．

　景観（ランドスケープ）とは景観生態学では，単に目に見える景色のことでなく，そこで生じている生態系や複数の生態系間の相互作用を含めて考えている．景観とは森林とか水田のようなまとまり（景観要素）が隣合わせで組み合わさり，さらにその組み合わせがくり返しているような状態をさす．西日本の低地であれば，水田が続く中にため池や鎮守の森が点在するような全体，丘陵地であれば，入り組んだゆるやかな谷に水田があり，水田に接する斜面は刈られて草地となり，尾根には二次林がつながっている全体を景観と

いう．そして水田の水の中で，植物プランクトンが発生し，それを動物プランクトンやオタマジャクシが食べ，さらに魚やタガメが食べるというように，景観要素の中でまとまった生態系ができあがっている．しかし，オタマジャクシはカエルになると草地や森に移動するし，水田から水が抜かれるとタガメはため池に移動する．景観生態学ではこうした異なるタイプの景観要素間での物や生物の動きが重要なテーマとされている．

　空間の広がりについては，「地域」(regeion)，「景観」(landscape)，「景観要素」(landscape element) という３つのスケールが考えられる．一方，生物の立場からは「局所生息場所」(local habitat)，「微小生息場所」(micro habitat) などに分けられる．地域は府県あるいはもう少し広く流域や地方といった，同じ気候をもつ地理的範囲である．景観は北米では数 km 程度のエリアとされているが，我が国ではもう少し狭い範囲によって定義されるかもしれない．こうした分けかたは人間の目から見たものであり，生物の生息は景観要素とは必ずしも一致しない．局所生息場所は，景観要素と同じこともあるが，複数の景観要素にまたがることもある．小さな昆虫の局所生息場所は，景観要素内にあり，その中の道路幅や森林管理といった環境の変化によって区別される．微小生息場所は，こずえや花など生物が利用する最小単位である．都市緑地は，規模によって景観要素から景観までのスケールであることが普通であるが，場合によっては，景観要素内の局所生息場所でもありうる．
　景観を表現するのにパッチ，コリドー，マトリックスということばを用いる（図1）．パッチとは孤立林のように周囲とは異なっていてある程度均質な土地（や水面）で線状ではないもの，コリドーは生垣や河畔植生のように両側の土地とは異なっている線状の土地，また，マトリックスはパッチを取り囲む背景的な土地のことである．そしてこれらの集合を「モザイク」とよぶ．

図1　パッチ，コリドー，マトリックス

生物の生息地は通常パッチ状であることが多い．しかし，拡大してみるとパッチと周囲のモザイクの間は突然変化するのでなく，池が岸で徐々に浅くなるように環境の勾配ができていることが多く，これを「エコトーン」とよぶ．

　景観全体のつくり，パッチやコリドーがどう配置されているか，マトリックスがどんな環境かによってそこでの生物多様性や生態系の機能が違ったものになる．

(1)　パッチの生態学

種数―面積関係

　島で見られる生物の種数が面積の広い島ほど多いことは古くから気づかれ

第1章　都市の野生とハビタット

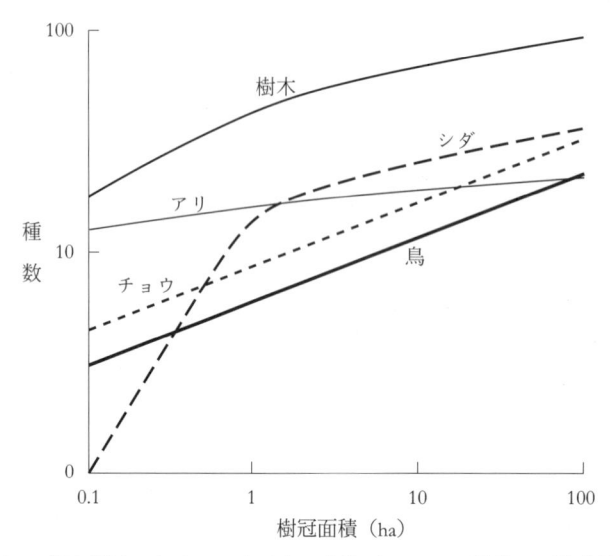

図2　都市緑地におけるさまざまな生物グループの種数―面積曲線の比較

ていたが、1980年ころから、陸地の中の島のように孤立した生息地にもよくあてはまることが知られるようになった．個別のデータは省略してあるが大阪府と京都市の都市緑地の面積とそこで見られる種数の関係を示したものが図2である（両軸の目盛りが対数であることに注意）．樹木の場合は1ヘクタールの緑地でも44種も見られるが、シダでは13種類、チョウで9種類、鳥で6種である．鳥の種類は、10ヘクタールでも10種以下と少なく、この程度の面積では多くの鳥の種にとって、生息場所として利用されないようだ．同じ面積での種類の違いは、もともとそのグループ全体の種数に差があることが原因であるかもしれない．たとえば、大阪府で繁殖している可能性のある森林性の鳥の種数は45種なのに対してシダは223種、樹木は417種である．同じ割合で都市で見られるとしても種数に違いができるだろう．もうひとつは、

生息に必要な面積の違いで，シダは数十センチ四方の土地があれば育つだろうが，鳥は少なくても数百メートル四方は必要だろう．

　いずれのグループも生息地の面積が広いほどたくさんの種が見られるが，その増加のしかたは生物のグループによって異なっている．図では傾きが大きいほど種数の増加のしかたが急であることを示す．シダは1ヘクタール以下の小面積で急激に増加するが面積が広くなると増加のしかたが緩やかになる．樹木も似た傾向を示している．一方，鳥とチョウは面積あたりに生息する種数は異なるが，直線の傾きは似ている．樹木やシダで曲線なのは対数関係といって面積の対数と種数が直線であらわされる式でよく近似できるためである．それに対して鳥とチョウは指数関数でよく近似できる．ある程度均質な広い場所をランダムに調査したときの種数—面積曲線は対数関数にしたがうことから，樹木やシダの分布が緑地ごとにランダムに近い分布をしている可能性もある．アリは面積の影響をもっとも受けなかった．これは，生息場所として必要とする面積が小さく，小さな面積の緑地であっても生息可能であるためであろう．もうひとつには，移動力が劣るために，孤立した場所には新しく種が加わることが少ないためだと考えられる．

　都市の生息場所の特殊性は，かつて大きな面積だった生息場所が断片として残されているだけでなく，人工環境の中に新たに造成された自然を含んでいることである．このように造成されて間もない都市林には生息可能な種がすべて見られるとは限らず，古くからある緑地とは異なるパターンを示すかも知れない．人工的な都市緑地が生物の生息場所として機能しているかどうかの検討も必要である．アリについて緑地が造成されてからの年数で分けると，古いほど種数が多く，新しい緑地はどんなに面積が広くても少ない種しか見られなかった（図3）．さらに大阪府内の都市緑地のアリの種数を兵庫県三田市でニュータウン開発によって近年分断された樹林のアリの種数と比べると，前者で格段に少なかった．これには後で述べるような緑地内の小さな

第1章　都市の野生とハビタット

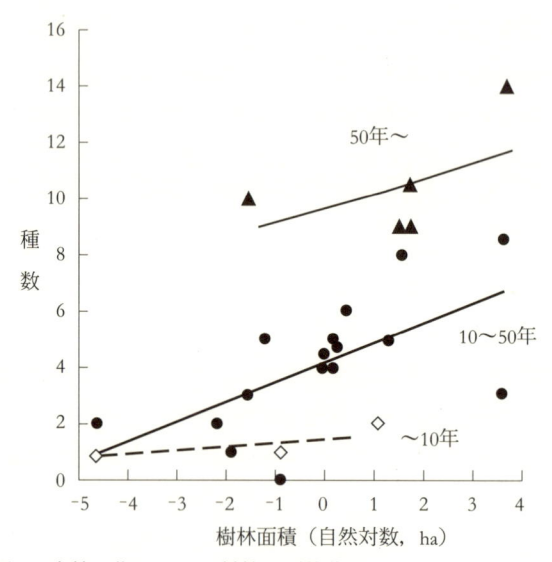

図3　森林に住むアリの種数―面積曲線
緑地造成後の年数（図中の数字）によって種数が異なる

生息環境が新しくつくられた緑地で不足していることと，アリは移動力が乏しいために孤立した場所には新しい種が加入できないことが要因だと思われる．移動能力の乏しい小動物や林床植生はどんなに優れたビオトープを作っても，外から自然に移動してはくれない．

個体にとってのパッチ，個体群にとってのパッチ

　鳥のように巣を作ってヒナのために餌を運ぶ生物では，繁殖のためには十分な餌が得られるだけの広い面積が必要であり，それが孤立したパッチに生息できるかどうかの条件のひとつであることは想像しやすい．そうした種を都市に生息させるために必要な緑地の最小面積と考えられる．いくつか例をあげると，小さなものでは400m^2あればカヤネズミが繁殖できる．シジュウカラは1ha，リスで20ha，オオタカで300〜1000haなどといわれている．

面積だけでなく，種が生息するために必要な要素を並べていけばもっと精度の高い予測ができる．カヤネズミの場合はある程度の高さに育ったススキかオギの草地が必要だし，リスでは常緑樹林を好む．こうした種の分布にとって必要な要素を組み合わせて種にとっての潜在的な生息地を推定することができる．この方法は希少種の生息地を保全したり管理するために用いられたり，開発の影響を緩和するために代替地を用意する際の評価手法として利用されている．わが国でも生態系の定量評価のひとつとされている．

　上の数字は1つがいにとって必要な最小面積であって，個体群が絶滅せずに長期間持続するにはもっと大きな面積が必要である．どれくらいの面積が必要かは，簡単に答えは出ないが，数十つがいないし数百つがいが住めるだけの広さは必要だろう．しかし，1つがいにとっての最小面積程度でも，移動可能な距離に連続した大きな生息地があれば，小さな生息地を利用してくれることがわかっている．たとえば，リスでは連続した森林から数百m程度以内であれば20ha程度の森林にも生息するが，道路建設などで移動できなくなるとそのような小さな森林からはいなくなってしまう．

　パッチの配置

　リスを例に示したように，小さな面積の生息地であっても，近くにたくさんの種が生息する大きな生息地があれば，そこからの供給によって種数が増加するかもしれない．そこで，山からの距離と種数の関係を調べてみた．山からの距離の種数への影響は，鳥においてもっとも明瞭だったが種数の変化は小さかった．チョウでは距離による種数の変化がもっとも大きく，アリではきわめて小さかった．樹木では山からの距離は種数に影響しなかった．これらの差の原因としては，移動力の違いが考えられる．鳥の移動力がもっとも大きいと考えられ，10〜20 km程度の距離による移動の阻害は比較的小さいのに対してチョウにとっては移動の阻害効果が大きい．アリや樹木は山からの移動が遠くまでおよばないと考えられる．山からは遠くても，飛び石状

に小さなパッチがあったり，群島状に小さなパッチがある場合にも生物の生息に有利な場合がある．

　パッチの形とエッジ効果

　ここまではパッチの形や中身について考えずに書いてきたが，実際にはいろいろな形があり，中身も一様だとはいえない．森林を考えると，外側の草地や道路に面した場所は光がよくあたり，風通しもよく乾燥しやすい．そうした場所を「エッジ」というが，エッジにはエッジだけを好む生物がいたり，逆にエッジを避けて森の奥深くに住む生物もいる．同じ面積なら円形よりも複雑に出入りした形のほうがエッジの占める面積が大きくなる．樹木ではアカメガシワ，クサギなどの先駆植物とナツフジなどつる植物の種数が，パッチの形が複雑になるほど，また周囲長が長くなるほど増加することがわかった．

　一方，形が複雑だと同時に外からの出入りが多くなることが予想でき，実際に地表を這って移動する節足動物を使った実験で確かめられている．

　パッチの中の小さな環境

　最初にパッチの定義として「ある程度均質な土地」と書いたが，虫眼鏡で見ると均質な場所ではないことがわかる．実は均質でないからたくさんの種が住めるともいえる．とくにシダやアリにとっては，パッチの中の異なる環境に住み分けて種が共存している．シダでは尾根や谷といった地形をさらに細かく分けた微地形単位が多く含まれるほど種数が多かったし（2-1参照），アリでは大きな石や朽木といった微小生息場所の種類数が多いほど種数が増加した．鳥の場合にも森林の階層構造が複雑なほど種数が多いことはよく知られている．

　パッチのモデル

　大きな島には生息する種数が多い理由を説明する仮説としては，大きな島ほど生息場所が多様であるという仮説（Williams, C.B. 1964）と動的平衡仮説

(MacArthur, R. and E.O. Wilson 1967) が影響力において重要であろう．

　マッカーサーとウィルソンは，島の種数は大陸から島へ新しく加入してくる速度と島で絶滅する速度のバランスによって決まるという動的平衡モデルを提案した．生息場所の面積と大陸からの距離というふたつを組み込んだことによって，より予測力のあるものとなった．

　こうした理論の進歩とともに，多くの実証的研究が海洋の島や陸上の孤立した生息場所でなされた．中でもウィルソンとシンバロフが実際にフロリダ沖の小島で殺虫剤ですべての生物を除去してからの移住と絶滅を記録するという実験を行ったこともあって，こうした実証的研究は群集生態学に大きな影響を及ぼした．モデルは島への加入と絶滅がランダムにおこることを前提としている．

　彼らの理論は島だけでなく，陸上にどのような保護区を残したらよいかという自然保護活動にも影響を与え，いくつかの論争がまきおこった．そのひとつが本書2-1，2-4でもふれられているSLOSS（1個の大きな保護区か複数の小さな保護区か）である．保全生物学上の論争は単にどちらが種数を多く残せるかだけにとどまらず，感染症などによる絶滅リスクなども含めた議論であるが，2-1では種数の問題だけに限って都市緑地のありかたが考察されている．

　しかし，陸上の孤立した生息場所は，島とは異なる (Janzen, D.H. 1983)．これは，たとえば原生林の面積が減少すると，周囲の二次的な環境からの生物の侵入のため，原生林の生物が影響を受けるかもしれない．実際，森林の分断が進行することによる鳥の種の消失の原因としては，托卵の増加，雛の捕食などが観察され，この捕食率は林縁で大きいことが多い．このような外部からの影響は，林縁性よりも林内性の種に対して大きいことが予測される．そのため，陸上の孤立した生息場所の群集の理解には，それぞれの種が必要とする微小生息場所の特徴と生息場所の周囲の環境を知ることが必要であ

る.

　マッカーサーらが動的平衡モデルを提案したのと同じ頃，レビンスがメタ個体群の考えかたを提案した．メタ個体群とは数世代に 1 回程度のごくまれな移動によって交流のある小さな個体群の集まりで，簡単にいうと，大陸のない群島だけの個体群のふるまいを予測する点で，マッカーサーらのモデルと異なっている．レビンスモデルは，抽象的で現実の地形や生息地の分布を考えないものであり，後述するハンスキーらの空間明示的メタ個体群モデルと区別して，古典メタ個体群モデルとよぶ．レビンスモデルでは無限の広さの空間に生息場所がパッチ状に存在するとき，ある生物の種のパッチへの移入と絶滅がランダムであれば，全パッチの中でその種が占めているパッチの割合（の平衡値）は，パッチへの移入率 c と絶滅率 m によって，次式で表される．

$$p = 1 - m/c$$

あまりにも単純な前提であるが，このモデルからいくつかの興味深い予測が示唆される．そのひとつは，m が 0 かあるいは c とくらべて非常に小さくない限り，種が分布しない生息場所のパッチが必ず生じることである．

　一方，空間明示的なメタ個体群モデルは，ハンスキー（Hanski, I. 1992）によるところが大きい．ダイアモンド（Diamond, J.M. 1975）は島の生物地理学の研究で，種ごとの移住率と絶滅率の違いを考えるために，発生関数モデル（IFM）を導入した．ハンスキーはこれをメタ個体群の考えかたと結びつけて，空間明示型のメタ個体群モデルを提案した．

　あるパッチ i における，種の移入率 C_i と絶滅率 E_i とすると，その種がパッチに分布する確率 J_i は，

$$J_i = C_i(1 - J_i) + (1 - E_i)J_i$$

と書け，これは

$$J_i = \frac{C_i}{C_i + E_i}$$

と変形できる．ここで，移入率 C_i と絶滅率 E_i にさまざまな定義を与えることで，より現実的なモデルとなる．

　モデルから示唆される個体群の絶滅について，もうひとつの重要な点は，生息場所の孤立化に関する問題である．物理学にパーコレーション理論というのがあって，景観生態学にも取り入れられているが，ある連続していた生息場所を格子状に分けてランダムに消していった場合，連続した最大の生息場所の大きさは，ある閾値（約 59％）を境に急変する．この閾値は絶対的なものではなく，生息場所の分布型によって変化するが，ある閾値を境に連続性が失われることは共通している．したがって，生息場所の消失が個体群に与える影響は，最初は総面積の減少として，後には生息場所の孤立として現れる．その結果，隣接した生息場所の減少にしたがって，孤立した生息場所に種が分布する確率は減少し，ある閾値以下でメタ個体群全体が絶滅する．

　もともとのメタ個体群モデルでは生息場所の質と面積はすべて等しいように単純化して考えているが，実際はそうではない．生息条件が悪いか小さな面積の生息場所では，そこで生まれて育った個体数より外から加入してくる個体数の方が多く，加入がなくなれば絶滅してしまうような場所もあるに違いない．そうした質の違いを組み込んだモデルをソースシンクモデルという．ソースとは増加率が高く外へ個体が出て行く個体群で，シンクはその逆である．

(2) 都市のハビタットの場合

　私たちが得たデータとモデルの関係を考えてみよう．都市のハビタットにも大陸―島の要素とメタ個体群の要素の両方がある．アリのように自力で山

から都市まで移動できないと予想される場合，都市緑地間でのまれな移動が都市のアリの種数を維持していると考えられる．すなわち大陸―島関係を仮定するよりも，大陸の存在しないメタ個体群の構造が適合する．大陸を持たないメタ個体群構造の生息場所における，種数―面積関係に関して，種ごとの発生関数からの予測が得られている．そして，このモデルから，以下のように予測されている．(1) 種数―面積曲線の傾きは生息場所の孤立とともに増加する．しかし，例外として，ほとんどの孤立した海洋の群島においては傾きが小さい．これは，非常に孤立した群島では移住は大陸からよりも主に島間で生じるということから (3) によって説明される．(2) 傾きは，移住率の絶滅率に対する比の関数である．(3) 傾きは外部の大陸を持たない古典的メタ個体群よりも大陸―島メタ個体群において大きい．大陸を持たないメタ個体群での種数―面積関係の傾きの多くが 0.1 から 0.2 の間であることはアリの場合と一致している．

3 種の生活史や種間競争の効果

大阪府全体に分布する種数に対して，大阪市内に分布している種数を比較すると，都市緑地の種数（最大値）／府内種数は，森林鳥では 18（16）/ 45，チョウ（トランセクト調査で記録された種のみ）では 37（33）/ 78，アリでは 52（28）/ 87 であり，都市緑地には府内の種数のそれぞれ，40.0％，47.4％，59.8％が生息していることになる．この割合の違いは，必要な生息場所の広さの違いによるものだろう．

都市に進出できない種には，共通する生活史の側面がみられた．すなわち，生息場所の断片化や時間的な攪乱によって，鳥，チョウ，アリとも食性や生息場所が特殊化した種は絶滅し，ジェネラリストが生き残る傾向が認め

られた．生息場所に対する要求が強いグループは，鳥では猛禽類と林内を利用する食虫性の種，チョウでは1化性（年に1度だけ成虫が出現する種）で樹木食の種と1化性のタテハチョウ科，アリでは，大型の地表性種と地中の特殊化した捕食性の種である．これら特殊化した生活史を持つグループについては，目標となる種を設定して，その種の生息が可能な環境を維持する必要がある．

種間関係も重要な制限要因となりうる．とくに，アリの分布が種間競争によって制限される例は，多く報告されている．私たちは種間関係を調査していないが，先にコロニーを形成した種が後から来た種を排除するという先取権がある場合には，偶然的な飛来順位の決定により，緑地ごとの種組成が異なるという結果の説明となる．しかし，競争は，種数依存的な絶滅率の増加を引き起こし，その結果，種数―面積曲線の傾きを大きくするはずである．この点は私たちの研究の結果とは矛盾する．

私たちが行った生息場所解析は，生物群集の水平軸をながめるものであった．他方，垂直軸の属性としては，食物網を介した生態系がある．鳥とアリはそれぞれ，食物ピラミッドの頂点を占める種を含んでいる．食肉性や食虫性の鳥が生息場所の面積の減少に対して感受性が高く，都市緑地に出現しない原因のひとつは，行動圏内で十分な餌が確保できないことにあるだろう．疎林にも見られるシジュウカラでも，孤立化した生息場所の面積が小さいほど，雛の巣立ち率や大きさが減少することが知られている．アリの場合にも，ムネアカオオアリなど大型の捕食性種が，都市緑地で見られず，土壌動物捕食に特化したウロコアリ類やハリアリ類の分布が限られていた．これらも，おそらく生態系を介した分布の限定であるとも考えられる．

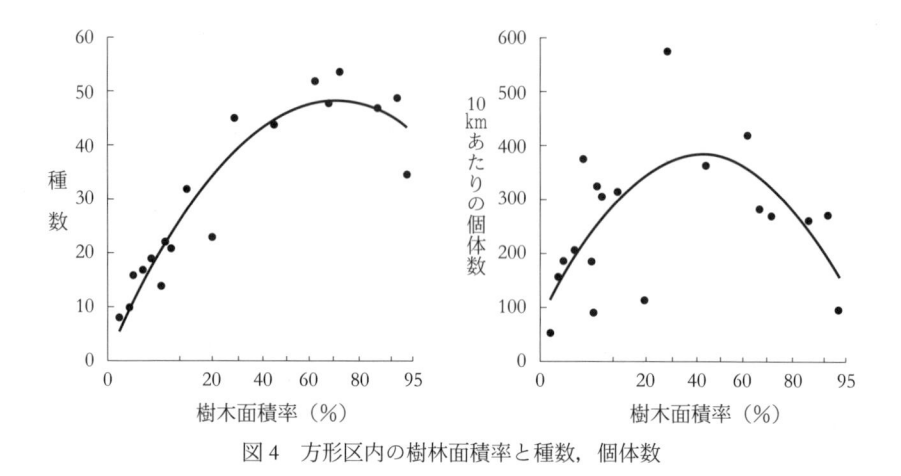

図4 方形区内の樹林面積率と種数, 個体数

(1) モザイクの生態学

　都市の生息場所を土地利用のモザイクと見ることもできる．この場合には，島の生物地理学において，均質な生息場所と非生息場所に二分して取りあつかわれていた環境が，いくつかの異質な生息場所の複合としてあつかわれる．このように異質な生息場所が接する場所は，エッジや推移帯として，生息する生物の種数と個体数が多い場所として知られている．
　一箇所で一生を過ごす植物と違って動物は動き回るため，パッチ内だけを生息場所として決めつけるわけにはいかない．生息場所をパッチ，コリドー，マトリックスの混ざったモザイクとして見る方がよい場合もあるだろう．
　鳥やチョウの分布は，土地利用の空間的変化によって変化した（図4）．種数と個体数を見るともっとも樹林面積率の高い（もっとも自然度の高い）場所ではなく，中間的な場所で多いことがわかる．そうした場所の環境がモザイ

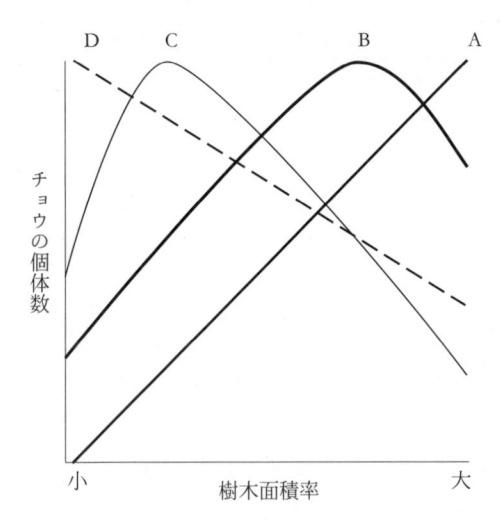

図5　種による樹林面積率の影響の違い

ク状になっているため異なる環境を好む種が範囲内に生息しているためであるし，モザイク的あるいは林縁環境を好む種が全体の中で多いのかもしれない．このように異質な環境の境界や推移帯で，生息する種数が多いことは多数報告されている．森林では，花や果実の生産量や受粉者，果実を採食する動物の密度，種の拡散量は周縁部において高くなっている．面積あたりの境界の総延長は，たとえば土地利用が適度にモザイク化した場所で長く，このような場所で林縁に特有な花や果実が多いことが予想される．こうした生息に必要な資源の分布の特徴に加えて，生活史の中で，森林とオープンスペースの両方を利用する種はモザイク状の景観に生息することが考えられる．しかし，環境傾度の中での種ごとの分布はさまざまであり，樹林面積率のきわめて高い場所にしか生息しない種も多く存在する（図5）．モザイクの場所には，林内性の種が欠如する傾向があった．鳥では，林縁部において，外部か

表1 樹木面積率と種数の相関係数

方形区サイズ (km²)	鳥	チョウ	アリ
1	0.809	0.858	0.611
4	0.793	0.890	0.56
9	0.905	0.894	0.547
25	0.779	0.896	0.531

らの捕食者の侵入等により林内性の種の繁殖成功度が低いことが知られている．そのため，半径の小さなパッチ状の生息場所では，このことが林内性の種の分布を妨げる原因ともなっている．しかし，ホオジロやウグイスなど林縁性の鳥が都市に出現しない．これは，樹林面積が小さいためではなく，都市緑地では樹林の林床や林縁の低木や草本が完全に除去されるため，これらの種の生息場所となる林縁環境がほとんど存在しないためである．

　モザイクとして見た場合に主に利用する生息場所の質だけでなく，それをとりまくマトリックスの状態が重要な影響を与えている．それぞれのグループがどの程度の広さの環境の影響を受けているか，別の表現をすれば，どの程度の範囲の環境の指標となるかを比較するために1km²，4km²，9km²，25km²の4種類の正方形の中の樹木面積率と種数の関係を調べた（表1）．鳥やチョウは1km²よりも9ないし25km²の樹木面積率との相関が高く，広い範囲の環境の影響を受けていたが，アリの場合には，1km²の樹木面積率との相関がもっとも高く，範囲を広げるとともに相関係数が低下した．イギリスの農村では，5ha，100ha，250haの範囲の土地利用と鳥の種数や個体数との相関係数を求め，5haと250haの範囲の組み合わせでもっとも高い相関係数を得ている．5haは私たちの研究では，ひとつの緑地の広さに相当する．また，250haは2.5km²であり，緑地内の状態と周囲数kmの環境の組み合わせが鳥の生息に強い影響を及ぼすという点で一致する．種を対象とした場合

に，4-3にあるようにシジュウカラでは半径250m内の樹冠面積，北アメリカのニシヨコジマフクロウの生息は半径2〜3kmの範囲にある成熟した森林の分布に左右されるという．

ところが，私たちの研究と同様に，衛星データによる土地被覆データを用いて，イギリスで10km方形区内の哺乳動物の種数と分布を予測しようとしたところ，変異の半分未満しか説明できなかった．その理由として，外来種などの分布拡大など，多くの種で分布が急激に変化していることをあげている．移動距離が長く，かつ障壁の影響を受けにくい鳥やチョウに対して，ほ乳類の移動は道路や都市によって妨げられるため，土地利用の変化に対して分布のタイムラグが生じることもあるだろう．

マトリックスでは，建物やアスファルトの道路によって生物の移動が妨げられる．この度合は，土地利用の変化に対応している．オランダでの推定では，この度合は森林面積率の対数とほぼ反比例し，森林面積率5％未満で，増加率が急増した．また，チョウと鳥を比較すると，チョウの方が増加率が高く，都市化による森林面積率の減少により，移動が妨げられる影響が大きいという．これは両者の体のサイズや移動能力を考えて，納得のいく推定である．移動力の欠如した種については，孤立はより深刻なものである．ドイツの研究例では，もし樹林地の周囲に他の樹林があれば，林床により多くのオサムシ類とヤスデ類の個体が現れる傾向があるが，ムカデ類と等脚類，アリ類は増えないという．林床性の草本もまた移動力が乏しく，セイタカセイヨウサクラソウなどの分布は，古い森林に限られている．数十年から数百年の間に，100mから数kmの距離を越えた移住がほとんど起こっていない例も報告されている．こうしたマトリックスの質は，パッチ状にわかれた個体群の動態に大きな影響をおよぼす．

(2) ダイナミックス

　火山の噴火や山火事などで植生が失われると，それまでとは異なる植物が生え，時間と共に植生が変化し，それを植生遷移あるいは生態遷移とよんでいる．火山の噴火のように土壌まで失われたところで出発する場合を一次遷移，そうでないものを二次遷移と分けている．遷移が進むと，最終的には気候や地質，地形に応じて比較的安定した植生に落ち着き，それを極相とよんでいる．西日本では長年にわたって人手が加わったため，二次植生とよばれる雑木林や草地が大部分を占めてきたが，近年は人手が加わらなくなってカシやシイを中心とした照葉樹林に変化しつつある．そして植生の変化はそこに住む動物の種組成も変化させる．

　遷移のポテンシャルを評価するのはむずかしい．私たちの調査地である京都市や大阪府は気候としては照葉樹林が成立する．しかし前述のように自然な攪乱によって多様な自然植生が成立しうる．たとえば河畔ではニレ科の林となるはずが，河川改修のように自然攪乱を人が抑制したためにニレ科の林が照葉樹林へと移り変わりつつある（2-2）．

　人工的につくった緑地で植生がどのように遷移するのかという知識も十分持ちえていない．有名な明治神宮の森では，階層性を持った照葉樹林が成立したとされるが，林床に生える植物はシュロやアオキなど鳥が運ぶ少数の種に非常に偏っている．万博記念公園では，人工林の偏ってしまった植生をより自然なものに変えるために人工ギャップという方法を試みている（4-2参照）．一方，京都市のいのちの森では，造成後の時間と共に菌相が変化し，樹木と菌類とのよい関係が生まれつつある．

　自然の遷移だけでなく，人と自然の新しい関係が都市の自然を変化させることもある．都市に進出しつつある鳥がいることが知られている．大阪では，ヒヨドリやキジバトは1970年代に，シジュウカラ，メジロ，カワラヒ

ワ，ハシブトガラスは1980年代に都市域に進出して繁殖を開始した．公園の植樹や街路樹の数が増加していることが原因かもしれないが，鳥の習性の変化も一因だと考えられる．都市で繁殖したときに無事に巣立つヒナの数が多ければ，そのヒナも都市で繁殖する可能性が高い．ツバメが軒先に巣をつくりだしたのはいつからか調べようがないが，カラスなどの捕食者から安全な場所として，古い歴史の中で獲得されたのだろう．

いのちの森

▶ ・・ 引用・参考文献

亀山章編（2002）『生態工学』朝倉出版．
M.G. ターナー著，名取睦他訳（2004）『景観生態学』文一総合出版．
Diamond, J.M.（1975）Assembly of species communities. In *Ecology and Evolution of Communities*（Coby, M.L. and Diamond, J.M. eds）. Harvard University Press, Cambridge, pp.342-444.
Hanski, I.（1992）Inferences from ecological incidence functions. *The American Naturalist* 139: 657-662.
Janzen, D.H.（1983）No park is an island: increase in interference from outside as park size decreases. *Oikos* 41: 402-410.
MacArthur, R. and E.O. Wilson（1967）*The Theory of Island Biogeography*. Princeton University Press, Princeton.
Williams, C.B.（1964）*Patterns in the Balance of Nature and Related Problems in Quantitative Ecology*. Academic Press, N.Y.

森本幸裕 *Yukihiro Morimoto*
伊藤早介 *Sosuke Ito*

Section
1−3

小さな生態系としての庭園

1 はじめに

　庭園とは人為的なもので，自然ではない．あたりまえの話だが，だからといって野生物からみて無価値なものではない．よく調べてみれば，そこには人と自然の折り合いのつけかたを考えるにあたって，きわめて示唆に富む，しかも驚くべき実態が隠されていることがわかってきた．おそらく，植物はみな庭師が植えたものと思ってられる方が大半だろう．庭の池なんてお金持ちがニシキゴイを飼うくらいのものと思われても半分は事実である．だが心に残る伝統的な庭園はそれだけではない．優れた庭園デザインと優れた庭師による管理が継続し，長年月の試練を経てきた庭園はけっしてそのようなハリボテではない．その土地の気候風土という立地条件とまわりの野生の動植物たちの生息状況を色濃く反映し，みずからひとつの生態系すら形づくっているのである．

2 庭園のイチモンジタナゴ

イチモンジタナゴという小さな淡水魚をご存知だろうか．絶滅危惧種に指定されているこの在来魚が，京都の平安神宮の神苑の池に生息している．2000年7月に行われた京都府のレッドデータ調査では，イチモンジタナゴを含む11種の琵琶湖産魚類が生息していることが再確認された．いまや琵琶湖ではとんど見かけなくなったこの魚は，琵琶湖博物館に琵琶湖の魚として展示されているが，それは実はここで採取されたものだ．平安神宮は100年あまり前，平安建都1100年を記念して造営されたもので，池の水は琵琶湖から京都にひかれた疏水に頼っている．イチモンジタナゴは琵琶湖からこの疏水の水に乗って稚魚がやってきて住み着いたものと考えられる．

しかし，イチモンジタナゴは金魚を飼うようなわけにはいかない．タナゴの仲間はドブガイなど大型の二枚貝に産卵するので，持続的な個体群を維持するためには，まず貝が生息していなければならない．さらにそうした二枚貝の幼生はヨシノボリなどの小魚のヒレなどに寄生して育つ．ということは，イチモンジタナゴがいるだけでなく，多様な生物が生息できる環境，つまり小さいながら少し高度な生態系が成立しているといえる．

疏水の水はいろんな池に導入されているが，イチモンジタナゴはどの池にでもいるわけではない．平安神宮の神苑は庭園としてもきわめて優れたデザインと評価されている．近代日本庭園の新たな作風を創出した小川治兵衛，植木屋の治兵衛で通称「植治」の作になる．ここになにか秘密があるかもしれない，と考えて，疏水の水を引いている園池，現在は地下水に頼っていても過去に疏水に頼っていた園池を可能なかぎり調べてみることにした．多様な水の流れをデザインした庭園から，素朴なため池風のものまで，調査は，平安神宮，京都市美術館，京都市動物園2か所，金地院2か所，對龍山荘，

第1章　都市の野生とハビタット

写真1　平安神宮のイチモンジタナゴ

南陽院，無鄰菴，旧閑院宮邸，旧九条邸（九条池），渉成園（枳殻邸），龍渕閣，慈氏院，南禅院，正因庵，天授庵，南禅寺放生池，牧護庵，聴松院，織宝苑，洛翠，白沙村荘，京大理学部植物園，並河邸の25か所に及んだ．

3　琵琶湖疏水の水を引く園池と魚類相

明治の京都はたいへん進取の息吹に満ちていた．琵琶湖から疏水を引き，京都盆地に入ったところで水力発電を行って，日本で最初の市電を走らせたことはよく知られている．ここでもうひとつ特筆すべきこと，それは疏水の水を利用した庭園を含む高級別荘地の開発である．その先駆けは，日本で最

初の業務用の水力発電所の近くの無鄰菴，つまり明治の元勲，山県有朋の邸宅とその庭園であった．この庭園が山県有朋の意向をうけた植治の出世作である．その後，東山山麓を中心に生まれた近代の名園の多くがこの植治の手によるものだ．彼の庭はそれまでの約束事に縛られた江戸末期の茶庭とは明確な一線を画す特徴をもっている．その特徴とは，のびやかな芝生の広がりと東山の借景に加えて，多彩な水のあつかいかたである．この水に生息する野生魚類相は，植治のデザインとその後の庭の管理を反映して，実に興味深い様相を呈している．

　庭園の池に意図して導入されるのは，ほとんどコイだ．植治も自然石を組み合わせて，コイの鑑賞のために池に突き出したテラス，深みと隙間を備えたコイだまりなどのくふうをしている．しかし，野生魚類はとくに意図的に導入されたとは思えない．魚類は元来，たいへん多産であって，少数の親から大量に稚魚が発生する．現在園池に生息する種の起源は琵琶湖であって，稚魚が疏水を経由して運ばれたものが成長し，あるいはそこで繁殖した子孫と考えてよい．だから，同じ疏水を水源とする池では魚の移入するチャンスに大差はないと仮定すれば，現在の魚類相は園池の環境，つまりデザインや管理状況を反映しているはずである．この仮定のもとに，現在の魚類相と園池のデザインとの関係を追及しようとしたわけである．

　何回かの調査の結果，表1のような魚類相が把握できた．このうちアユ，ハス，カムルチー，カワヨシノボリの4種は，聞き取り調査によって過去の生息が確認された種であり，調査時点での生息は確認されなかった．また，ヤリタナゴ，カネヒラ，カマツカの3種は並河邸でのみ確認された種であったが，いずれも幼魚のみであったため，そこで生息している種として考慮しなかった．以上の7種を除いた計23種（在来種21種）が，生息種として確認された．

　さて，これらの園池のなかで，頻繁に大規模な清掃を行うもの，噴水を給

第1章　都市の野生とハビタット

表 1　疏水の水を利用した園池の魚類相（伊藤・森本 2003）

	種名	調査地名	平安神宮	京都市美術館	京都市動物園／噴水池	京都市動物園／水路	金地院／東部の池	金地院／西部の池	對龍山荘	南陽院	無鄰菴
遊泳魚	アユ	*Plecoglossus altivelis altivelis*	+++							++++	+++
	ヌマムツ	*Zacco* sp.			(±)						(±)
	オイカワ	*Zacco platypus*				++++	+++	++	++	+++	++
	ハス	*Opsariichthys uncirostris*	++								
	ワタカ	*Ischikauia steenackeri*									
	タモロコ	*Gnathopogon elongatus*	++								
	ムギツク	*Pungtungia herzi*	++			+++					
	モツゴ	*Pseudorasbora parva*	++						+		
	ニゴイ	*Hemibarbus labeo barbus*	++								
	コイ	*Cyprinus carpio*		+		+++	+	++++	++++		
	ニゴロブナ	*Carassius carassius grandoculis*	+	±(2)	±(2<)	++		++	++	++	
	ゲンゴロウブナ	*Carassius cuvieri*	++	±(1<)	+++	++	++				
	キンブナ	*Carassius gibelio langsdorfi*	+++	+	+	++	++	++	±(1)	±(1)	±(1)
	ヤリタナゴ	*Tanakia lanceolata*	+++								
	バラタナゴ	*Rhodeus ocellatus*	++								
	イチモンジタナゴ	*Acheilognathus cyanostigma*									
	カネヒラ	*Acheilognathus rhombeus*									
メダカ	メダカ	*Oryzias latipes latipes*									
外来魚	カムルチー	*Channa argus*								+	
	オオクチバス	*Micropterus salmoides*		++					(△)	++	
	ブルーギル	*Lepomis macrochirus*		+++					(△)		
底生魚	カマツカ	*Pseudogobio esocinus*	++								
	ゼゼラ	*Biwia zezera*									
	ウナギ	*Anguilla japonica*									
	ギギ	*Pseudobagrus fulvidraco*									
	ナマズ	*Silurus asotus*		(△)							
	ドンコ	*Odontobutis obscura*					+				
	トウヨシノボリ	*Rhinogobius* sp.					±(幼魚1<)	(○)	+++	±(幼魚1<)	
	カワヨシノボリ	*Rhinogobius flumineus*						++	++		
	ヌマチチブ	*Tridentiger kurainue*	++								++

60

小さな生態系としての庭園　1-3

庭園	データ
旧閑院宮邸	+　+++
旧九条邸（九条池）	++　(△)　(△)　±(1)　++　+(4<) (△1)　++
渉成園	(△)　(△)　(△)　±(種は不明)
龍淵閣	(△)　++　+　(○)
慈氏院	+++　++　+++　+++　+　++
南禅院	++　+++　++　(○)
正因庵	+++　++　+　++　(△)　++
天授庵	+　+++　+++　+++　++　+++　++　+++
南禅寺放生池	++　++　++　++　±(1)　+(幼魚)　+
牧護庵	(△)　++　(○)　+++　+++　+++　+　+　+
聴松院	+++　(△)　±(1) ±(1)　(△)　+
織宝苑	++++　++++　+++　+++　±(1) ±(1)　++　(○)(○)　±(2)
洛翠	(△)　+++　+++　++　+　++　(○)(△)　+　(○)
白沙村荘	(△)　+++　++　+　±(1)　(△ 種は不明)　+　(△)　++　+(幼魚3)
京大理学部植物園	(△)　(△)　+　++　(○)　(△)　±(2<)
並河邸	++(幼魚)　++(幼魚)　+(幼魚)　++(幼魚)　++(幼魚)　±(2)　+(3<)　±(幼魚3)　±(幼魚1<)

61

水源とするものなど特殊なものを除いて，一般的な園池のデザインの特徴と生息魚類相の関係を見ようとしたのであるが，困ったのが外来種である．

近年，各地でやり玉にあがっているブルーギルとオオクチバスであるが，これらがいる池といない池がある．これら外来魚はたくましい魚食性なので，他の在来魚種に与える影響が多大である．池のデザインや管理状況が野生魚類相に及ぼす影響を調べようと思っても，これらの影響があまりに大きいため，むずかしい．たとえば外来魚のいる並河邸では，多種の在来魚の幼魚が確認されたものの，成魚は外来魚以外にはコイしか確認されなかった．そこでまず，ブルーギルとオオクチバスのいる池といない池に分けてみると，いる9園池では平均2.4種，いない12園池の平均6.0種よりも明らかに種数が少ないことがわかった．

そこで，この侵略的外来種のいない12の園池で確認された種は，合計20種であった．おそらく観賞目的で人為的に移入されたと考えられるコイを除くと，遍在種（地理的な分布範囲のなかで，はば広い環境に分布する種）として第一にあげられるのはヌマムツ（カワムツA型）であり，河川の下流域や湖沼の沿岸域に生息するといわれる種である．ヌマムツと近縁であるオイカワも比較的高い頻度で出現し，生息密度も高い．ついでギンブナやモツゴ，トウヨシノボリなど，ため池や湖沼で一般的に見られる種も比較的高い頻度で出現した．

小さな生態系としての庭園　1-3

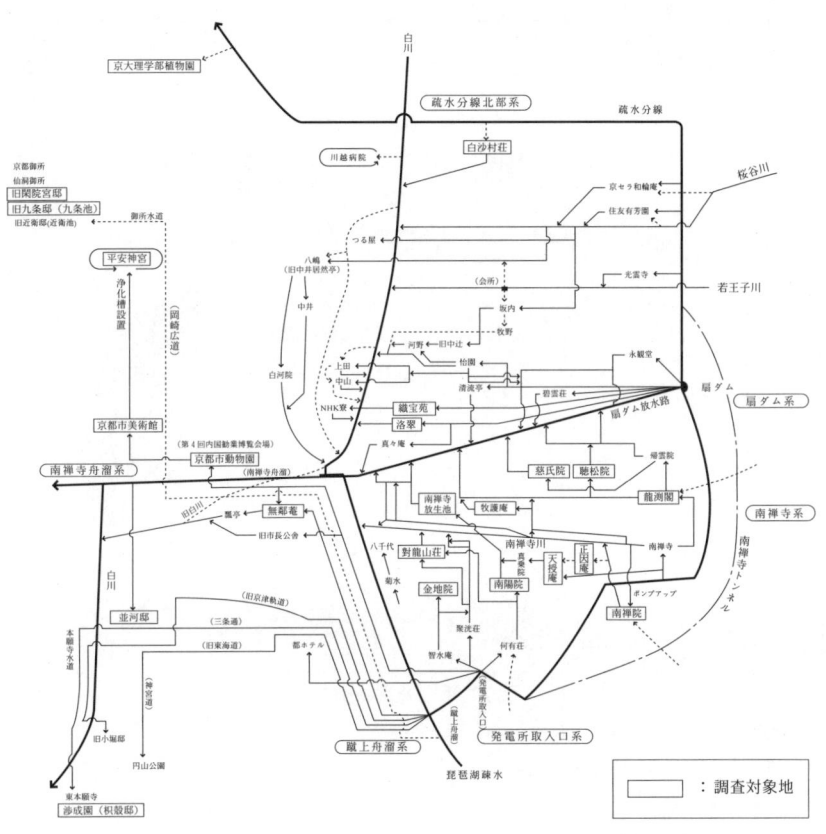

図1　琵琶湖疏水水系図と調査園池（尼崎1984に加筆修正）

4 | 平安神宮と織宝苑の園池

　こうして外来魚の影響のない園池では，それなりの在来魚相が見られたのだが，なかでもユニークだったのが，平安神宮と織宝苑の園池である．平安神宮にはイチモンジタナゴのほかにバラタナゴおよびニゴロブナとゼゼラが

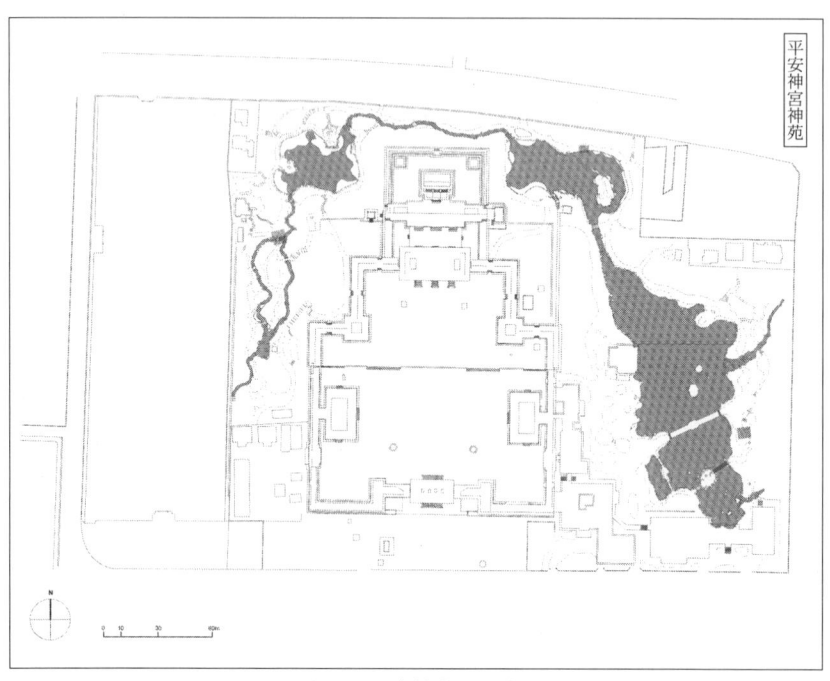

図2 平安神宮の園池

生息していたのが特筆できる．

　一方，織宝苑では9種．そのなかでとくにギギ，ムギツク，ヌマチチブ，ウナギが特筆できる．ムギツクは，営巣する他種の魚類に托卵する習性があることが知られており，オヤニラミ，ドンコ，ギギ，ヌマチチブの巣に托卵する（Baba 1990，長田 1991 など）という．織宝苑のムギツクは，これらの営巣魚が生息しているからこそ繁殖が可能となっているのだろう．ここでも，平安神宮の場合とは異なった種類ではあるが，少し高度な生態系が成立しているといえる．

　このふたつの園池はかなり様相が異なる．平安神宮の池の水の動きがゆっ

表2　園池の環境特性（伊藤・森本 2003）

	A	Is	$Md \pm SD$ ※	T	$Micro$
平安神宮	7674	3.98	35.0 ± 14.3	2.12	14
京都市美術館	705	1.71	36.7 ± 10.8	1.68	7
京都市動物園／噴水池	724	2.22	35.0 ± 11.7	—	7
京都市動物園／水路	142	3.06	30.9 ± 3.5	171.95	3
金地院／東部の池	274	2.44	29.0 ± 7.7	30.33	8
金地院／西部の池	132	2.19	29.9 ± 13.0	16.68	5
對龍山荘	448	2.91	30.8 ± 12.2	35.62	10
南陽院	198	3.22	31.6 ± 10.0	182.21	10
無鄰菴	300	1.95	13.1 ± 14.5	106.25	11
旧閑院宮邸	645	1.61	36.4 ± 13.6	14.13	7
旧九条邸（九条池）	3315	2.26	63.5 ± 23.2	0.18	6
渉成園	5715	3.24	33.8 ± 12.4	0.66	10
龍渕閣	123	2.10	40.4 ± 13.3	7.15	6
慈氏院	156	2.42	15.8 ± 3.7	11.86	6
南禅院	465	3.35	16.4 ± 7.0	68.47	9
正因庵	27	1.62	27.4 ± 4.1	37.63	5
天授庵	540	2.37	38.3 ± 1.9	10.80	9
南禅寺放生池	449	1.62	48.6 ± 7.6	6.86	4
牧護庵	214	1.78	38.9 ± 7.1	53.51	9
聴松院	398	3.20	31.9 ± 4.6	0.77	5
織宝苑	412	3.25	30.3 ± 1.5	77.89	9
洛翠	551	2.35	27.9 ± 7.8	43.69	12
白沙村荘	668	3.32	36.9 ± 0.7	19.71	12
京大理学部植物園	635	1.24	18.3 ± 6.1	6.83	8
並河邸	73	3.20	47.9 ± 5.7	85.30	8

※ SD：標準偏差

A：面積 m²，Is：形状指数（同じ面積の円の周囲長に対する池の周囲長の比），Md：平均水深，T：水の年間回転率，$Micro$：微小環境要素数

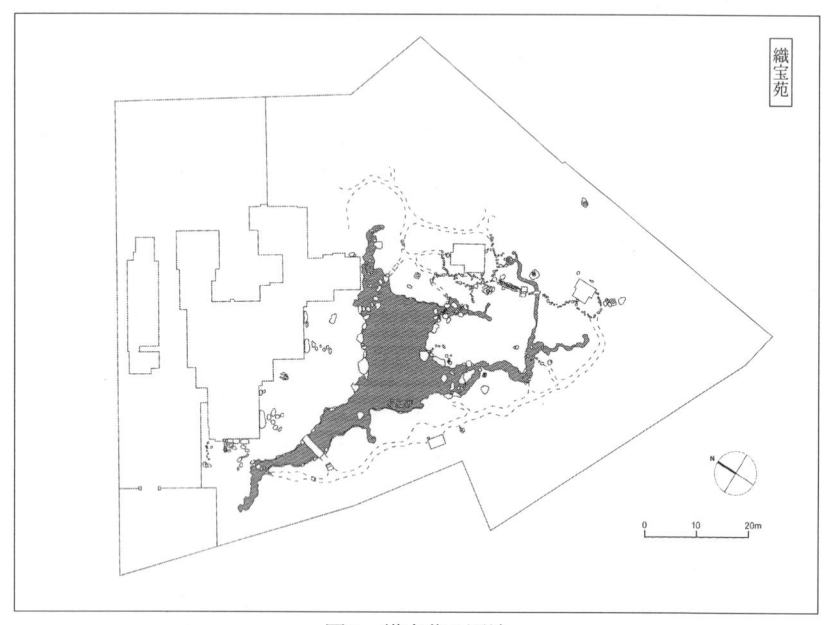

図3 織宝苑の園池

くりしていて水生植物も豊富なのに対し，織宝苑では水生植物はほとんどないが，コイのためのくふうをこらした護岸石組みとともに，疏水からの豊富な水量と流動的な池の水が特徴的．こうした園池のデザインの違いが魚類相の違いをもたらしていると考えられる．

では，どのような園池の性質が重要なのか．まず池自体の大きさや形，疏水の水の回転率（1年間に水の入れ替わる回数）などの性質は表2のようである．ここで形状指数（shape index）とは，その池の周囲長を同じ面積の円形の池の周囲長で割った比の値であって，値が大きいほど，池の汀線が複雑な形状であることを示す．それから微小生息環境（マイクロハビタット）とは，池にあるさまざまな要素である．

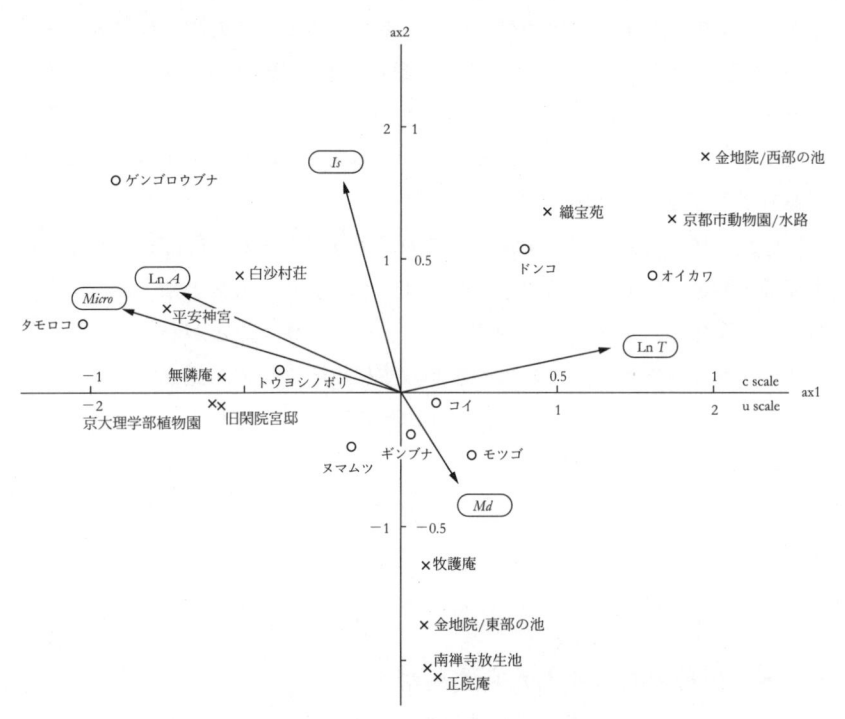

図4　園地の環境特性と魚類相の対応分析結果
（記号は表2と同じ．Lnは自然対数：伊藤・森本 2003）

　泥，砂，細礫，粗礫，石積み護岸，凹凸の大きな石積み護岸，被覆構造物，浅瀬，深み，抽水植物，浮葉植物，沈水植物，水際の植物群落，大型二枚貝，の14種の要素の種類数を記録した．こうした要素の種類が多いことや，護岸の構造などが複雑であることは，多様な魚類の共存に貢献することが期待される．
　これらの環境要素と魚類相の対応関係を示したのが図4である．これは，CCA（対応分析）といって，複雑な環境要素とその結果としての魚類相の関係

をまとめて整理して，秩序づけを行うものであって，この図では主要な2つの軸が空間に示してある．この結果，ほぼ，池の規模と回転率，つまり大きくて微小環境要素の種類が多くて回転率が小さいかどうか，がもっとも重要な環境要因であって，つぎに比較的これと独立に，形態の複雑性という要因があることがうかがえる．

多様な魚類のなかで，タモロコはこの第1軸にもっとも反応しており，微小環境要素数の指標となる．またゲンゴロウブナはこの第1軸とともに形状指数にも反応し，大きくて比較的複雑な池に生息することがわかる．近縁種であるヌマムツとオイカワにはわずかな生息場所の相違が見られ，オイカワはより流水環境を，ヌマムツはより止水環境を好むとされるが，園池でも同様の住み分けを指摘できる．

このように園池のデザインと魚種に興味深い関係が示唆されたが，サンプル数が限られているので，断定は今後の研究をまちたい．

5 | 多種の共存をもたらす秘密

この分析においても，魚類相の異なる平安神宮と織宝苑の池はかなり池の環境が異なり，前者は規模と微小生息場所の多様性に富むことが，後者は回転率が大きいことが特徴といえる．しかし，ともに多様な特徴ある魚類相であることは先に述べた通りである．ここで共通する重要な性質はなんだろうか．

それは複雑な護岸や浅瀬，深みなどの構造をもつことと，流速の早いところがあることだ．水の高い回転率は流速が早いところを生み出し，底が泥のみの堆積となることを抑制し，多様な底質の場所を作り出す．平安神宮の園池の場合の回転率は低かったが，ごく細い水路部分がかなりの長さにわたって存在している．ここでは結果的にかなり流速は早くなり，多様な底質に貢

献しているのである．

　植治はけっして多様な魚類の共存そのものを目標としたわけではないだろう．しかし，東山山麓に，自然環境を基調としたアメニティをもたらす流れと池のデザインを追求したからこそ，池が単なるコイの生け簀にならなかったと考える．優れた日本庭園に感じる風情は，優れた庭師が優れたデザインと長年の手入れで誘導した，豊かな自然にあるのではないだろうか．

6 変化する庭園と手入れ

　この魚がそうであったように，樹木や草も日本庭園には意図して導入されるものと自然に侵入定着するものがある．庭園では，ふつうデザイン意図にしたがって，樹木や草が植えられるが，すべてうまく活着，成長するとはかぎらない．土壌や陽当たりの具合や樹木の込み合い状態などの要因に大きな影響を受ける．その結果生じる形に庭師が手を入れる．日本庭園では，この剪定，整枝などの管理が長年継続されてきて，はじめて落ち着いた深みがでてくる．いくらよくできた庭園でも，施工直後の日本庭園はだれの目にも年月を経たものとは見えないのは不思議である．

　その理由は主に，植物の形や葉の込み合いかた，葉の向きや色彩などが微妙な環境条件に対応するものであることと，どこかに意図しない侵入した植物が育っていることだ．これらが微妙な環境条件をも反映しているのである．数十年前の写真と見比べてみればよくわかるが，同じ風景が再現されている庭園はほとんどない．実生から10mを超える高木となるのに，条件さえよければ20年で十分である．例をあげよう．

　桂離宮庭園が日本庭園を代表する存在であることに異論を唱える人はいない．しかし，この庭園がいまなお人々の感動を誘うのは，もともとのデザイ

ンがすばらしいことだけでなく，日常的な管理が継続していることも大きな理由である．このプロセスは自然との対話のようなものである．

1934年，室戸台風がこの庭園の木々の多くをなぎ倒した．このとき倒れた樹木を整理するために年輪が調べられたところ，400年近く前とされる創建時代からの樹木は1本もなかったという．

建物も昭和の大修理で，ほとんど新築のようになったが，樹木もどんどん茂ってくる．ブルーノ・タウトが絶賛して世界に知られるようになったころの桂離宮の軽やかな風景から，徐々に維持管理の手が回らないようになって，樹木が大きくなってしまったのを，なんとかしようという事業がはじまったのは，いまから10年あまり前のことである．このとき，大規模な除伐や剪定が必須であることを熱心に説いたのは，岡崎文彬京都大学名誉教授であった．また，私は3千数百本の樹木の毎木調査データをもちいた成長する樹木CGシミュレーション（森本1993）で，樹木の少なくとも1/4を除伐しないとデザイン意図は再現できないし，半分にしても美観は維持されることを示して，思い切った除伐を提案した．

つまり，あたりまえの話だが日本庭園の自然とは静止しているものではけっしてない．導入した植物が環境に対応して成長することとか，常に植えたはずのない樹木や草がどんどん新たに加入していくということに，私たちは風情を感じているように思う．しかしこれも度を超すと庭園から薮になり，やはり風情がなくなる．その折り合いを演出するのが庭師の美学である．

7 日本庭園のシダ類

樹木でもそうなのだが，シダ類やコケ類となると，ますますその傾向が強い．ふつう，シダ類やコケ類で意図的に植栽されるのは，ごく限られた種であ

写真2　ヤワラゼニゴケ

写真3　ウキゴケ

写真4　コウライイチイゴケ

（写真2〜4：大石善隆）

る．シダならヤブソテツやベニシダがもっとも普遍的で，あと使われるのはヒトツバやノキシノブくらいのもの．コケならウマスギゴケだが，それが，年数を経てくると，いろいろな種で構成されるようになる．これが日本庭園のシダ類とコケ類のフロラ（種のリスト）の大きな特徴であることはまちがいない．

　シダ類やコケ類が分布を拡げる手段はごく小さな胞子である．だから，都市化で孤立した都市林や庭園にも，胞子は風に吹かれてやってくるはずである．それが発芽，成長，定着するかどうかはその場所の環境しだいであろう．

　京都市内に点在する緑には日本庭園も多い．また，一方で基盤岩である

チャートなどからなる丹波層群の残丘や下鴨神社糺の森のような鎮守の森や京都御苑などの市街地に孤立した森，孤立林も分布する．私たちのグループは，都市化のなかで残存している孤立林と日本庭園のシダ類とコケ類を調べてみた．

シダ類については次節でくわしく述べるが，日本庭園の特徴は主にふたつある．まず，種類が多いこと．周囲の山林から市街地で孤立した日本庭園と一般の孤立林を比べた場合，明らかに日本庭園の方が多い．もうひとつは，林縁や路傍を好む種が多いことである．

ゼンマイ，ヤワラシダなどは京都市内の庭園の7, 8割に出現するが，孤立林では3割以下．ハリガネワラビ，ヘビノネゴザなども庭園の方に明らかに多く，これらは林縁種である．路傍に生育するスギナも半数の庭園で生育するのに対し，孤立林では2割以下である．一方，林床を主な生育場所とする種についてみれば，トウゲシバ以外はみな孤立林の方が高頻度で出現する．

8 日本庭園はコケ類の宝庫

ではコケ類はどうか．この調査結果には驚いた．まず，環境省のレッドリストでも絶滅危惧II類（VU）とされているヤワラゼニゴケ（*Monosolenium tenerum*）の生育が，桂離宮庭園，京都御所など宮内庁による伝統的な日本庭園の管理が継続されている京都市内の庭園3か所で確認（大石2004ほか）されたのである．京都府ではかつて西芳寺で確認されたが，京都府レッドデータブックの調査では確認できず，絶滅寸前とされた種である．ヤワラゼニゴケは世界に1科1属1種が認められている分類学的に特異な興味深い種で，やや暗い，湿り気のある窒素分の多い土上に生育するとされている．

このヤラワゼニゴケの生育場所では，もうひとつの京都府レッドデータ

ブックの絶滅寸前種で，環境省のリストではよりランクの高い絶滅危惧Ⅰ類，ウキゴケ (*Riccia fluitans*) も生育していたのが発見された．これも水路や池の水中や，稲刈り後の水田の土上に生育するとされるが，圃場整備や水田の除草剤等の農薬の使用などで，生育適地が激減しているという．

　調査を重ねると同じく絶滅寸前とされた種がさらに1種，桂離宮庭園など宮内庁の管理する庭園で発見された．コウライイチイゴケ (*Taxiphyllum alternans*) は，これまでに京都府では1か所の生育地しか知られておらず，今回は2例目である．本種は湿地や渓流，泉の近くなど濡れた場所に生育し，水質汚濁，渇水などに敏感であるとされている．これも環境省のリストで絶滅危惧Ⅰ類とされている．

　このように，これまでにコケ類のフロラを作成した桂離宮，修学院離宮，京都御所，大宮・仙洞御所など宮内庁が管理する各庭園のみならず，仁和寺庭園でも京都府レッドデータブック記載種が3種以上発見されているのは，とても偶然とは思えない．今回，比較のために京都御所や大宮・仙洞御所とほぼ同一の立地条件にある環境省管理の都市緑地である樹林帯や芝地を調べたが見つかっていないし，いわゆる復元型ビオトープ「いのちの森」でも発見されていないのである．

9 絶滅危惧種とは？

　ここで，絶滅危惧種とはなにか，それが庭園に生育することにどんな意味があるのかを考えてみたい．生物の多様性の危機がはじめて国際社会の問題となったのは1980年の「西暦2000年の地球 (Global 2000)」(米政府大統領諮問委員会報告) であったが，この時の問題の指摘は熱帯林の急激な破壊にとどまっていた．しかし，1992年生物多様性国際条約にもとづく生物多様性国家

第1章　都市の野生とハビタット

戦略が日本でも1995年に制定され，あらためて生物種の絶滅確率を評価することによるレッドリスト（絶滅の危機に瀕する生物種のリスト）の日本版が作られることになったころから，大きく自然環境の見方が変わってきたように思う．

　それまでの自然保護が自然の残る場所の保護に重点を置いていたのに対し，実際に種の絶滅の危機に瀕する種を評価し直すと，意外にも身近な自然と思われていた野山の生き物に危機が迫っていることが明らかになったことにもとづいている．この「種の絶滅」という問題を整理しておこう．

　1994年12月，IUCN（国際自然保護協会）は，新たなレッドリスト・カテゴリーを採択し，それまでの定性的な要件とは異なり，絶滅確率等の数値基準による客観的な評価基準を採用することになった．1996年10月にIUCNは，この新カテゴリーにもとづく最初のレッドリストである絶滅危惧動物のリストを採択した．

　日本の環境省も，この考えかたに準じた日本独自のカテゴリーを定め，レッドリストの作成を行った．植物版レッドリスト（維管束植物）は日本全国のこ10年間の動向を踏まえた絶滅確率の推定にもとづく定量的なものだ．データが不足の場合などには評価が安全側（危険度評価が高い方）に見積もられている点はあるものの，近年の種の動向を評価した，世界に誇れる優れた成果である．

　このあと，地域における絶滅も遺伝子レベルの多様性の劣化と存続確率の低下に結びつくことから，都道府県レベルでも同様の評価が行われるようになった．世界レベル，国あるいは都道府県レベルなど地理的範囲が異なると，評価も異なることが多い．京都府レッドデータブックでは定性的基準によっているが，「絶滅寸前」はIUCNのCRとEN，「絶滅危惧」はVU，「準絶滅危惧」はNT，にそれぞれ対応させた概念を採用している．

　こうした評価の結果，メダカやキキョウなどという，昭和30年代ころまで

表3 環境省レッドリストカテゴリーと維管束植物と蘚苔類種数（1997-2000）

区分	基本的概念	基準の例（E基準）	維管束植物	蘚苔類
絶滅（EX）	我が国ではすでに絶滅したと考えられる種.		20	0
野生絶滅（EW）	飼育・栽培下でのみ存続している種.		5	0
絶滅危惧	絶滅の危機に瀕している種.		1665	180
絶滅危惧Ⅰ類（CR+EN）	現在の状態をもたらした圧迫要因が引き続き作用する場合，野生での存続が困難なもの.		881	110
絶滅危惧ⅠA類（CR）	ごく近い将来における野生での絶滅の危険性が極めて高いもの.	数量解析により，10年間，もしくは3世代のどちらか長い期間における絶滅の可能性が50％以上と予測される場合.	564	
絶滅危惧ⅠB類（EN）	ⅠA類ほどではないが，近い将来における野生での絶滅の危険性が高いもの.	数量解析により，20年間，もしくは5世代のどちらか長い期間における絶滅の可能性が20％以上と予測される場合.	480	
絶滅危惧Ⅱ類（VU）	絶滅の危険が増大している種. 現在の状態をもたらした圧迫要因が引き続き作用する場合，近い将来「絶滅危惧Ⅰ類」のランクに移行することが確実と考えられるもの.	数量解析により，100年間における絶滅の可能性が10％以上と予測される場合.	621	70
準絶滅危惧（NT）	存続基盤が脆弱な種. 現時点での絶滅危険度は小さいが，生息条件の変化によっては「絶滅危惧」として上位ランクに移行する要素を有するもの.		145	4
情報不足（DD）	評価するだけの情報が不足している種.		52	54
［附属資料］絶滅のおそれのある地域個体群（LP）	地域的に孤立している個体群で，絶滅のおそれが高いもの.			

注）種：動物では種及び亜種，植物では種，亜種及び変種を示す. 環境省資料をもとに簡略化. 括弧内はIUCU（国際自然保護連合）のカテゴリー記号. 我が国の維管束植物の23.8％，蘚苔類の10％が絶滅危惧である.

（参考） 京都府レッドデータブックカテゴリー（2002）

区分	基本的概念
絶滅種	京都府内ではすでに絶滅したと考えられる種
絶滅寸前種	京都府内において絶滅の危機に瀕している種
絶滅危惧種	京都府内において絶滅の危機が増大している種
準絶滅危惧種	京都府内において存続基盤が脆弱な種
要注目種	京都府内の生息・生育状況について，今後の動向を注目すべき種および情報が不足している種
要注目種——外来種	京都府内において生態系に特に悪影響を及ぼしていると考えられる種で，今後の動向を注目すべき外来種

注）種：動物では種及び亜種，植物では種，亜種及び変種を示す.

第1章　都市の野生とハビタット

はありふれた存在であった生物にすら危機が及んでいる実態が明らかとなった．ひとたび種が絶滅すると，もうよみがえることはない．日本政府は身近に迫った危機に対応して，その危機の特徴と今後の取り組みの方向を示した，新・生物多様性国家戦略を2002年に策定したのである．

10 レフュージ（避難場所）としての庭園

　庭園は本来，野生生物の保全を目的として作られたものではない．しかし，伝統的な日本庭園は多くの場合，なんらかの自然がモチーフとなっている．池泉や流れを重要な要素とした庭園も多い．とくに，人々を引きつける優れた日本庭園は，その計画された形態とともに，自然のアメニティを基調とした心地よい世界を維持するための管理を継続することによって，ひとつの持続的な生態系ができあがっているものといえるのではないか．いわゆる二次的な自然としての意義が一般に理解されるようになってきた里地・里山の生態系ともひと味ちがう，いわば三次的自然だろうか．

　琵琶湖などで激減している種はイチモンジタナゴにとどまらない．今回，琵琶湖疎水の水を引く園池で，ワタカ，タモロコ，ギギ，フナ類，ドンコ，ムギツクなど，琵琶湖での激減が指摘される魚種が生息していたということは，優れた日本庭園が野生生物のレフュージ（避難場所）としての機能も持っていることを示している．コケ類にいたっては，庭園は都市域における主要な生育地なのである．

　では，この狭い場所がレフュージとなる秘密はどこにあるのだろうか．そのデザインと手入れのどこにあるのか．日本庭園デザインに共通する重要な特徴のひとつはフラクタル性であって，手入れは攪乱プロセスと考えれば，この秘密の一端に迫ることができる．

小さな生態系としての庭園

まずフラクタル性だが，これを直感的にいえば部分と全体が相似の関係にあることをいう．ひろく自然的な形態や現象にみることができる．日本庭園デザインのフラクタル性についての詳細は拙著（森本 2001 ほか）に譲るが，かいつまんでいえば，池の汀線の形，石や樹木の配置などに，かなり小さなスケールから庭園全体のスケールにまでフラクタル性がみられる．たとえば池の護岩の石組みの凸凹が部分的にも，全体としても認められる．自然景観なら，ふつう等高線の形態にフラクタル性がみられるが，その成り立つ下限の値は庭園の形態などより，かなり大きなスケールである．庭園なら 10cm のオーダーから明らかなフラクタル形態だが，等高線なら 10m くらいが下限となる．伝統的ないいかたをするなら，これは縮景ということになる．つまり，大小の石を組み合わせた複雑な形態の護岸の小さな隙間から，さまざまな種類の微小生息場所の分布を可能とする比較的大きな構造までを備えているという，日本庭園のもつ自然景観を縮景する特徴が多様な生物生息空間を生む源泉ではないだろうか．

もうひとつ重要なのが攪乱プロセスである．近年の里山の生物多様性の劣化の原因は手が入らなくなったことだとされている．安定した環境では森林へ，日本の多くの都市域では照葉樹林へと遷移が進む中，いわゆる攪乱依存型の種の衰退が課題となっている．自然の攪乱プロセスには，火山の噴火のようなきわめて大規模で，めったにおこらないものから，倒木のように，原生林でも毎年 5％ くらいの頻度で倒木が発生しているような攪乱や，河原の増水のように季節的なものもある．

これに対して草刈りや薪炭林の伐採，火入れなどの人工的な攪乱も，持続的な二次的自然の重要な営力であったことは，先に述べた生物多様性の第二の危機の要因としてもよく知られるようになった．ここで，考えていただきたいのが，伝統的な庭園管理である．茂りすぎた樹林を間引きしたり，剪定したり，樹木の実生や飛来した雑草が目立つと制御するという植生管理だけ

でなく，落ち葉を掃除したり，池に泥がたまれば泥さらえをするような維持管理は，正に定期的な攪乱プロセスであり，これが独特の環境を作ってきたと考えられる．

　まず，もっとも頻繁に行われるのが庭掃除であり，とくに園路ぞいの落葉落枝が清掃される．除草はとくにキク科の風散布の雑草などの侵入を防いでいる．これによって土上に生育するコケ類のハビタットが確保される．それから水辺の植生制御である．流れの部分は放置すれば，あっという間に泥が溜まり，草木が生い茂って，小型のコケ類が生育できない．自然の川なら季節的な増水や，何年かに一度の大増水で攪乱が起こるが，庭園では草取りや泥上げをすることがそうした自然のプロセスの代替となっている．また，剪定整枝と除伐が多様なシダ類やコケ類にとって暗すぎず，明るすぎない環境を作り出す．

　さきに述べた桂離宮庭園では，かなり思い切った除伐が行われることになったが，それでもいざ実行するとなるとせっかく大きくなった木を切るのは気後れする．造林地でも「間伐は他人にやらせよ」という格言があることを岡崎名誉教授に教えていただいたが，桂離宮庭園の除伐は理想よりかなり弱度となった．しかしそれでも，樹林がうっ閉して暗くなったために衰退していた本来のコケ地は回復し，その効果も数年は持続した．

11 レフュージの危機

　しかし，ここで近年生起しているあらたな危機についても指摘しておかねばならない．それは，コケ相の豊かな京都盆地でもどんどん乾燥化が進んでいることである．コケ類は維管束が発達せず，水分はほとんど空中湿度に頼っている．朝露もその主要な水分資源と思われる．京都盆地では鴨川や桂川な

どから立ち上る川霧がその重要な供給源となりうる．ところが近年の温暖化，都市気候の乾燥化でどんどんコケ類の退行が進行しているようなのである．桂離宮も西日のあたるところではとくに維持が困難となっている．

　この点，標高が高くて結露しやすい条件にある修学院離宮庭園では，庭掃除をしているだけでコケ類が生育するという，基本的な生育条件がまだ持続している．しかしそれよりやや標高の低い京都大学の構内では明らかに劣化している．1970年代にはウマスギゴケの見事な絨毯となっていて，コケ群落の構造に関する研究も行われたことのある研究林本部庭園では，もういまは辛うじて生育している状態なのである．つまりこの項で力説してきた庭園のレフュージ機能にも危機が訪れているのである．空中湿度を保つ水の流れの維持や西日の遮蔽，半日陰状態の維持などの，よりきめ細かな庭園の手入れはもちろんだが，京都の伝統的日本庭園文化を維持するには，潅水システムの導入が不可欠となってきたようだ．

　そして2003年末，コイヘルペス騒動（農林水産省2004）がもちあがった．
　この項で紹介した多くの園池のコイも犠牲となり，小さな生態系は外来魚侵入以来の一大異変に見舞われている．たとえば織宝苑ではコイが全滅し，それまでコイが食べていた藻類の大繁茂と枯死で池底に汚泥がたまり，魚類相が大きく変化している．
　日本庭園に野生生物のレフュージ機能が認められるということは，その環境が際どいバランスで成り立っていることの裏返しでもある，ということにあらためて気がついた．

いのちの森

▶ .... 引用・参考文献

武内和彦・恒川篤史・鷲谷いづみ編著（2001）『里山の環境学』東京大学出版会.
村上健太郎・松井理恵・大石善隆・前中久行・森本幸裕（2004）「都市内日本庭園におけるシダ植物の種豊度」『ランドスケープ研究』67：495-498.
村上健太郎，森本幸裕（2001）「都市孤立林におけるシダ植物の種数と面積の関係」『日本緑化工学会誌』27（1）：78-83.
森本幸裕（2001）「京都の庭と環境」『庭園の京都（水野克比古）』NHK出版，304-307頁.
森本幸裕（2003）「都市環境と自然再生」『都市緑化技術』49：6-10.
森本幸裕（2004）「都市における生物生息空間の保全と創出」『公園緑地』64（5）：24-28.
尼崎博正（1984）「禁裏御用水の水源」『瓜生』6：37-53.
京都府（2002）『京都府レッドデータブック2002 下巻』.
近藤高貴（1998）「用水路の淡水二枚貝群集」江崎保男・田中哲夫編『水辺環境の保全——生物群集の視点から』朝倉書店.
Baba R.,Y. Nagata and S. Yamagishi（1990）Brood parasitism and egg robbing among three freshwater fish. *Anim. Behav.* 40：776-778.
長田芳和・前畑政善（1991）「ムギツクによるドンコの巣への産卵」『滋賀県立琵琶湖文化館紀要第9号』17-20頁.
森本幸裕（1993）「植物モデリング・可視化システムを用いた桂離宮庭園の植生景観のシミュレーション」『造園雑誌』57（2）：13-20.
大石善隆ほか（投稿中）「都市における日本庭園の蘚苔類保全機能」『日本景観生態学会会誌』.
大石善隆（2004）「京都府におけるヤワラゼニゴケ（ヤワラゼニゴケ科，苔類）の新産地」『蘚苔類研究8巻8号』245-246頁.
伊藤早介・森本幸裕（2003）「野生生物生息環境としての園池」『ランドスケープ研究』66：621-625.
京都ビオトープ研究会（2004）『いのちの森 No.8，2003年度調査報告書』52頁.
森本淳子・森本幸裕（2001）「関西における里山の変貌——京都周辺を例に」武内和彦ほか編『里山の環境学』東京大学出版会，60-72頁.
森本幸裕（2001）「照葉樹林帯の焼畑と日本庭園に潜むフラクタル」金子務・山口裕文編『照葉樹林文化論の現代的展開』北海道大学出版会，393-408頁.
農林水産省（2004）「コイヘルペス病に関する情報」http://www.maff.go.jp/koi/

第2章
野生生物と都市 ── 孤立林

村上健太郎
Kentaro Murakami

Section
2-1

孤立林の樹木とシダ植物

1 緑の島 —— 孤立林の樹木

　都市に残る森林は，人間にとって，もっとも身近な森であるにもかかわらず，長く生態学では中心的にあつかわれてこなかった．それには，もちろん理由がある．自然の法則性を知ること，植物生態学の理論を作り上げることは，人間活動が活発な地域ではむずかしい面がある．人間というのは気まぐれであるので，いろいろなことをする．枝が張ってきてじゃまだといって木を切ってみたり，ハナミズキやキョウチクトウなど花のきれいな木ばかり植えたりすることもある．気まぐれな人間活動の影響を測るのはとてもむずかしかったし，もちろん，現在でも簡単なことではない．しかし，1995年に閣議決定され，2002年に改変された「生物多様性国家戦略」では，都市においても生物多様性を保全すべきであることが明記された．ここでは，都市内の緑地をネットワーク化すべきであることや，多様な生物のハビタットとなる緑地を確保し，より豊かな生物相を支えることができる環境を回復する方向

第2章 野生生物と都市 ── 孤立林

性などが示されている．人間活動の中心である都市にこそ，豊かな生物相が求められ，いま，都市の生物多様性を考えるべき時代になっているのである．これまでの都市緑地といえば，都市公園などがイメージされ，これらはアメニティーの面ではたしかに大きな貢献をしてきたが，生物多様性というとどうだろうか？

そこで，注目されるのが都市の中に残る森，孤立林であった．人間生活にあうように高度に作りかえられた都市には，ほとんど人の手が加わっていないところはない．しかし，その中にあっても，鬱蒼と茂る社寺林には，多くの樹木が残されている．都市の自然のネットワーク，生物多様性を考えるうえで，孤立社寺林の存在は見逃せないものであった．こうして，私の修士論文の研究は，京都市内の孤立林に見られる樹木の保全に向けての研究となった．ちょうど，都市内孤立林が「緑の島」のような状況にあることから，1-2でも紹介された「島の生物地理学理論」を応用した，孤立林の生物相に関する研究の試みである．まず，樹木からと考えたのは，孤立林を生育地とする生物の中でも樹木がもっとも重要と考えたからである．樹木は，それ自体が多くの生きものの生息地を作る．たとえば，昆虫やクモ類，鳥類など，多くの動物のすみかとなっている．また，人間活動の影響が及ばない場合の，地域の潜在的な自然という意味もある．樹木は人間とのかかわりについても深く，社寺林ではご神木として信仰の対象になった一方，里山林では長い間薪炭材として利用されてきた．これほど，人間と親密な生物も珍しい．

では，都市内孤立林にはどれくらいの樹木があるのだろう？　私は1997年から1998年にかけて京都市内の孤立林をできるかぎり網羅的に巡り，樹木を調べた．1年半をかけて調べた孤立林の数は39か所である．この結果では，樹木の合計種数は161種であった[1]．少し古い資料であるが，『東山國有林風致計畫』（大阪營林局1936）によると，京都市東部の山地にある東山国有林には約240種の樹木が記録されている．孤立林の種数は，山地よりはだいぶ少

孤立林の樹木とシダ植物

ないが，都市内ということを考えれば，それでもかなりの数が京都市内の孤立林にあることになる．もっとも種数が多かったのは，最大面積の京都御苑であり，次いで種数が多かったのが，国の名勝に指定された小高い丘陵の双ヶ岡であった．ソヨゴ，タカノツメ，ネジキ，アオハダ，エゴノキ，アカマツやコシアブラなどの里山林特有のさまざまな樹木に加え，照葉樹林を構成するシイやリンボクなども見られ，86種が記録された．これに続いたのは，河畔林のなごりともいわれるニレ科樹林や照葉樹林などさまざまなタイプの樹林がある下鴨神社（糺の森）であり，74種が記録された．樹木の種数が多い孤立林には共通した特徴があり，一様に大面積林であった．一方，孤立林には，立派な森ばかりではなく，種数が20種を切るような森も少なくなかった．また，これらは一様に小規模の孤立林であった．大きな森で種数が多く，小さな森で種数が少ないというのは一見あたりまえで，どうでもよいことのように思えるが，実は大事なことである．多くの種を確保するためには大きな森が必要ということを示しているからである．普通，生育地の面積がより大きければ種数は増加するが，地域における植物種数には限りがあるため，面積の増加とともに無限に種数が多くなるわけではない．また，普通，面積が2倍になれば種数も2倍になるというような単純な関係にはならない．これは種数と面積との関係をグラフにして，面積を横軸に，種数を縦軸にして描いてみるとわかる．面積が増加すると，最初は急激に種数が増加していくが，面積の増加とともに，徐々に増加率は低くなり，いつか増加率は頭打ちとなる．このような関係は種数—面積関係とよばれている（1-2参照）．種数—面積関係は，いろいろな環境条件の違いによって変化し，面積に対する種数の増加率や単位面積あたりに確保できる種数は変わる．たとえば，地質，地形，気候，都市化などによる環境劣化の程度に対応して，ある地域での生物種数は異なるために，種数と面積との関係も変わるのである．よって，その地域での種数—面積関係を調べることによって，その生物群にとって，どの程度

第 2 章 | 野生生物と都市 —— 孤立林

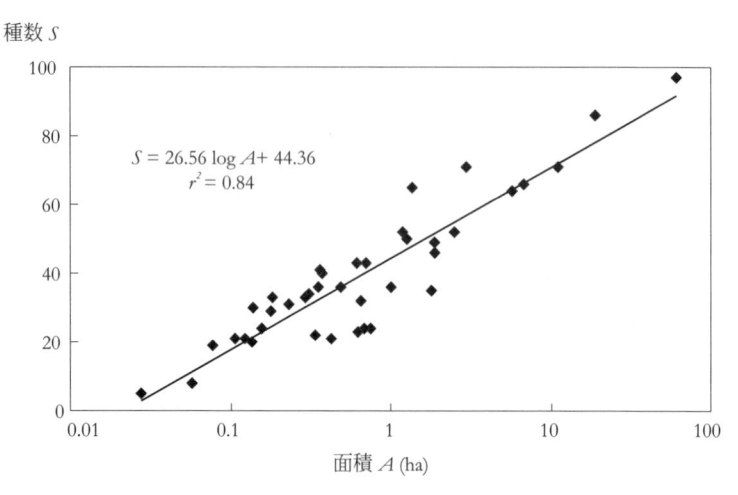

図1 京都市内孤立林 39 か所の樹木の種数と面積との関係を片対数モデルによって示す．(村上・森本 2000 を一部改変)

グラフ中の式： $S = 26.56 \log A + 44.36$, $r^2 = 0.84$

の面積で，どの程度の種数を確保できるのかを調べることができる．このような関係を知ることは，緑地保全の方向性を考えるうえで役に立つ．

　そこで，私はまず京都市内孤立林の樹木の種数と面積との関係を，単回帰分析という統計的な方法[2]を用いて調べることとした (図1)．樹木の種数を面積によって説明するための決定係数は 0.84 と高く，孤立林の樹木の種数と面積は強く関連していることがわかった．この図では，孤立・分断化が進み，孤立林の面積が小さくなると，その分だけ種数が少なくなることが示されている．逆に大きな森を保全すればその分だけ多くの種数を確保できることが示されている．この図は，片対数のグラフであるので，横軸は 1 目盛りで 10 倍になるグラフである．つまり，面積が 10 倍になったときに回帰係数 (= 26.56) の値だけ種数が増加するということが示されているわけである．

　では，次に，都市孤立林では，どのような樹木が出現したのかを見てみよ

孤立林の樹木とシダ植物　　2-1

う．京都市内で見られる樹木でもっとも出現頻度が高かったのはアラカシ（ブナ科）とアオキ（ミズキ科）であり，出現頻度は 87.1 % であった．これに続いたのがツバキ科のヤブツバキ（82.0 %）であった．アラカシについては，京都や大阪くらいの暖温帯では，多くの場所がほうっておけばシイやカシ類，タブノキなどからなる照葉樹林になるといわれており，納得できる結果であった．ヤブツバキについてはシイ，カシ類などが樹冠を構成する高木層よりは下の階層（亜高木層や低木層とよばれる）を構成する照葉樹である．また，アオキも低木層に多い．いずれの種も日本の照葉樹林を代表する樹木であり，シイ，アラカシ，アオキ，ヤブツバキなどが目立つ森というのは，京都市くらいの気候条件では普通に見られる本来の植生の姿なのだろう．下鴨神社糺の森や平野神社，梅宮大社などの比較的規模の大きい社寺林の一角にはシイやカシ類が優占する薄暗い照葉樹林がしばしば見られる．また，京都市内の沖積地上の社寺林では，エノキ，ムクノキ，ケヤキなどのニレ科の高木も多く，糺の森もかなり広い部分がニレ科の森である（2-2 を参照のこと）．一方，これらの出現頻度が高い種に対し，京都市内孤立林では出現頻度が低い種も多く，161 種のうち 51 種は出現頻度が 7.6 %（3 回）以下であった．たとえば，どんぐりをつけるブナ科の植物について見ると，アラカシがもっとも多く，シラカシ（38.4 %），コナラ（30.7 %），アベマキ（25.6 %），ウバメガシ（25.6 %）などがこれらに次いでいる．しかし，イチイガシは私が調べた孤立林では，3 か所（7.6 %）にしかなく，しかもそれらは京都御苑，下鴨神社糺の森と平野神社（約 2.4ha）など，比較的大規模な社寺林に限られていた．シリブカガシも糺の森などの大規模な社寺林 4 か所（10.2 %）にしか出現しなかった．また，糺の森に単木状に生育しているナラガシワも京都市内の孤立林では他にはまったく見られない．これらの出現頻度が低い種については，その昔，京都市の沖積地上の社寺林にはたくさんあり，その後の孤立分断化や都市化にともなって減少したものなのか，もともと少なかったのか判然と

第 2 章　野生生物と都市 —— 孤立林

しない部分もある．また，平安遷都以来，ずっと人間活動の影響が大きかった都市部のことであるので，人間が持ち込んできたという可能性が捨てきれない種もある．しかし，多くは長い間，人間の影響を受け続けた都市部の中で生き残ってきた種である．これらの種は，全国的なレベルで考えた場合には，とくに絶滅危惧に指定されているわけではないので，自然保護の対象になることは稀である．しかし，それらの植物が孤立林から消えてしまうということは，もっとも身近な人間生活の場から，またひとつ見られる種が減ったということである．「昔はここらにもこんな植物があったよ」という話はよく聞くことではあるが，現在都市において少なくなっている植物をそのような種にさせないためにも，わずかに残っている生育地を保全したいものである．移動力のない種が孤立林内からいったん絶滅した場合には，二度と移入できない可能性もある．種の絶滅の問題は，深山幽谷だけで起こっている問題ではなく，身近なところでも起こっているのである．

　ところで，人間が持ち込んできたというと，私はクスノキ科のある植物に悩まされたことがある．ある日，双ヶ岡の調査のために林内を歩いていると，シイやスギの根元で見たことのない稚樹を発見し，私はこれをサンプルとして持ち帰った．図鑑を繰って調べたが，該当するものはなかなか見つからなかった．クロモジに似ているが少し違っていた．どうもアオモジという植物に似ているが，アオモジの本来の分布は九州や琉球地方であり，本州では山口県や岡山県でしか知られていないから，京都市内にあるわけはないと思い込んでしまったのだ．しかし，樹木の専門家である佐藤治雄さん（大阪府立大学名誉教授）に標本を見てもらい，アオモジであることがはっきりした．よく調べてみると，双ヶ岡の中には植栽されたアオモジの木があり，そこから逃げてきたもののようだ．その後，京都市周辺のアオモジについては，京都大学上賀茂試験地に 1950 年代に植栽されたことが明らかになり，その後の野外調査で，市内の別の孤立林にも分布していることがわかった．さらにその

後，上賀茂試験地周辺や双ヶ岡の個体については，その分布拡大やこの植物の果実を食べる鳥類についても調べられている．このように植栽された植物が自然の緑地に侵入する現象は「逸出」とよばれている．アオモジの例からもわかるように，都市には多くの植栽種があり，これらが孤立林内に逸出する例は実は珍しいことではない．たとえば私が調べた孤立林39か所のうち，25か所（64.1％）にはシュロが出現し，方形枠調査でも，低木層・草本層に高い割合で含まれていた．また，シャリンバイ（10.2％）やトベラ（35.8％）などのしばしば孤立林に出現する種も，街路や公園で植栽されたものが移入してきたものと思われる．これらの種は日本国内にも自生地があるため外来種ではないが，京都市内に本来分布していたものではないと考えられる．同様に，京都市内孤立林の出現種にはトウネズミモチ（48.7％）やハリエンジュ（12.8％），ナンキンハゼ（12.8％），ニワウルシ（12.8％），トウカエデ（15.3％）といった逸出した外来種も見られた．とくに勢力の強いトウネズミモチやシュロなどの逸出種は，鳥類によってある程度の長距離散布が可能な種であり，都市林に確実に分布を広げていると考えられる．また，他にも，京都市で逸出種が優占種となっている例としてはクスノキがあげられる．この点についての詳細は2-2に譲るが，京都市のクスノキは，台風の跡に植栽されたとか，ある時期に植えられたものが多く，それ以外の個体についても植栽種を起源にした逸出種と考えられている．実に39か所中26か所（66.6％）の森でクスノキは出現しており，それらが多くの箇所で優占種ともなっているということは，植栽種が自生種に対して及ぼしている影響がきわめて大きいことを示している．

　しかし，シュロ，トウネズミモチのような人間によって持ち込まれた種が繁茂しつつある都市林においても，イチイガシやシリブカガシなどのように，自生種が残されている．しかも，出現頻度の低い種が残された森は，比較的面積の大きな森に限られているのである．種数全体として考えても，このよ

うな出現頻度の低い種の分布から見ても，どうも「面積」という要因は，大きな存在のようである．このことから，都市においても，より大きな樹林面積の確保が必要であるということが推測できる．では，どの程度の面積を確保すれば，どのくらいの種数が確保できるのだろうか？　また，植物種の多様性を保全するために設定すべき保全面積とはどの程度なのか？　この点について，次にシダ植物との比較をとおして考えてみたい．

2 種多様性保全のための面積を考える

　シダ植物は，日本に630種あまりがあると考えられており，暖かい地方ほど多い．京都市内の孤立林を巡った結果では，都市内でも約70種を見ることができる．たとえば，ベニシダは京都市内の孤立林ならどこにでも見られるシダ植物である（写真1）．樹林下に多いが，石垣の隙間から人工水路の内壁までいたるところに生育し，暖温帯で植物を勉強する人なら必ず出会う種である．春先に若葉や胞子囊群（ソーラス）が真っ赤になり美しいことから，園芸種としても好まれ，日本庭園でもしばしば見ることができる．他にも林縁に多いワラビ，ゼンマイなどは，ご飯のお供として食卓でおなじみであり，都市の孤立林でもしばしば出現する．人間の身近なところにも，多くのシダ植物が生育しているのである．一方，分布が山地に限定されているシダ植物も多く，山地林まで含めると，ぐっと種数は多くなる．京都市の山麓は湿度が高く，シダ植物には心地よい場所のようで，大文字山，瓜生山や嵐山などの山麓には，クルマシダやヌカイタチシダなどの稀少な種も見ることができる．これらは，多くの種が林縁や林床，樹幹など，森林に関係した生育地を好む傾向がある．シダ植物は，森林を生育地としている生物の代表的な存在なのである．

写真1　ベニシダの葉（左）と葉裏の胞子のう群・包膜（右）

　前項で示したように，樹木では，種数にもっとも影響していた要因として面積があげられたが，シダ植物ではどうだろう？　私は，2000年から2002年にかけて，樹木と同じ範囲にある孤立林39か所を巡り，シダ植物の出現種のリストを作成した（村上ほか2003）．これらの中には，府レベルでは絶滅危惧種になっているトキワトラノオやカミガモシダが含まれていたが，多くは普通種といえるものであった．ベニシダやトラノオシダ，ヤブソテツ，イノモトソウなど，さまざまな生育地に適応している種の出現率が高いが，ナンゴクナライシダやリョウメンシダ，ホソバイヌワラビ，ヤマイヌワラビ，シケチシダ，ミゾシダ，ウラボシノコギリシダなど，山地林床を主な生育地としている種も，出現頻度は高くないものの生育していた．このリストにもとづいてシダ植物の種数にどのような要因が影響しているかを調べてみたところ，もっとも強く関連していたのは孤立林の面積であった（Murakami, K. et al. 2004）．樹木の場合でもそうであったように，やはりシダ植物でも大きな森ほど種数が多く，小さな森ほど種数が少ないという関係が成り立っているのである．

第 2 章 　野生生物と都市 —— 孤立林

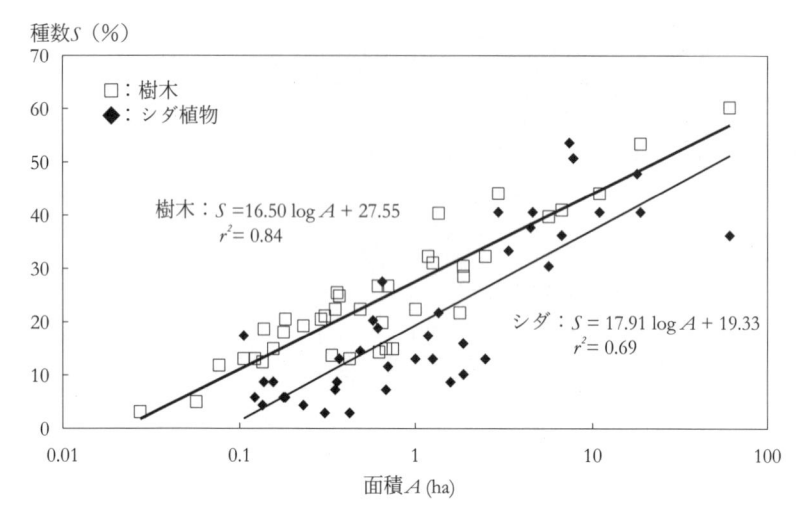

図 2　京都市内孤立林における樹木の種数—面積曲線とシダ植物の種数—面積曲線の比較．種数(S)には，それぞれの全出現種数(樹木：161種，シダ植物69種)を100％とした場合の割合 (％) を用いた．(Murakami et al. 2004 を一部改変)

グラフ中の回帰式：
樹木：$S = 16.50 \log A + 27.55$, $r^2 = 0.84$
シダ：$S = 17.91 \log A + 19.33$, $r^2 = 0.69$

　樹木の種数，シダ植物の種数ともに面積の影響を受けているという点では同じであるが，1-2 の図 2 で示されたように，生物群が異なれば，種数と面積との関係も異なることが知られている．では，シダ植物と樹木では，どこが同じでどこが違うのだろうか？　この点を調べるために，樹木と同じ図上に種数—面積曲線を描き，比較をしてみることとした．ただし，樹木の全出現種数は 161 種であり，シダ植物の全出現種数は 69 種と差があるので，それぞれの全出現種数を 100％とした場合の種数(％)—面積曲線を描いてみた(図2)．図上で 2 本の回帰式は樹木のほうがより上方にあり，シダ植物は，より下方にある．また，2 本の回帰式は，ほぼ平行に見える．回帰式が平行であるということは，面積の増加に対する種数の増加の程度には差がないということである．また，シダ植物よりも樹木の回帰式が上方にあるということは，

樹木の単位面積あたりに確保できる種数（の割合）がシダ植物に比べて多いということである[3]．たとえば，樹木では面積が 10 倍になると種数が約 17 ％増加するが，シダ植物でも約 18 ％増加し，ほぼ同じ値である．一方，1ha で確保できる樹木の種数は回帰式から約 28 ％であるが，シダ植物では約 20 ％しか確保できない．すなわち，同じ程度の孤立林面積であっても，シダ植物のほうが確保できる種数が少ないのである．これは，保全面積を考える場合に，木本植物で考えただけでは不十分な場合がありうるということを示している．たとえば，木本植物の全出現種の 50 ％を確保するための保全面積を設定したとしても，シダ植物では，50 ％よりも少ない種数しか確保できない．逆に，シダ植物の 50 ％が確保できる保全面積を設定した場合には，計算上，木本植物では 50 ％よりも多くの種数を確保することができるはずである．そこで，次に樹木とシダ植物のそれぞれの回帰式の種数（S）に，いくつかの値を代入し，その際に必要な面積（A）を計算から求めてみた．すると，全出現種数の 50 ％を確保するためには樹木では，23ha が必要であり，シダ植物では 52 ha が必要であると計算された．また，80 ％では，それぞれ 1510ha，2437 ha が必要と計算された．京都市内の孤立林のうち，もっとも大きな京都御苑では，樹冠面積が約 60ha（建物や砂利地などを除き，実質的に樹木が侵入可能な敷地面積は約 40ha）である．52ha という値はこれに匹敵するものであり，まして 1510 ha，2437ha という値はたいへん大きなものである．海外の研究事例では 1000ha を越える孤立林の事例もあるが，日本の都市部では，このような孤立林はめったになく，京都市内にも存在していない．よって，これらの回帰式から考えると，単一の樹林地で種数の 100 ％，80 ％といった種数を確保するのは，かなり困難といえる．単一の孤立林での保全がむずかしい場合に考えられる対策としては，複数の孤立林パッチを一まとめにして保全する方法がありえる．これは 1-2 において SLOSS 論争として紹介されているが，単一の樹林地（Single Large patch，以下 SL）による保全ではなく，複数の樹林地

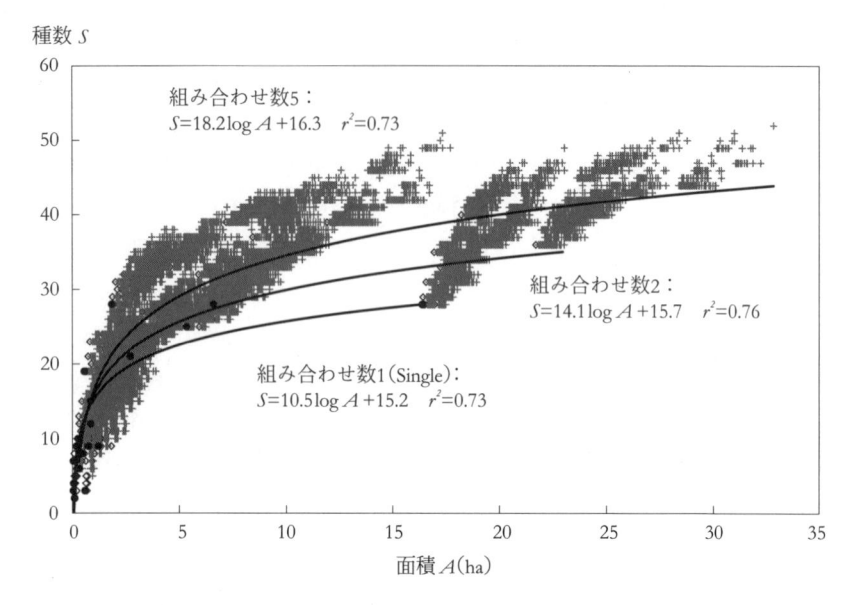

図3 孤立林パッチの組み合わせ数別に見た京都市内孤立林のシダ植物の種数—面積曲線. 孤立林22か所の種数—面積曲線と, 孤立林を2, 5個組み合わせて種数—面積曲線を描いた場合を比較した. 22か所のうち2, 5個を抜き出す場合の全通りの組み合わせ(合計面積とその際の種数)については, Microsoft Excelマクロを用いて計算した. ただし, 面積については, 敷地内の建物や砂利道などの林床性シダ植物の生育地となりえない箇所は除いて考えた.(村上ほか(投稿中))

グラフ中の式:
組み合わせ数5: $S=18.2\log A +16.3$ $r^2=0.73$
組み合わせ数2: $S=14.1\log A +15.7$ $r^2=0.76$
組み合わせ数1(Single): $S=10.5\log A +15.2$ $r^2=0.73$

(Several Small patches, 以下SS)を組み合わせて考えてみるわけである. 図3には, シダ植物が調べられた孤立林のうち, 22か所について, それらを組み合わせて保全した場合の種数—面積曲線が描かれている. 図1や図2とは異なり, 片対数のグラフで示されてはいないので注意が必要である. 点の数が22よりも多いものがあるのは, パッチ数を組み合わせるときの, すべての組み合わせパターンを計算しているからである. たとえば, 22か所の孤立林の

うち，2か所を抜き出して組み合わせている場合には，組み合わせパターンは231通りであり，5か所を抜き出す場合の組み合わせのパターンは26334通りとなる．このグラフによれば，単一の孤立林で描いた種数—面積曲線よりも，複数個の孤立林を組み合わせて描いた種数—面積曲線のほうが図上ではより上方にあり，同程度の面積の場合には多くの種数が確保できることが示されている．要するに，同じ面積を確保するのであれば，単一の樹林地よりも，複数の細切れの樹林地を確保するほうが，種数が多くなるということが示されているわけである．これまでのSLOSS論争では，森林の核心部（コア）にしか生育できない種がある場合や，行動範囲が広い哺乳類や鳥類などが生息している場合には，SLによる保全が有効であり，種数を増加させるためにはSSによる保全が有効であると考えられているものが多い．SSのほうが種数が多くなる理由としては，広い範囲に細切れの小面積孤立林を配置したほうが，それぞれにその地域特有の生物が含まれやすくなり，同程度の面積であれば，大面積孤立林よりも種数が多くなるというものである．京都市内孤立林のシダ植物の種数から考えた場合も，これまでいわれていたように，SLよりもSSのほうが効率的に種数を増加させることが示されたわけである．しかし，『京都府レッドデータブック2002』（京都府企画環境部2002）の中で，同志社大学の光田重幸さんは，稀少種の分布から見たシダ植物の特性として，「生育に高い湿度を必要とすることはコケ植物と同様であるが，植物体が大きい分，それだけ広い面積の森林などの高湿度環境を必要とする可能性がある」と書いている．私も，連続的な大面積林の谷頭部や斜面にしか出現しないような種がシダ植物には多く，これらの種を保全するには，より大面積の高い湿度環境，森林が必要であるという印象を持っている．京都市内の孤立林にこのような種が残存しているかといえば，ほとんど残っていないといわねばならないが，少ないとはいえ，カミガモシダのような稀少種が残っていることも事実である．また，カミガモシダの生育する孤立林は比較的大面積の社

寺林に限られている．樹木で例示したイチイガシやシリブカガシについても，同様に大面積の社寺林にのみ出現する．これらの種の保全を重要視すると，個々の孤立林をいくら細切れにしてもよいということではなく，できる限り大面積林を残すことを前提とした保全方策を考えることが重要だと思う．とくにシダ植物は微小な胞子による分散を行う種でもあり，現在は山地にしか残っていない種が孤立林へと移入し，定着できる可能性もあるはずである．

　SLよりもSSのほうがより多くの種数を確保できること，都市内部では1000ha以上の大きな樹林地を確保することが困難なこと，大面積林にわずかでも稀少種が残されていることなどを念頭に置き，改めて都市内孤立林において保全すべき面積のことを考えてみる．図4には，孤立林39か所の面積に対応した樹木とシダ植物の出現状況が示されている．たとえば，樹木のモチノキ，ヒメコウゾやシダ植物のフモトシダなどは，孤立林面積が2.5 ha以上でないと，出現頻度50％を保てない．一方，アオキやベニシダについては，孤立林面積とは関係なく出現頻度50％以上を保っている．この図から判断すると，樹木・シダ植物ともに2.5haを境に急減する傾向がある種がきわめて多いことがわかる．樹木では全出現種の約10％，シダ植物では約24.6％が，2.5ha以下の孤立林で出現頻度50％を保てなくなる．このような孤立林面積に対する出現種の変化を考えると，より大きな森林面積をできる限り確保することを目標にしつつ，現実上は，個々の孤立林の少なくとも2.5 haの面積を確保するべきだろう．京都市内には社寺林が多く残されているが，現存する2.5ha以上の孤立林というと，それほどたくさんあるわけではない．これらの孤立林をこれ以上小面積化しないことは，植物種の保全を考えるうえで重要なことといえるだろう．

孤立林の樹木とシダ植物　2-1

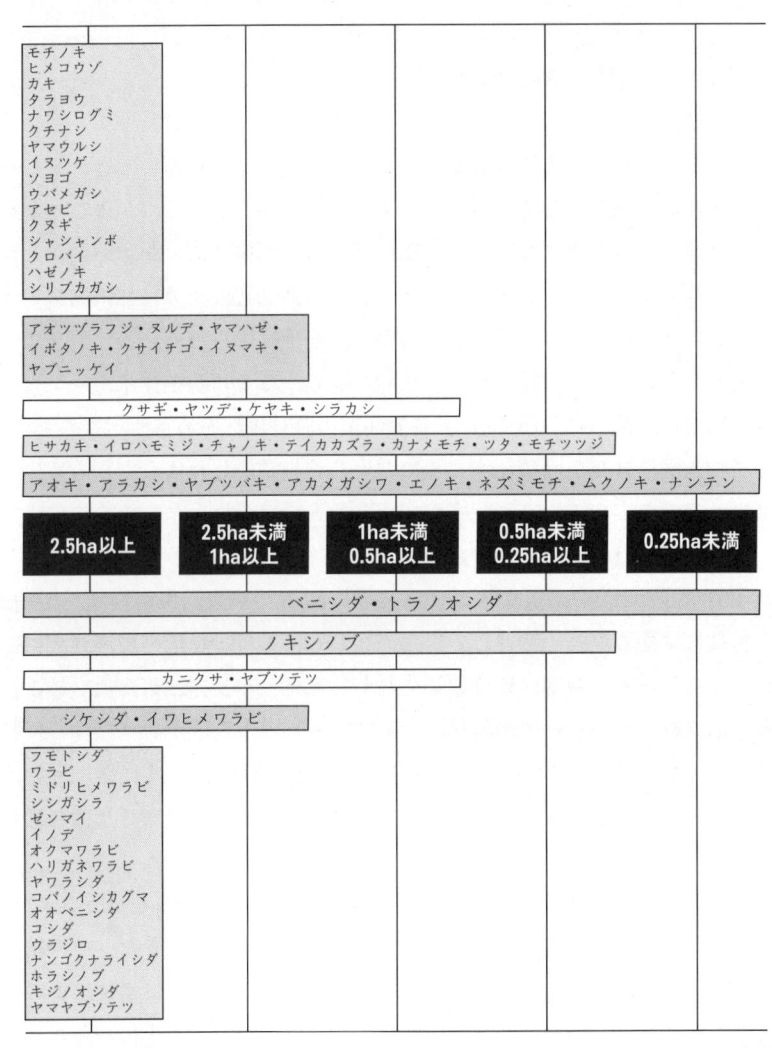

```
モチノキ
ヒメコウゾ
カキ
タラヨウ
ナワシログミ
クチナシ
ヤマウルシ
イヌツゲ
ソヨゴ
ウバメガシ
アセビ
クヌギ
シャシャンボ
クロバイ
ハゼノキ
シリブカガシ

アオツヅラフジ・ヌルデ・ヤマハゼ・
イボタノキ・クサイチゴ・イヌマキ・
ヤブニッケイ

クサギ・ヤツデ・ケヤキ・シラカシ

ヒサカキ・イロハモミジ・チャノキ・テイカカズラ・カナメモチ・ツタ・モチツツジ

アオキ・アラカシ・ヤブツバキ・アカメガシワ・エノキ・ネズミモチ・ムクノキ・ナンテン
```

| 2.5ha以上 | 2.5ha未満 1ha以上 | 1ha未満 0.5ha以上 | 0.5ha未満 0.25ha以上 | 0.25ha未満 |

```
ベニシダ・トラノオシダ

ノキシノブ

カニクサ・ヤブソテツ

シケシダ・イワヒメワラビ

フモトシダ
ワラビ
ミドリヒメワラビ
シシガシラ
ゼンマイ
イノデ
オクマワラビ
ハリガネワラビ
ヤワラシダ
コバノイシカグマ
オオベニシダ
コシダ
ウラジロ
ナンゴクナライシダ
ホラシノブ
キジノオシダ
ヤマヤブソテツ
```

図4　孤立林面積に対応した樹木とシダ植物の出現状況．孤立林39か所において出現頻度が50％以上を満たす種について，面積区分ごとに示す．面積に対する出現頻度の違いが明瞭でないものについては除外した．（村上ほか（未発表））

3 | シダ植物と微地形

　ここまでは，種数や出現種と面積との関係のことばかり書いてきた．しかし，面積だけの問題としてとらえていくと，どうしてもいくつかのむずかしい問題が発生する．まずなにより，都市部では，面積はあらかじめ動かせない要因となっていることが多い．たとえば，自然回復のために都市内にビオトープを作るといっても，そのための場所，面積は限られている．現在森でない場所のほとんどは人間のための空間であり，そこに森を作るチャンスはめったにない．都市においても，より大面積の森林確保をめざすべきことや，現存する大面積林を小面積化すべきでないことを認識したうえで，もう少し面積以外の面からのくふうや配慮ができないものだろうか？　この点について，シダ植物を材料に考えてみたい．

　前項で示したように，孤立林39か所を調べた私の調査結果からは，シダ植物の種数には面積が強く関連していた．しかし，もう少し他の環境要因にも目を向けてみると，微地形単位数[4]すなわち微地形の多様性や，孤立林の標高差，孤立林の山林からの距離など，実にいろいろな要因がシダ植物の種数と関連していることがわかった（Murakami, K. et al. 2004）．とくに微地形の多様性については面積と匹敵するほど強く関連しているようだ．これはなぜだろう？

　私は，孤立林調査の際に，その種数だけでなく，方形枠調査を行うことで，どの種がどんなところに，どのくらい出現するのかを調べてきた．その結果を微地形との対応関係としてまとめたのが図5である．縦軸には種ごとの被度が示されており，横軸は微地形の変化が示されている．上下にわかれているのは，被度値のスケールが異なるためである．シダ植物のうち，ゼンマイ，リョウメンシダやコバノイシカグマ，イノデなど，多くの種が谷底面〜斜面

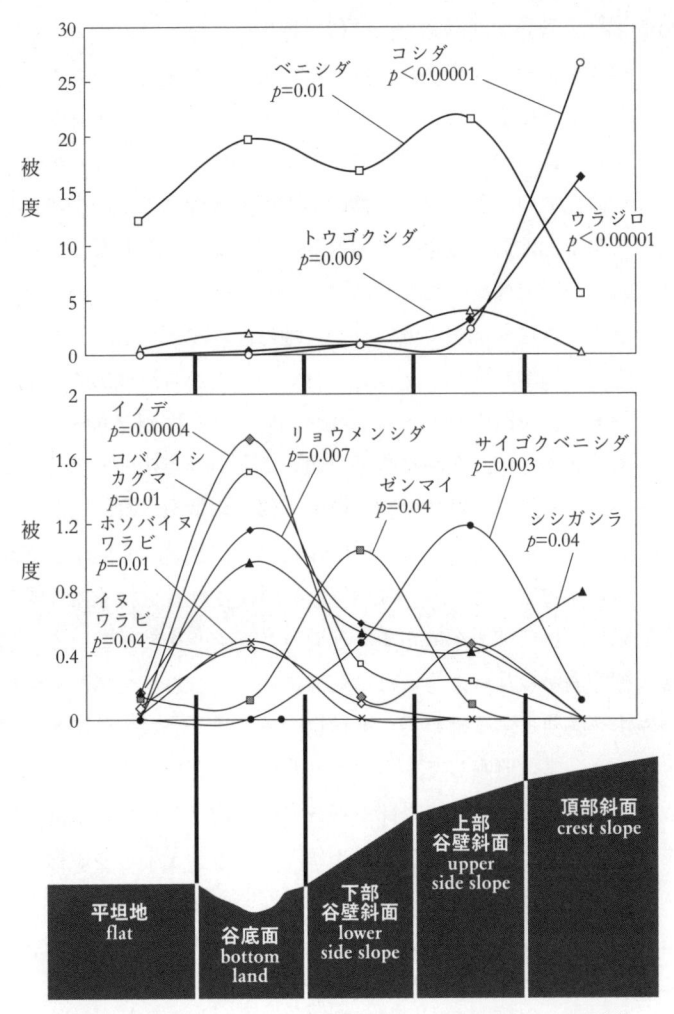

図5 微地形の変化に沿ったシダ植物の分布. 目的変数にシダ植物の種ごとの被度を, 独立変数に微地形単位を用いた分散分析において, $p<0.05$ であった種について, 微地形単位ごとの被度 (平均値) を示す. (村上ほか 2003)

第2章 | 野生生物と都市 —— 孤立林

下部の湿った場所で被度が高く，尾根に近い場所では急減するという傾向があった．ベニシダやトウゴクシダについても地形の変化にともなって被度が変化するが，斜面に広く分布していた．一方，やや例外的ではあるが，コシダやウラジロのように尾根〜斜面の上部を中心に分布する種もあった．
　このように見ていくと，シダ植物の出現傾向は面積のみの影響を受けているわけではなく，地形の変化の影響も受けていることがわかる．谷底や斜面の下部などについては湿った環境になりやすいためか，多くの種が分布しているが，それとは逆に尾根に近い乾いた地形面に出現するシダもあるわけである．一方，平坦地を好むシダは見られないことから，地形的な単純化はシダ植物の種多様性を減少させる可能性が高いことが推測できる．シダ植物の特徴はいくつかあるが，微小な胞子で殖えるという点が他の維管束植物との大きな違いである．シダ植物の胞子は胞子嚢から散布され，適湿地に落ちるとそこで発芽し，前葉体（配偶体）を形成する．普通，前葉体上で受精が行われ，その結果として胞子体（親個体）が形成される．胞子体は成熟し，胞子嚢を形成し，再び胞子を散布するというサイクルを持っている．前葉体は通常薄い細胞層からなっているため乾燥に弱い．また，受精時には精子が泳ぐための水を必要とするため，シダ植物の多くは十分な水分がある場所を好む．とはいえ，常に冠水しているような水はけの悪い場所はかえってよくないようだ．この結果，斜面の下部や谷底に近い崖地などがシダ植物にとってよい生育地になる．このような場所では，大型の種子をもつ植物は定着しにくく，シダ植物にとっては，他の植物との競争が起こりにくい．また，落ち葉が積もりにくく前葉体が十分な光合成を行いやすいことなどからも，シダ植物にとって好都合なのかもしれない．
　孤立林面積の縮小という現象は，実は確率的に多くの種が含まれなくなるということだけを示しているのではない．実際には，面積の縮小とともに，そこにあるべき生育地の多様性が低下するという現象も引き起こしている．

そのひとつの事例が微地形である．京都市は京都御所や糺の森のように，大規模であっても平坦な社寺林が多いが，それでも全体としてみると孤立林面積が小さいほど，微地形の多様性は低くなり，必然的にシダ植物の生育地が少なくなってしまう．この結果として出現種が限られてしまうわけである．だから，保全に際しては，面積や孤立度などのマクロな視点と微地形のようなミクロな視点との両方を考えなければならない．一見孤立林内部は均質な環境に見えても，実は複数のいろいろなタイプの生育地が含まれており，この内部の不均質性が植物の種多様性に重要な意味を持っているのである．その意味では，小面積の緑地であっても，その内部にさまざまなタイプの微地形があるのであれば，多くの種をよび込むことが可能かもしれない．しかし，微地形の造成といっても，谷の地形のないところに大きな谷や斜面を作ることはむずかしく，お金も労力もかかる．では，次に，実際に造成緑地において，この内部の不均質性がどのような効果を引き起こしているのかを見ていくこととしよう．

4 「いのちの森」と万国博記念公園のシダ植物

1996年，京都市内の梅小路公園内に「いのちの森」とよばれるビオトープが作られた．面積は約0.6 haである．この面積は，糺の森などの大規模な社寺林に比べるとかなり小さいが，非自然的な都市空間に，かつて山城原野にあった原野植生や糺の森のような樹林地を復元するという目標が設定された，京都市にはこれまでにないタイプの緑地である．「いのちの森」は山林からの距離が約3 kmと，京都市のど真ん中に孤立した状態にあり，これまで示してきた孤立林と同様に，種の移入という側面から考えるとむずかしい状況にある．しかし，今後，都市に緑地が造成される場合，同じような孤立し

第2章　野生生物と都市 —— 孤立林

た状況に置かれることは多いと考えられ，むしろこのようなきびしい状況下の事例だからこそ今後の参考になるものともいえる．

　そもそも，このような孤立した緑地に，外から新たな種が移入できるのか？という疑問がわいてくるかもしれない．しかし，鳥が果実を食べ，緑地内に糞を落とすことで種子が別の緑地から運ばれてくることもあるし，梅小路公園や近くの緑地から風で移入してくることもある．「いのちの森」では，造成時に木本植物を中心に多くの種の植栽が行われたが，その後，自然に移入した植物も多い．「いのちの森」では，開園当初から現在まで，継続してモニタリング調査が行われ，植物だけでなく，菌類，鳥類，昆虫など，多くの生物の動向が調べられてきた．このモニタリング調査は2004年現在も継続されている．植物の場合は，開園からほぼ毎月のペースで，モニタリング調査が行われてきた．「いのちの森」のシダ植物は，ベニシダ，トクサ，クサソテツなど一部の種が植栽されたが，その後，自然に移入してきた種がほとんどである．「いのちの森」のシダ植物の種数は，開園から2003年度まで，徐々に増加してきた（表1）．いったん侵入したものの，その後消失した種にコウヤワラビ，ヒメワラビがあるが，この2種を除く27種が2003年度末に園内に定着していた．出現した種の多くは京都市内の孤立林に普通に見られる種であり，イヌケホシダ，イノモトソウなど，路傍や人工水路の内壁などを好む雑草的な種が目立つが，孤立林では出現頻度の低いウラボシノコギリシダやオオバノイノモトソウなども中には含まれていた．27種という種数は同程度の面積の孤立林と比較すると，かなり種数が豊富な方であり，都市のど真ん中ということを考えても，それなりの評価ができると思う．

　しかし，現況では，「いのちの森」の園内でのシダ植物の分布はきわめて局所的である．シダ植物が集中的に見られる箇所は，地表から遊歩道までの高さ1m以下の空間である（写真2）．この場所は，他の林床に比べて暗く，種子植物にとっては条件がよくないが，シダ植物にとっては適度に湿っており，

表1 「いのちの森」に出現したシダ植物．(村上ほか 2004)

種　名	96	97	98	99	00	01	02	03	生育地タイプ／備考	木道下出現種
トクサ科										
スギナ	○	○	○	○	○	○	○	○	路傍	○
トクサ	○	○	○	○	○	○	○	○	林床／植栽	○
フサシダ科										
カニクサ				○	○	○	○	○	林縁	○
コバノイシカグマ科										
フモトシダ						○	○	○	林床	○
イシカグマ						○	○	○	海岸／植栽時に移入か	○
イワヒメワラビ						○	○	○	林縁・林床	●
ワラビ	○	○	○	○	○	○	○	○	林縁	
イノモトソウ科										
オオバノイノモトソウ							○	○	林縁・林床	●
イノモトソウ				○	○	○	○	○	路傍	○
チャセンシダ科										
トラノオシダ					○	○	○	○	林縁	○
オシダ科										
ナガバヤブソテツ						○	○	○	広域	○
ヤブソテツ				○	○	○	○	○	広域	○
イノデ							○	○	林床	○
リョウメンシダ						○	○	○	林床	○
オクマワラビ							○	○	広域	
ベニシダ	○	○	○	○	○	○	○	○	広域／植栽	○
トウゴクシダ			○	○	○	○	○	○	広域／植栽	○
オオイタチシダ							○	○	林縁・林床	○
ヒメシダ科										
ヒメワラビ					○	○	○	○	林床	
ミドリヒメワラビ						○	○	○	林縁・林床	
イヌケホシダ						○	○	○	路傍／逸出か	○
コハシゴシダ							○	○	路傍	○
イワデンダ科										
クサソテツ	○	○	○	○	○	○	○	○	草原／植栽	○
コウヤワラビ		○	○	○	○	○	○	○	林縁	
イヌワラビ					○	○	○	○	広域	○
ウラボシノコギリシダ					○	○	○	○	林床	○
シケシダ					○	○	○	○	路傍	○
ウラボシ科										
クリハラン				○	○	○	○	○	岩上／植栽	
ウラボシ sp.								○	不明	
林床種数　計*, **	0	0	0	1	3	4	5	4		
林縁種数　計*, **	1	2	2	3	4	5	6	7		
路傍種数　計*	1	1	1	3	4	4	4	5		
広域種数　計*	1	2	2	3	3	4	5	6		
総計*	3	5	5	10	14	17	20	22		

*：ベニシダ，トウゴクシダ以外の植栽種およびイシカグマ，ウラボシ sp. は除く．
**：林縁・林床と区分された種については，林縁種として区分した．
○：出現確認　　●：方形枠調査時には確認できなかったが，出現した．

こうした環境がよいのだろう．水はけという面では，微妙に傾斜していることにも意味がありそうである．出現種の量はベニシダが他を圧倒しているが，ウラボシノコギリシダ，リョウメンシダ，フモトシダ，イノデなどの林床性シダ植物も出現し，他にもトウゴクシダ，オオバノイノモトソウ，オオイタチシダ，ミドリヒメワラビ，ヤブソテツなど，遊歩道の下だけで24種が出現している．逆に，遊歩道下でもなく，水路際でもない箇所については，現状ではシダ植物の移入・定着は十分ではなく，植栽種以外ではスギナ，ワラビが生育している程度であった．遊歩道下以外の林床にシダ植物がほとんど出現しない理由については，森林としての成熟度とも関係しているだろう．開園からまだわずか8年であるから，林床はまだ明るい場所が多く，暗い林床を好む種が移入するには十分森林が成熟していないということかもしれない．今後，遊歩道下の隙間空間に定着したシダ植物が，ここを起点に園内の別の箇所に広がる可能性はあるだろう．

　このように，開園からわずか8年で，規模も0.6 haと大きくない「いのちの森」に対し，開園から十分な年月が経過した，より大規模な造成緑地としては，大阪府の吹田市にある万国博記念公園自然文化園が知られている．この自然復元の試みについての詳細は第4章に譲るが，万国博記念公園は，造成から30年以上が経過して，外観としては鎮守の森にひけをとらない鬱蒼とした密生林ができた．2001～2002年にかけて，自然文化園のシダ植物を調査した結果では，植栽されたものも含め，41種のシダ植物の生育が確認された[5]（松井ほか 2003）．しかし，多くのシダ植物の出現が期待された常緑樹林では，シダ植物はわずかな種に限られており，種多様度は高いとはいいがたかった．林床は落ち葉がたまり，十分に分解されておらず，多くの林床植物が生育できる環境ではないようだ．しかし，そんな中でも，シダ植物が多く生育していたのは，人工水路際に設けられた石積みの隙間であった．人工滝の近くにある石垣でもシダ植物が比較的多く出現し，自然文化園全出現種41

孤立林の樹木とシダ植物 | 2-1

写真2 「いのちの森」の遊歩道周辺の状況(上)と,遊歩道下に見られるシダ植物(下)

第2章 野生生物と都市 —— 孤立林

種のうち 17 種については，このような石積みの隙間でしか出現しなかった．水路や石垣といったものは，いかにも人工といった趣であるし，少し自然の回復・復元といったアイデアにはなじまないように思うが，こうした構造物上にしか出現しない種が 17 種もあったことは注目すべきだろう．しかし，もう少し考えてみると，このような構造物だけが，シダ植物の好む十分な水分と水はけのよさ，他の種子植物との競争回避といった条件を整えることができているということだろう．現在，万国博記念公園自然文化園がある場所は，かつては尾根，斜面，谷が連続する起伏に富んだ丘陵地であったが，本来の地形は万国博覧会開催のために，切り崩されてしまった．現在の自然文化園は中央部がやや低いすり鉢上の地形を呈しているが，山地や丘陵地にある尾根や大きな斜面は存在しない．前項でも述べたように，多くのシダ植物を生育させるためには，微地形の多様性が重要なようだが，この意味では，本来もっているはずのポテンシャルが大規模な地形改変によって，失われてしまったということだろう．リョウメンシダやイノデなど，湿った谷底面に出現する傾向のあるシダ植物は，人工水路や石垣などの石積みに出現していたが，尾根を中心に分布するコシダやウラジロ，シシガシラなどは自然文化園では生育していなかった．コシダ，ウラジロといえば，丘陵地ならどこにでも生育しているシダ植物であり，広大な自然文化園の中にまったく出現しないのは実に不思議な感じがするが，同時に地形という基盤条件がいかに重要かを示していると思う．

地形の変化という点で興味深かったのは，密生林の林床に排水不良を解消するために掘った深さ 1 m 程度の溝に，暗い林床を好むシダ植物が生育していたことである．この溝の周辺の密生林下では，わずかな種しか出現しないにもかかわらず，排水のための溝だけに，オニカナワラビやハカタシダといった照葉樹林林床を好むシダ植物が生育していたのである．大規模に地形改変が行われた箇所に，再び大きな起伏を作ることはおそらく困難だろうが，平

坦な林床にわずかな変化をつけるだけでも，シダ植物の生育地を作ることは可能なようである．

　このように，内部のミクロな環境をバラエティーに富んだものにしてやり，不均質化することで，いろいろな種をよび込むという方法は，植物にとって有効なようである．通常シダ植物の胞子は非常に小さく，大きな種子を持つ植物に比べると分散力が高いと考えられている．よって，環境条件さえ整えてやれば，都市部を飛び越えて移入してくる種も多いのだろう．1-3で述べられている日本庭園の池泉にも，同様の効果があるものと考えられる．バラエティーに富んだ水辺のデザインがさまざまな種の移入を可能にしている可能性が高いだろう．

　より大面積林による保全ということでは，とても実現困難な数値が算出され，行きづまった感のある植物種多様性の保全であるが，内部の微環境への配慮ということから考えると，やや光明が見えてきた．都市では，これまで都市公園がたくさん作られてきたし，伝統的には日本庭園なども作られてきた．その意味では，見るからに人工的なものがたくさん作られてきたわけであるが，人の手によって直接植栽をしなくても，生物の自然な移入を手助けしてやることが，実は可能である．もちろん，人工水路や石垣などの人工物をたくさん作れば，それで自然保護・復元が事足りるといっているのではない．いま，都市の生物多様性保全では，自然と人工を対立的に考えるのではなく，自然保護からビオトープ創造まで，あらゆる場面に対応できるアイデアが求められており，偏見なしに人工的なものも自然的なものも含めた議論が必要だと思うのである．

第2章 | 野生生物と都市 —— 孤立林

5 まとめ

　面積やマイクロハビタットなどの因子と植物種の関係と，それらから導かれる保全の方向性について述べてきた．まだまだ課題は山積みであるが，少なくとも森林植物に及ぼす孤立分断化の影響がさまざまであることを理解していただければ幸いである．植物に限定しても，これだけの問題がある．また，今回は取り上げる余裕のなかった因子や研究途中の段階にあるものもある．たとえば，孤立度の問題，孤立林の形状や林縁効果の問題，利用圧の問題，最近里山林などで話題を集める林床管理の問題などである．しかも，これらのさまざまな因子は植物だけの問題にとどまらず，多くの生きものにも影響しているのだから，都市内孤立林の生物の種多様性保全といっても，まだまだ考えるべき課題が多いのである．異なる生物群，異なる種で考えれば，それぞれにちがった答えが出てくるかもしれない．はたして，その答えはどのように違うのか，ぜひ次節以降で考えてみてほしい．

いのちの森

▶ ……………………………………………………………………… 引用・参考文献

大阪營林局（1936）『東山國有林風致計畫』大阪營林局，198頁．
村上健太郎・森本幸裕（2000）「京都市内孤立林における木本植物の種多様性とその保全に関する景観生態学的研究」『日本緑化工学会誌』25巻4号，345-350頁．
村上健太郎・松井理恵・前中久行・森本幸裕（2003）「京都市内孤立林におけるシダ植物の種組成と微地形との関係」『ランドスケープ研究』66（5）：513-516．
Murakami, K., H. Maenaka, and Y. Morimoto (2004) Factors Influencing Species Diversity of Ferns and Fern allies in Fragmented Forest Patches in the Kyoto City Area., *Landscape and Urban Planning.* 70(3-4)：221-229.

村上健太郎・牧野亜友美・森本幸裕・里村明香（投稿中）「都市孤立林の植物種多様性の保全では単一の大面積林と複数の小面積林のどちらが重要か？」『ランドスケープ研究』.
京都府企画環境部（2002）『京都府レッドデータブック2002　上・野生生物編』京都府, 935頁.
村上健太郎・松井理恵・森本幸裕・前中久行（2004）「都市内復元型ビオトープ『いのちの森』のシダ植物の種多様度の評価」『日本緑化工学会誌』30（1）:139-144.
松井理恵・村上健太郎・森本幸裕（2003）「都市近郊における大規模造成樹林地の自然回復度評価——シダ植物を指標として」『日本緑化工学会誌』29（1）:119-124.
菊地多賀夫（2001）『地形植生誌』東京大学出版会, 220頁.

▶ ……………………………………………………………………………………… 註

1) 村上・森本（2000）による．明らかに植栽種である場合には種数の計算からは除外されている．しかし，文中にも示されているように，植栽起源か否かが判然としない個体も多く，これらについては含めて記録されている．
2) 単回帰分析とは，ある目的変数 y が独立変数 x に対してどの程度変化しているか，または信頼できるかを予測し明らかにする方法である．また，回帰直線とは，各点の y 値とその x 値での回帰直線の値との差の二乗を，全部の点について合計したものが最小になるように求めた（最小二乗法とよばれる）直線である．ここでは，目的変数に種数（S），独立変数に面積の対数値（$\log A$）とした単回帰分析が行われている．
3) これらを証明するためには，回帰係数および定数項の差の検定が必要である．Murakami, K. et al.（2004）では，t 検定を用いて，樹木とシダ植物についての両回帰式の回帰係数には有意差はないが，定数項に関しては有意である（$p < 0.01$）ことを示している．共分散分析による方法も一般的であり，2-3では，この方法が用いられている．
4) 微地形の区分法にはいくつかの方法があるが，ここでは菊池（2001）にもとづいた方法を一部改変し，「平坦地」という区分を追加した方法を用いた．このような区分法は，微地形と植生との関係を調べた最近の研究では，広く用いられている区分法である．
5) 2004年以降の調査では，より多くの種が確認されている．

第 2 章　野生生物と都市――孤立林

▶ ·· 関連読書案内

中静透（2004）『森のスケッチ』東海大学出版会，236 頁.
樋口広芳（1997）『保全生物学』東京大学出版会，254 頁.
リチャード B. プリマック著，小堀洋美訳（1997）『保全生物学のすすめ――生物多様性保全のためのニューサイエンス』文一総合出版，399 頁.
吉村元男（2004）『森が都市を変える――野生のランドスケープデザイン』学芸出版社，255 頁.
M. ベゴン・C. タウンゼント・J. ハーパー著，堀道雄他訳（2003）『生態学――個体・個体群・群集の科学』京都大学学術出版会，1304 頁.
日本造園学会（1999）『ランドスケープ大系第 5 巻　ランドスケープエコロジー』技報堂出版，269 頁.
武内和彦（2003）『環境時代の構想』東京大学出版会，228 頁.
岩槻邦男（1996）『シダ植物の自然史』東京大学出版会，259 頁.
岩槻邦男（1997）『文明が育てた植物たち』東京大学出版会，194 頁.

田端敬三 *Keizo Tabata*
森本幸裕 *Yukihiro Morimoto*

Section
2–2

都市に残る野生 —— 糺の森

　京阪電車の終着出町柳駅を降り，すぐ西側を流れる高野川を渡って，少し北へ歩いたところに，京の三大祭りのひとつ葵祭でよく知られる賀茂御祖神社（通称：下鴨神社）が鎮座する．下鴨神社は，創祀が西暦紀元のはるか以前といわれる京都で最古の神社であり，平安京以前に京の地の有力者であった賀茂氏の氏神を祭ったのがその起源という．

　下鴨神社は全域が，そこが京都市街地内であるとはとても思えないほどの鬱蒼とした森林に包まれており，この境内林全体が「糺の森」とよばれている．糺の森の名は「枕草子」，「新古今和歌集」，「源氏物語」など古来のさまざまな随筆，詩歌，物語に登場し，このことからも，この森が非常に古い歴史を有していることがわかる．名前の由来については，神の「たたずむ」森が「ただすのもり」となった，あるいは立地する賀茂川，高野川の三角州にちなんで「只州のもり」とよばれるようになったなどさまざまな説がある．

　総面積は約 12 万 4000m^2（建物，参道等を除いた樹林の面積が 9 万 800m^2）である．東京ドームの約 3 倍の広大な面積を持ち，京都御苑などに次ぐ，市内でも有数の大規模な緑地となっている．

　1983 年 3 月に国の史跡に指定され，また 1994 年 12 月にはユネスコの世界

遺産にも登録された.

1 都市の森としての「鎮守の森」

　日本列島は，高山などは除くほぼ全域が気温・降水量の点から見て，森林の成立が可能な条件にある．よって，人間の影響が及んでいない過去の時代までさかのぼってみると，現在では市街地となっている地域でも，鴨川の流れとともに河畔林が随所に成立していたと考えられる．花粉分析では氷河期以降に，ニレ科の樹林の卓越した時期も確認されている．

　しかし，緑が非常に乏しくなった現代の都市において，森林が例外的に保存されているのが鎮守の森である．神道では自然物が信仰の対象とされ，そのため境内の林は神域として保護されてきた．それだけではない．自然性の高い状態で保存されているため，その地域の本来の植生を反映した森林となっているのである．

　西日本での鎮守の森は，暖温帯での極相林の優占樹種であるブナ科のシイ，カシ類，あるいはクスノキ科のタブノキなどが中心の常緑広葉樹林であるのが一般的である．このあたりの山地ではシイ，肥沃な沖積地ではイチイガシが主役と目される．しかし糺の森は，こうした一般的な鎮守の森とは大きく様相が異なっていて，ムクノキ，エノキ，ケヤキなどニレ科の落葉広葉樹が中心を占めているのである．

2 ニレ科樹林としての「糺の森」

　なぜ糺の森は他の一般的な鎮守の森とは違って，ニレ科樹種が優占する落

葉広葉樹の森林となっているのであろうか？　これは糺の森の立地条件にその原因がある．

　糺の森は京都市内を流れる高野川，賀茂川のちょうど合流地点に位置している．「平家物語」の中で白河院が「賀茂河の水はわが心にかなわぬもの」と嘆いているように，これらの河川は古来より度重なる氾濫を起こし，周辺は洪水の被害にたびたびみまわれてきた．このような洪水をはじめ台風，山火事などの定常状態を破壊するような自然災害は攪乱とよばれる．植生の遷移が進んで徐々にその地域の極相の状態へと近づきつつあっても，攪乱が頻繁に起こるような場所では，これによって，その時点で成立していた植生が破壊され，いくつか前の遷移段階へと戻ってしまう．たとえてみれば「すごろく」でゴール直前にまた「ふりだし」近くへ戻されてしまうようなものである．そのため極相林が成立しない．このようなメカニズムによって河川沿いに形成されるのは，常緑広葉樹林の代わりに，ヤナギ科やカバノキ科，ニレ科の落葉樹などが優占する林であることが多い．

　流水による破壊を頻繁に受ける川岸では，枝や幹がやわらかいため，水圧に対しても折れにくく，また折れても萌芽によって再生する能力が強いヤナギ類の河辺林が成立する．また河川の後背湿地など地下水位が高く，土壌水分が過剰な場所では，カバノキ科のハンノキなどが優占する湿地林が発達する．

　こうした立地条件より攪乱を受ける頻度が低くて，数十年から100年に一度ぐらいの割合で冠水や土砂の侵食と堆積が発生するような，また水はけがよく，通気性もよい砂礫が堆積した氾濫原にはムクノキ，エノキなどのニレ科樹種が優占する落葉広葉樹林が成立する．発掘調査によるとこの森では，平安時代の地盤から1m以上も砂礫が堆積していることがわかる．

　ムクノキ，エノキはいずれも，その実が鳥に食べられて種子が散布（鳥被食型散布）されるタイプで，既存林から100〜200mくらいはすぐに分布を広

げることができる．また成長もシイやカシ類より速い．このような明るく開けた自然裸地にいち早く入り込み定着する植物のことをパイオニア種（先駆種）とよぶ．ムクノキ，エノキはパイオニア的な種の中でも，最大が樹高30m程度にまで成長する高木性樹種であるため，林冠層を占めることができる．またパイオニア種は，一般に寿命が短いものが多いが，ムクノキ，エノキの寿命は長く，そのため，非常に長期間，森林の中心を占めることとなる．

約1200年前に平安京が建設されて都市化する以前の京都盆地に広がっていた古代の山城原野の森では，やや安定したところにシイやイチイガシを交えるニレ科の森が卓越していたのではないだろうか．糺の森はその面影を髣髴させる貴重な存在と思われる．

大面積のニレ科樹林は，京都市内では現在，糺の森にしか残されていないが，ニレ科樹木を中心とする小面積の残存林あるいはニレ科樹木の残存木は市内に点在している（坂本1988）．また京都大学理学部の植物園では，開園後ムクノキ，エノキ，ケヤキが自然に生え，50年ほどの間に植物園全体の約3分の1の面積を占めてしまったとの報告もある（北村・村田1979）．

3 人々の憩いの場としての「糺の森」

糺の森は，憩いの場として，人々に親しまれてきた森林であるという面も持っている．

下鴨神社では，葵祭りの他にも蹴鞠をはじめ，流鏑馬神事など多くの年中行事があり，これらの日には非常にたくさんの人々が糺の森を訪れる．しかしこうした行事のない日でも，1000〜1200人の来訪者があるという（木村1985）．散策，子どものボール遊び，読書など，その利用形態はさまざまである．

このように糺の森が多くの市民に利用され親しまれてきた要因としては，林内の大部分が神社の考えかたとして一般に開放されてきたことがまずあげられるが，それとともに糺の森がニレ科の落葉広葉樹林であったことが見逃せない．鎮守の森は，前述のように西南日本では常緑広葉樹林が中心であり，また冷温帯の東北日本での神社では落葉広葉樹が主体では明るすぎるということで，常緑針葉樹のスギ，ヒノキ，モミなどを植栽して暗くしてしまうことも多い（四手井 1979）．このような森林は，神社の森としては立派なのであろうが，昼でも林内は薄暗く，近寄り難くて，気軽に訪れようという気持ちにはあまりなれない．

しかしニレ科の落葉広葉樹が中心である糺の森は，葉量の多い夏期でも林内が明るいため，人々にとってたいへん親しみやすい．また新緑，黄葉，落葉の各時期で景観が大きく変化し，四季の移ろいを明瞭に感じることのできる森林となっている．

またニレ科樹林あるいはニレ科の樹木が都市域に存在する意義としては，

(1) 大径木まで生長し，しかも落葉樹であるニレ科樹木は多様な自然景観をつくりだす要素として景観上の価値が高い．

(2) ニレ科の樹林は明るい雰囲気を有し，レクリエーションにとっての好適な場所となる．

(3) ニレ科樹木が人々の生活の中で果たしてきた役割は大きく，ニレ科樹林は貴重な文化的遺産とも考えられる．

の3つが指摘されている（坂本 1988）．

これからも糺の森が，本来の自然の要素としてのみならず，都市住民の憩いの場所として機能し，親しまれる森林でありつづけるためには，ニレ科樹林としての植生が今後も維持されていくことが望まれる．

4 変質しつつある糺の森の植生

　しかしこの貴重な森は，今後その植生の構造を大きく変化させてしまいかねない，いくつかの懸念材料も抱えている．

　ひとつ目はクスノキの大木がよく目立つようになってきたことだ．このような立派なクスノキがたくさんあることについて，いったいなにが問題なのか疑問を抱かれるかもしれない．しかし実は，もともとクスノキは糺の森には自生していなかった樹種なのである．クスノキの京都での天然分布は，石清水八幡宮がある京都府八幡市の男山付近が北限であるといわれている（四手井 1994）．したがって京都市内にあるクスノキは有名な青連院の天然記念物指定をうけた大木なども含めてすべてが，もとをたどれば植栽されたものである．1934年の室戸台風とその翌年の大規模な水害によって京都市内は非常に大きな被害を受けたが，糺の森でもこれによって境内の多数の樹木が倒れた．しかし，その跡地にはニレ科の樹木の苗木ではなく，時の内務省が配布したクスノキをはじめとする常緑広葉樹の苗木が植栽されてしまった．その後，約60年が経過した現在，これらの苗木が大木にまで成長して，前述の懸念される状態へとなったのである．このクスノキの成長が，本来の優占樹種のニレ科樹木，ムクノキ，エノキ，ケヤキを圧迫している．

　次に問題と思われるのが，林内の乾燥化である．糺の森の名前の由来には，「直澄（ただす）」，澄みきった水が湧くところから来ているという説もあり，「方丈記」の作者鴨長明が和歌に詠んだ「瀬見の小川」をはじめとして「奈良の小川」「泉川」，「糺池」などの，多くのせせらぎや池などを有する清らかな水にあふれた場所であった．しかし昭和30年代以降，賀茂川，高野川の河床の掘り下げや護岸工事が行われ，京都市内の地下水位は急激に低下してしまった．それに伴って奈良の小川や糺池の水が涸れてしまう結果となった．奈良の小川に

ついては，近年，復元工事が行われ，泉川から水を引いて，再び林内に流れる姿が見られるようになっている．しかし，林内の乾燥化傾向は顕著である．たとえば神社の紋ともなっていて湿った林床を好むフタバアオイは絶滅に近いし，一時増加したアオキもきわめて衰退してしまった．

　また治水事業によって，糺の森をニレ科樹林として維持してきた河川の氾濫という攪乱が，基本的には起こらなくなってしまうことになる．当然のことながら，洪水が頻発するようでは，周辺住民は安心して日々の生活を送ることができないのだが，一方で糺の森の植生は大きく影響を受けざるをえない．

　さて，森の保全と治水という矛盾にどう折り合いをつけるか．簡単ではないが，まず糺の森の植生の正確な動態を把握することによって，なんらかの糸口が見いだせるかもしれない．こう考えて，われわれは地道な調査を継続している．

5　糺の森の現在の植生と最近 11 年間での変化

　わたしたちは 1991 年夏と，その 11 年後の 2002 年夏に，糺の森全域に生えている胸高直径（地上 1.3m での直径）が 10cm 以上のすべての樹木について樹種の同定，位置の記載，樹高と胸高直径の測定を行った．これを毎木調査という．

　さて，その結果である．2002 年の調査では 59 種 3433 本にものぼった．1991 年では 56 種 3416 本だったので，本数には大きな違いはない．樹種別本数をみると，アラカシがもっとも多く，1ha あたり 61.1 本，ついでクスノキ，エノキ，ムクノキの順で，いずれも極端な増減はない．

　単位面積あたりの胸高断面積合計（胸高の位置での幹の横断面積を合計した

第 2 章　野生生物と都市 —— 孤立林

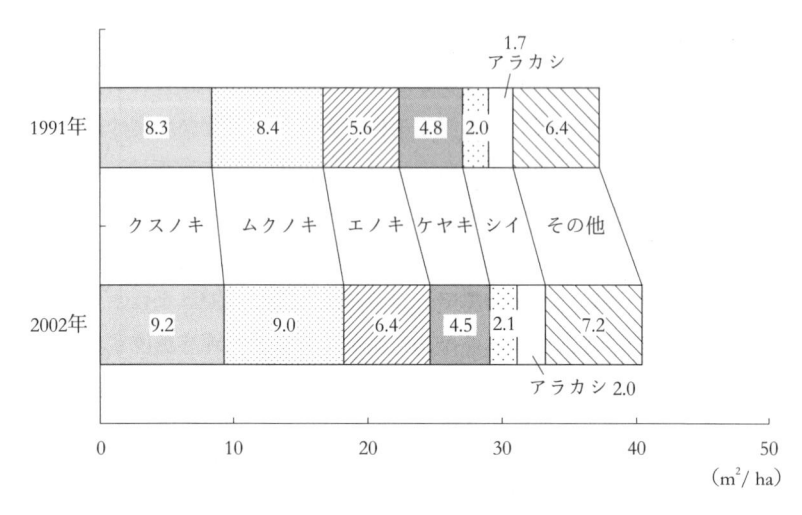

	クスノキ	ムクノキ	エノキ	ケヤキ	シイ	アラカシ	その他
1991年	8.3	8.4	5.6	4.8	2.0	1.7	6.4
2002年	9.2	9.0	6.4	4.5	2.1	2.0	7.2

図 1　各樹種の胸高断面積合計

もの）は，その森林の混みかたの程度を示すとされており，よく発達した森林で，1ha あたり 50m² ほどとされている．糺の森での，全樹種の胸高断面積合計は 1ha あたり 40.6m² であった．1991 年は 37.2m² であり，やや増加気味だ．

他の著名な，よく発達した自然林で調べられた例では，熊本県水俣市の照葉樹林の 32.8m²，宮崎県綾町の照葉樹林で 48.3m²（直径 5cm 以上）(Tanouchi and Yamamoto 1995)，奈良県の春日山の照葉樹林で 23.6m²（直径 20cm 以上）(Naka 1982) との記録がある．糺の森はこれらに引けを取らない．

次に，生活型別にわけて胸高断面積合計を見てみると，落葉広葉樹が 1ha あたり 21.4m²（全体の 52.7％），常緑広葉樹が 17.4m²（42.9％），針葉樹 1.8m²（4.4％）であった．1991 年と比べて落葉広葉樹は 1.2m²，常緑広葉樹が 2.0m²，針葉樹 0.2m² とそれぞれ増加しており，中でも常緑広葉樹の増加が目立つ．

また樹種別にみると1991年では最大はムクノキであったが，2002年ではクスノキが1haあたり9.2m²（22.8％）を占め，最大となった（図1）．ムクノキ，エノキ，ケヤキのニレ科樹木3種を合計すると全体の49.1％で，ほぼ半分の優占度を示してはいた．

6 クスノキの優占度増大の要因

　ではなぜ，クスノキがこのように糺の森において優占度を増大させる結果となったのであろうか？　従来の優占樹種であるムクノキ，エノキ，ケヤキのニレ科樹木より，クスノキがなにか優れた特性を有しているために勢力を拡大できたのだろうか？

　まず，樹木自体の大きさによって成長率，枯死率がどのように変化するのかを4つの樹種について見てみることにした（田端ほか2004）．各個体を1991年での胸高直径の大きさによって階級分けをし，1991年から2002年までの11年間での直径の相対成長率（1年あたり直径1cmあたりでの直径成長量）および枯死率を，その階級ごとに計算してみた．

　次に，樹木の置かれている環境として，その樹木の周囲にどれだけ競合する他の樹木が存在するか，対象とする樹木の周囲10mにどの程度，上層の樹木が存在するか，を指標として検討してみた．

　まず樹木の大きさと成長率との関係を見ると（図2），いずれも直径階が小さい方が相対成長率が大きい傾向が明らかだが，クスノキだけ直径30cm以上の区分でも成長率は低下していないのである．

　上層木の胸高断面積合計と成長の関係を見ると（図3），クスノキは，エノキとともに上層木胸高断面積合計0〜0.1％の区分において高い相対成長率を示しており，周辺に競合する上層木が少ない場合，ムクノキ，ケヤキより

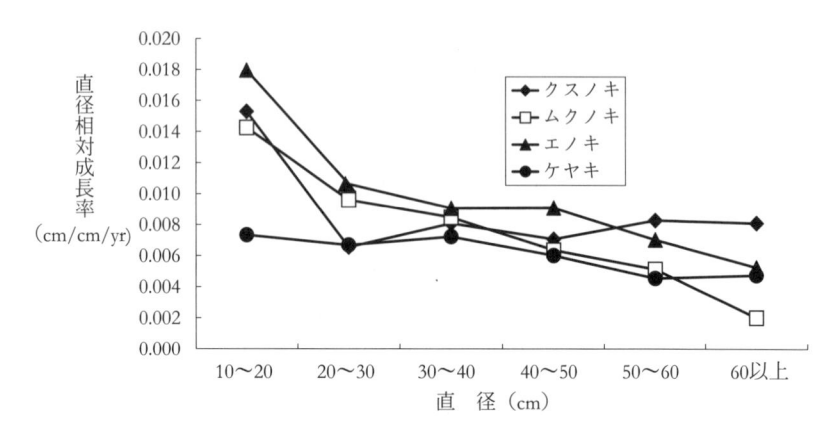

図2　直径区分別の直径相対成長率
　　　（田端ほか　2004　500頁より一部改変）

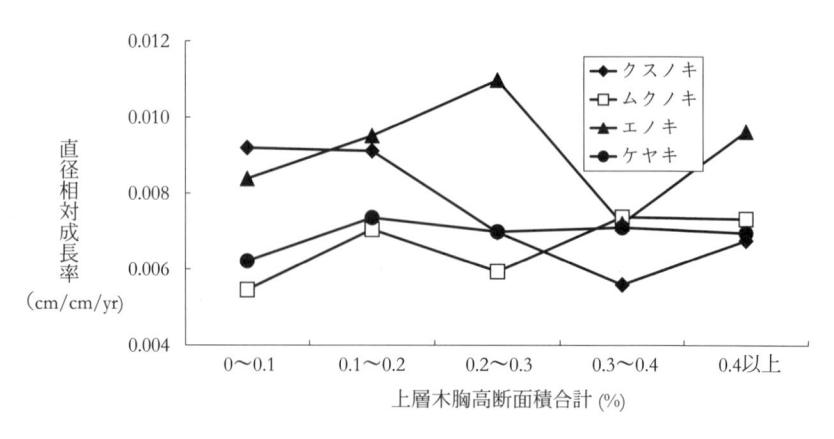

図3　上層木胸高断面積合計階別の直径相対成長率
　　　（田端ほか　2004　500頁より一部改変）

成長がよいことがわかる．

　次に枯死率と樹木の大きさとの関係あるいは周囲の密度との関係を見ていくと，4種とも直径10〜20cmの最小の区分で枯死率が高く，以後直径が大きくなるにつれて枯死率が低くなる傾向が見られた．しかしケヤキでは60cmを超えると枯死率が再び上昇していた（図4）．

　上層木の胸高断面積合計の階級別での枯死率を見ると（図5），エノキでは上層木の胸高断面積合計が0.3％以上で，ケヤキでは0.1％以上で枯死率が上昇しており，この2種では周囲に競合する上層木が増加していくにしたがって枯死する割合が高くなる傾向が見られた．これに対してクスノキ，ムクノキでは上層木断面積合計が増加しても枯死率にはそれほど変化は見られなかった．

　つまり，クスノキの優占度が増大した要因として，まず第一にクスノキの初期の成長率の高さである．競合する上層木が周辺には少ない場合での成長率はニレ科樹種を上回っていた．このことから約60年前に植栽されたクスノキは素早く成長して，林冠層まで達して，それが結果的に現在のクスノキの優占につながったものと考えられた．

　またクスノキは直径が大きくなっても成長率がニレ科樹種より高く，また枯死率もケヤキ，エノキと比較すると低い．よって糺の森では今後さらにクスノキが優占する傾向が強まるものと思われる．

7｜糺の森での樹木の世代交代

　前述のように1934年の室戸台風とその翌年の洪水によって糺の森境内は壊滅的な被害を受けた．その数年後の1939年に，当時の京都植物園（現在の京都府立植物園）の池田政晴技師によって境内の調査が行われている．これに

第 2 章　野生生物と都市 —— 孤立林

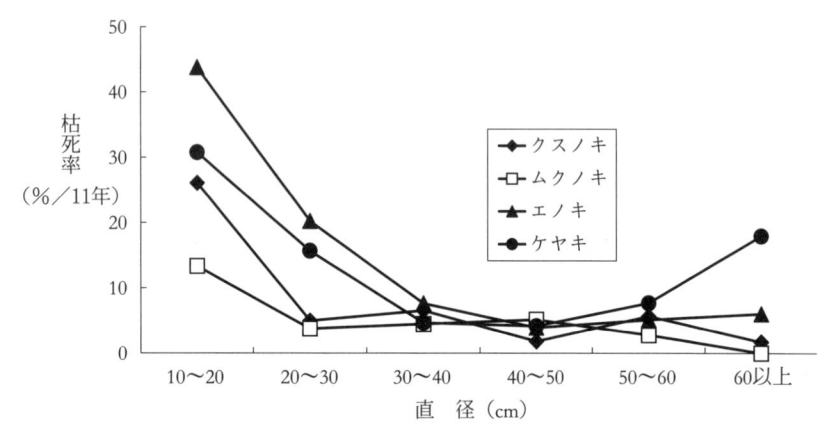

図 4　直径区分別の枯死率
　　　（田端ほか 2004 502 頁より一部改変）

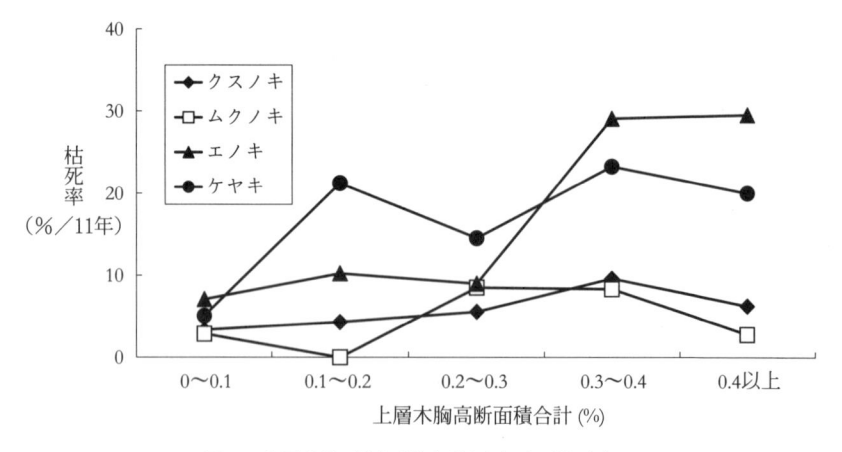

図 5　上層木胸高断面積合計区分別の枯死率
　　　（田端ほか 2004 502 頁より一部改変）

よると，被害を免れた幹周り 1m 以上の樹木は 97 本であった（京都市景勝地植樹対策委員会 1976）．このうち，1991 年に残っていたのは 28 本，その後 2002 年までの間にはケヤキ 2 本，ムクノキ 1 本の計 3 本が枯死してしまったが，現在も 25 本の老大木が残っている．このように都会の中にありながら，糺の森には長い年月を経てきた多数の古木がいまも息づいている．

このような大木でも，はじめは地面に落ちた種子から発芽した小さな芽ばえ（実生）の段階を経てきている．森林の世代交代（更新）は，よく「場所取りゲーム」にたとえられる．場所の広さ（森林全体での林冠面積）は限られており，場所が全部占有されている（林冠が閉鎖している）と林床は暗く，たとえ散布された種子が発芽できても，成長に明るい環境を必要とするニレ科樹木などの芽ばえは成長ができずにほとんどが枯れてしまう．ブナなどの多少の暗い環境でも生育が可能な樹種では，光環境が好転するまで機会をうかがい，実生のまま林床でじっと待機するものもある（実生バンク）．ある時，運よく，場所（林冠）を占有していた樹木が枯れると，林冠に空隙（森林生態学ではこれを「ギャップ」という）ができて，光が林床まで射し込むようになり林床での実生の成長が可能な光環境となる．この好機を活かして，他の樹木より速く成長し，林冠層まで達して，その場所を，自分のものにしてしまった樹木が，この場所取りゲームの勝者となる．このような過程はギャップ更新とよばれ，森林全体の若返りに大きな役割を果たしている．

それでは次世代の糺の森を構成する「後継樹」は現在どのようなものが生まれ，成長しつつあるのだろうか？ 1935 年以降，一度にたくさんの樹木がまとめて倒されてしまうような大規模な攪乱は起こっていない．しかし周囲の樹木との競合によって，あるいは樹木自身の寿命によって，単独での枯死は生じている．このような 1 本の樹木の枯死によって生じたギャップにおいても，ニレ科樹木の更新は十分可能なのであろうか？

1991 年から 2002 年までの 11 年の間に，全体の 13.0 ％にあたる 42 種 430

第 2 章　野生生物と都市 ── 孤立林

本で枯死が見られた．このうち林冠層を占めていたと思われ，枯死した際には林冠にギャップを形成したと思われる，幹周りが 100cm 以上の大木であったものを主な対象として，跡地への芽ばえの侵入と定着の状況を調べてみた．枯死した樹木のあった場所のうち，林床が人為的な影響を受けていないところ 50 か所，おのおので 4m 四方の状態を調べた．

その結果，28 種，100m^2 あたり 122.1 本の樹木の実生が確認できたが，そのうちシュロが 100m^2 あたり 57.8 本でもっとも多かった．

シュロは近年，都市域の緑地において，アオキ，トウネズミモチ等と共に非常に増大傾向にあることが指摘（故選・森本 2002）されている．3 種とも鳥被食型散布され，耐陰性に富み，また成長が速い．いずれも庭木などによく使用されるが，そこから鳥によって種子が広範囲に散布されて分布が拡大しているようである．シュロは本来，九州や中国などの温暖な地域に分布しているヤシ科の樹木である．京都市内はもともと，夏は暑いが，冬は底冷えがする盆地特有の気候であったが，近年，都市の温暖化に伴って，「底冷え」は完全に過去のものとなってしまっている．シュロの繁栄は都市気候が背景にあると思われる．

高木性樹種の実生ではアラカシが 100m^2 あたり 22.1 本と最多であったのに対し，ムクノキが 5.6 本，エノキが 3.5 本，クスノキは 0.5 本，ケヤキでは 0.1 本しか見られなかった．

実生の生育と林床の明るさとの関係を調べるために，魚眼レンズを使用して各調査区で全天空写真を撮影し，林冠の空隙率を測定した．その結果，調査を行った地点 50 か所のうち 46 か所で空隙率が 10％未満と，非常に低い値を示しており，ギャップとして区分できるほどの空隙が林冠に残っていなかった．これは林冠木が枯死してギャップが一時的に形成されても，ギャップの面積が小さい場合は，周囲の林冠木が樹冠を側方に成長させ，ギャップをすみやかに埋めてしまっただろう．三宅島のスダジイ・タブノキ林での

研究例では，17.2m^2 の林冠ギャップは約 1 年間で，28.2m^2 の林冠ギャップは約 3 年間で，隣接する林冠層のスダジイの樹冠拡大によって閉鎖されてしまったことが報告されている（上條 1997）．糺の森でも同様の現象によって林冠ギャップが短期間で消滅し，暗くなった林床には，耐陰性のあるアラカシの実生が多数存在することになったものと思われる．

つまり，ときどき発生する個体の枯死によって林冠にギャップが形成されても，ニレ科樹木の更新へはつながらないと結論できる．このまま大規模な林冠ギャップが形成されないようであれば，ニレ科樹木は後継木が育たず，やがてその数はしだいに減少していくことであろう．これに対して，林床でアラカシの実生が多数見られることから，今後，このままでは糺の森はアラカシの林へと徐々に推移していくと予想される．

8 糺の森をモデルとしたビオトープ復元

糺の森はそれ自体が貴重なだけでなく，都市緑化を進める際のモデルともなる．京都市梅小路公園内の復元型ビオトープ「いのちの森」プロジェクトでは，ここが主要な目標となった（1-1 参照）．

いのちの森では基盤となる環境を早期に整えるために，造成時にはケヤキ，ムクノキのニレ科樹種をはじめ植栽が行われたが，その地の本来の自然が自立的に復活することを夢見ている．JR 京都駅から徒歩 15 分という都会の真ん中に，糺の森の二世が誕生してくれることが期待されている．

この，いのちの森では，自然の再生過程が克明にモニタリングされている．ここでは，そのうち自然に発芽成長した樹木のようすを紹介したい．いのちの森全域の約 6000m^2 をくまなく調査し，樹高が 50cm 以上の稚樹をすべて探し出して，計測を開設 2 年後からずっと毎年行ってきている．

その結果，調査を開始した1998年には全体で297本，100m²あたりにすると4.9本しかなかった稚樹だが，その後毎年300前後の本数が加わり，2003年には当初の約7倍，1949本（100m²あたり32.2本）にまで増加していたのである．

　各年ともエノキの本数がもっとも多く，2003年度は全体の約32％を占めていた．種構成を見ると，エノキ，ムクノキ，あるいはアカメガシワなど明るい環境を好む樹種が多く見られた．植栽5年後の2001年3月に調べたいのちの森の樹木の胸高断面積合計は1haあたり11.3m²，割合としては0.11％であって，森としてはたいへん疎らである．よって林床の光環境は明るいまま保たれており，このような陽樹の生育に適した環境が維持されていると思われる．

　2003年，開設から7年が経過した時点では，樹高3m以上の個体が128本，5m以上まで成長した個体も17本あり，8m以上までに成長している個体も1本あった．次世代のいのちの森を構成する「後継樹」が順調に生育しつつあることを示している．

　いのちの森の稚樹の種類は，いのちの森に植栽された樹木の種類組成と復元目標の糺の森の種類組成のどちらに似ているのかを，類似指数を用いて評価してみた．この指数は，0から1までの間の値をとり，1に近いほど，2つの群集どうしが類似しているというものである．その結果，いのちの森の稚樹と植栽樹木との間で類似指数の値が0.33，いのちの森の稚樹と糺の森との間では0.49となっており，いのちの森に導入された植栽樹木群にではなく，糺の森の植生に対して，より類似しているという結果になった．

　このようにエノキをはじめとするニレ科樹種がその多数を占めている稚樹の生育状況から見て，いのちの森は主要目標である「糺の森」の植生に，少しずつ近づきつつあり，自然回復の状況は現在のところ非常に良好であると評価できた．

9 おわりに

このように糺の森の植生の成り立ちから，現状，近年での変化のようす，予想される今後の動向，そして糺の森をモデルにしたビオトープ復元について紹介してきた．

従来ムクノキ，エノキ，ケヤキが優占するニレ科樹林であった糺の森は，現在も依然としてニレ科樹種がたいへん多いものの，前述のように，胸高断面積合計ではクスノキが，本数ではアラカシがもっとも多くなっており，本来のニレ科樹林から植栽起源の常緑広葉樹林へと推移しつつある．山城原野の面影をのこす森であるから，台風の被害復旧のようなときにも，植栽樹種の選定には慎重さがほしい．

過去の反省のうえに，現在ではニレ科樹種の更新を促す目的で，ムクノキ，エノキ，ケヤキなどの苗木が，イロハモミジ，カツラなどとともに，毎年「みどりの日」に糺の森顕彰会によって林内に植栽されている．ニレ科の落葉樹の更新が芳しくない現状では，こうして人為的に更新を促してみることは必要かもしれない．しかし林床は暗い場所が多く，その後の生育には課題が残っている．

今後，糺の森といのちの森がどのような変遷をたどるのか，山城原野の面影の行く末を見守りつづけていきたいと考えている．

▶ .... 引用・参考文献

坂本圭児（1988）「都市域におけるニレ科樹林及び孤立木群の残存形態に関する研究」

『緑化研究別冊』2：1-129.
北村四郎・村田源（1979）『原色日本植物図鑑 木本編（Ⅱ）』545頁.
木村宗美（1985）「都市林における利用行動と林内の状態について——糺の森（下鴨神社境内）を事例として」『緑化研究』7：12-45.
四手井綱英（1979）「宮の森の維持，保存の意義」緑地研究会編『社寺林の研究』10：13-20.
四手井綱英（1994）「糺の森のことなど」四手井綱英編『下鴨神社糺の森』ナカニシヤ出版，6-31頁.
田端敬三・橋本啓史・森本幸裕・前中久行（2004）「糺の森におけるクスノキおよびニレ科3樹種の成長と動態」『ランドスケープ研究』67（5）：499-502.
Naka, K. (1982) Community Dynamics of Evergreen BroadLeaf Forests in Southwestern Japan. I. Wind Damaged Trees and Canopy Gaps in an Evergreen Oak Forest. *Bot. Mag. Tokyo* 95:389-399
Tanouchi, H. and S. Yamamoto (1995) Structure and regeneration of canopy species in an old-growth evergreen broad-leaved forest in Aya district, southwestern Japan. *Vegetatio* 117:51-60.
京都市景勝地植樹対策委員会（1976）『京都市の巨樹名木』320頁.
上條隆志（1997）「伊豆諸島三宅島におけるスダジイ・タブノキ林の更新過程」『日本生態学会誌』47：1-10.
故選千代子・森本幸裕（2002）「京都市街地における鳥被食散布植物の実生更新」『ランドスケープ研究』65：599-602.

▶ ・・ **関連読書案内**

四手井綱英編（1994）『下鴨神社糺の森』ナカニシヤ出版，295頁.
賀茂御祖神社編（2003）『世界文化遺産 下鴨神社と糺の森』淡交社，165頁.
上田正昭・上田篤編（2001）『鎮守の森は甦る——社叢学事始』思文閣出版，276頁.
上田正昭監修，上田篤・菅沼孝之・薗田稔編著（2003）『身近な森の歩き方——鎮守の森探訪ガイド』文英堂，247頁.
奥田重俊・佐々木寧編（1996）『河川環境と水辺植物——植生の保全と管理』ソフトサイエンス社，261頁.
崎尾均・山本福壽編（2002）『水辺林の生態学』東京大学出版会，206頁.
菊池多賀夫（2001）『地形植生誌』東京大学出版会，206頁.
水野一晴編（2001）『植生環境学』古今書院，222頁.

菊沢喜八郎（1999）『新生態学への招待 森の生態』共立出版，198頁.
中静透（2004）『森のスケッチ』東海大学出版会，236頁.

岩瀬剛二 Koji Iwase
大薮崇司 Takashi Oyabu
下野義人 Yoshito shimomo

都市緑地の菌類

1 菌類とは

　都市内の緑地には，どのようなきのこ（菌類）が存在し，またどのような働きをしているのだろうか．この命題を明らかにするために，私たちは京都駅近くに開園されたビオトープ「いのちの森」において，1996年の開園直後から定期的な調査を始めた．さて，その成果を披露する前に，また読者のみなさんの理解を助けるために，まずきのことはどんな生き物なのかということについて解説しておきたい．「そんなこと知ってるよ．きのこはきのこじゃないか．」という声も聞こえてきそうだが，まあ，だまされたと思ってしばらくおつきあいいただきたい．これまで知らなかった新しい世界が開けること請け合いである．
　私たちは日常生活の中で黴菌（ばいきん）ということばをよく使うが，これは黴（かび）と菌（細菌）のどちらかといえば印象のよくないふたつの生物をいっしょにして指し示すことばである．しかし，かびと細菌は生物学的にはまったく異なる生物で，かびは科学的には菌類あるいは真菌とよぶ生物群

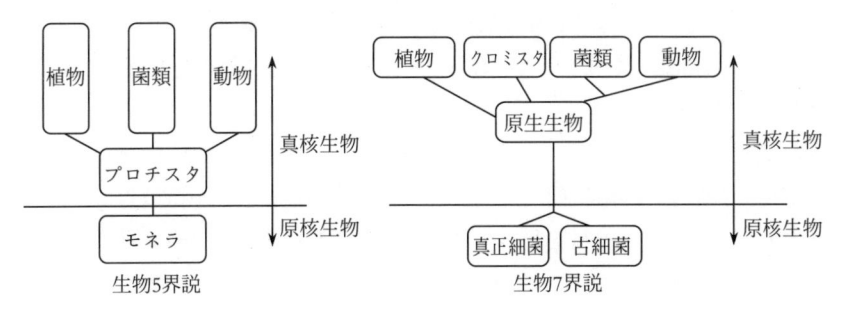

図1 生物の分類

で細胞内に核を持つ真核生物に属し，一方細菌は核を持たない，より下等な原核生物に属している．生物は動物と植物に二分されるという考えかたに対して，さまざまな生物の生きかたや顕微鏡的な性質も考慮に入れて，ホイッタカーは菌類は動物・植物と並んで高等生物群を成し，単細胞の原生動物群であるプロチスタおよび細菌などの原核生物からなるモネラを含めた5界説を提唱した．さらに最近の生物界に関する理解では，原核生物を真正細菌界と古細菌界に，真核生物を原生生物界・植物界・クロミスタ界・菌界・動物界に分けた7界説が支持されるようになってきている（図1）．ただし，細胞内にあって膜で囲まれた小器官であるミトコンドリア（エネルギー生産の役割をもつ）や葉緑体（植物や植物関連生物のみに見られて光合成を行う）は，もともと独立して生活していた細菌やラン藻が他の生物に取り込まれてできあがってきたとする細胞共生起源説で有名なマーギュリスはクロミスタ界を認めず，菌界や原生生物界の区分けも異なる意見である（Margulis, L. and K. V. Schwartz 1998）．真正細菌には，大腸菌・枯草菌等のよく知られた細菌が含まれている．一方，古細菌は，名前とは逆に真核生物に近いと考えられているグループで，熱水が噴き出す温泉やメタンが噴き出す深海等の極限環境に成育していることが知られている．原生生物はゾウリムシ・アメーバ等の単細

胞生物からなり，5 界説では菌類に入れられていた粘菌（変形菌ともよばれる南方熊楠が研究していたことでも有名な生物）や細胞性粘菌も原生生物界に移されている．クロミスタは主として腐生または寄生性の生物で，生活環中に運動能力を持つ細胞があって進行方向に向かって鞭毛（運動のための細いむちのような毛）が 2 本伸び，その内一本にさらに細かい小毛を持つことを特徴とする．これには光合成を行って独立栄養生活を送るワカメやコンブ等の褐藻類も含まれる．鞭毛菌とよばれていた卵菌（ミズカビの仲間）等もクロミスタ界に属する．

　植物は光合成を行い，光のエネルギーを利用して空気中の二酸化炭素と水からブドウ糖をつくり，アミノ酸やタンパク質等のさまざまな有機化合物をつくり出す能力を持つ生物である．動物は自ら移動して植物や他の動物等を捕食し，体をつくる有機化合物の材料やエネルギーを体内へ取り込んで生きている生物である．では，菌類とはどんな生物であろうか．一言でいえば，菌類とは原則として多細胞の菌糸（あるいは単細胞）からなり，体外に酵素等を放出して有機物を分解し吸収する生活型を示す生物群のことである．科学的な分類方法ではないが，私たちが日常生活で使う「かび」,「酵母」,「きのこ」は，すべて菌類のグループを示すことばである．酵母は単細胞で増える菌類，かびは糸状の菌糸で増えるグループ，きのこは糸状の菌糸で増え，大型の胞子形成器官（子実体，いわゆるきのことよぶ部分）をつくる菌類の仲間といえる．科学的な分類では，菌類は有性生殖（雌雄の異なる生殖細胞の接合からなる生殖方法）の方法やからだのつくり等の違いから，ツボカビ，接合菌，子嚢菌，担子菌の 4 つのグループに分けられる．それ以外に有性生殖が見つかっていないグループをまとめて不完全菌としているが，遺伝情報の担い手である物質の DNA を調べてみると不完全菌の多くは子嚢菌に属することを示している．

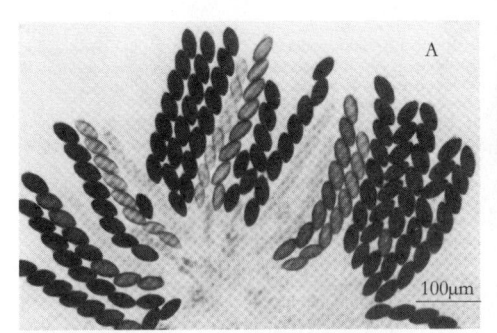

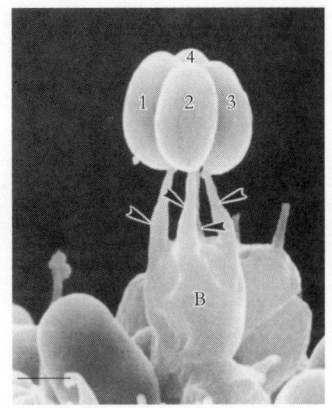

図2 子嚢胞子（左）と担子胞子（右）
（子嚢胞子は Alexopoulos et al. 著 *Introductory Mycology* 193 頁から引用，担子胞子は同じく 489 頁から引用）

2 きのこの分類

　酵母やかびの仲間は野外でも探せば見つかるが，だれもが目にとめて気づくものではない．それに対してきのこは高さが 30 cm を超えるほどのものもあり，またシイタケやエノキタケのようにスーパーマーケットの野菜売り場で売られていることから，私たちが容易に認めることができる菌類である．
　きのこをつくる菌類は，子嚢菌または担子菌に属し，私たちがよく知っているマツタケやシイタケ等はすべて担子菌である．子嚢菌と担子菌は胞子のできかたが違い，子嚢菌では子嚢とよばれるさや（袋）の中に通常は 8 個の胞子ができる．一方，担子菌では担子器とよばれる特別な細胞の先に通常は 4 個の胞子が露出している（図 2）．
　子嚢菌のきのこ（図 3）は，私たち日本人の食卓に上ることがまれなためによく知られているものは少ないが，マスコミに登場することで目や耳にする

第2章 野生生物と都市 —— 孤立林

オオチャワンタケ　　　　　　　　ズキンタケ

オオゼミタケ　　　　　　　　クロノボリリュウタケ

図3　子嚢菌のきのこ

ものが含まれている．チャワンタケ目のアミガサタケ類や塊菌目のセイヨウショウロ（いわゆるトリュフ）等は，日本人にはなじみが少ないが，欧米人にとっては高級食材としてよく知られたきのこである．また，バッカクキン目のいわゆる冬虫夏草類（セミタケ，クモタケ，サナギタケ等）は，健康食品ブームのおかげで認知されるようになってきた．その他，ノボリリュウタケやズキンタケ等のように野外でよく見つかるものも多いが，マツタケやシイタケのような開いた傘と柄があるような，いわゆるきのこ型をしたものは見あたらない．

ウラムラサキ	キクラゲ
ノウタケ	シイタケ

図4 担子菌のきのこ

　一方，担子菌のきのこ（図4）は数が多く，野外やスーパーで目にするもののほとんどが担子菌のきのこである．DNAを利用した最近の知見を加えることで，子実体の形態にもとづいたこれまでの分類体系が大きく変わってきているが，ここでは一般的な図鑑で用いられている分類体系に従って解説する．まず，中華料理等でよく利用されるキクラゲやシロキクラゲの仲間がある．倒木や放置された材の上に見られ，乾燥すると縮んでよくわからないが雨が降ると膨らんで元の形に戻る．次に，ヒダナシタケ目に分類されている中で食用にはならないが堅くて年々大きくなるサルノコシカケの仲間がある．同

じヒダナシタケ目には，やはり欧米人の好むきのこであるアンズタケがある．きのこらしいきのこの多くが含まれるハラタケ目には，ヒラタケ科，キシメジ科，ハラタケ科，ヒトヨタケ科等の多くのグループがあり，中には毒きのこが多く存在し，注意が必要なテングタケ科も含まれている．その他に傘の裏がひだではなく細かい孔状になっているイグチの仲間や，傷つけると乳液状のものが滲出するチチタケ属を含むベニタケ科などがあり，くわしくはこの節の最後に示す引用・参考文献の図鑑類を参照されたい．

子実体の形が主として丸く，子実体の組織内に胞子がつくられる仲間に腹菌類があるが，形態が似ていても種類がまったく異なる場合もあり，研究の進展とともに分類体系が大きく変わりつつあるグループである．よく見られるものに，ツチグリ，ニセショウロ，コツブタケ，クチベニタケ，チャダイゴケ，ホコリタケ，スッポンタケ，ショウロ等のグループがあって形態の変化に富み，中には悪臭を放ってハエ等の昆虫を誘い，胞子の媒介に利用していると思われるものもある．

3 自然界における菌類の役割

前述したように，私たちの目にとまる菌類の多くはきのこであり，以後はきのこを中心に記述することにする．自然生態系におけるきのこの役割は大きく分けて三つある（表1）．一番めは，他の生物，とくに植物遺体の分解除去で，腐生性きのこの役割である．二番めは他の生物集団における生存数の調節で，これは寄生性きのこの役割である．最後のひとつは菌根をつくって植物に共生し，植物の生長を助ける働きである．

食用きのことしてスーパーマーケットで売られているきのこのほとんどは，前述一番目の役割である木材腐朽性の菌で，シイタケ，エノキタケ，ナ

表1　自然生態系におけるきのこの役割と分類

役割	生態的習性		特徴	きのこの例
生物遺体の分解	腐生	木材腐朽性	倒木や枯れ木を分解する	シイタケ, エノキタケ
		落葉分解性	落葉や落枝を分解する	スギエダタケ, モリノカレバタケ
		腐植分解性	腐植や堆肥を分解する	カラカサタケ, ササクレヒトヨタケ
		菌分解性	他のきのこの子実体を分解する	ヤグラタケ
		糞生性	動物の糞を分解する	ウシグソヒトヨタケ
生物集団における生存数の調節	寄生	植物寄生性	生きた植物に寄生する	ナラタケ
		昆虫寄生性	昆虫やクモの幼虫や成虫に寄生する	冬虫夏草類
		菌寄生性	他のきのこに寄生する	タンポタケ, カブラマツタケ属
植物成育の促進	共生	菌根性	樹木の根に菌根をつくり, 生長を助ける	マツタケ, トリュフ, アミタケ

メコ, ブナシメジ, マイタケ等がある．木材腐朽菌は, 倒木や切り株, 放置材等から発生し, 腐朽部の色の違いから褐色腐朽菌と白色腐朽菌に分けられる．木材の主要構成成分は, リグニン・セルロース・ヘミセルロースであるが, 褐色腐朽菌はリグニンを分解しないために腐朽後の材はリグニン本来の褐色となる．褐色腐朽菌にはリグニン分解能力はないが, シュウ酸を分泌してリグニンを多少低分子化すると同時に, セルロース繊維の分解を促進する．多くの針葉樹材腐朽菌やマツオウジは褐色腐朽菌で, 研究用の基準種としてはオオウズラタケがある．一方, 白色腐朽菌はセルロースだけでなくリグニンも分解するため, 腐朽材の色が白色となる．多くの広葉樹材腐朽菌が白色

腐朽菌で，シイタケ，ヒラタケ等数が多い．研究用の基準種はファネロケーテ・クリソスポリウム（*Phanerochaete chrysosporium*）で，白色腐朽菌のほとんどは担子菌である．

　地上から生えているきのこの場合，その下を掘ると養分のもとになっている基質が明らかになる．落葉分解菌では落ち葉の裏側に白色の菌糸マットが見られる場合が多い．通常，基質特異性が高く，スギエダタケはスギの落枝から，マツカサキノコモドキはマツの球果のみから発生する．落葉分解におけるきのこの働きは大きく，もし地球上にきのこが存在しなければ，森は落葉だらけになってしまうと考えられる．

　腐植分解性のきのこには，カラカサタケ属，ハラタケ属，ヒトヨタケ属等のきのこがあるが，落葉分解性のきのことの違いは連続的であり，属レベルではっきりと分けられるわけではない．

　菌分解性のきのこはあまり知られていないが，ベニタケ属子実体の傘上に見られるヤグラタケが有名である．このきのこは傘の組織が厚壁胞子になって崩壊する特徴を持つ．

　動物の糞から特異的に発生する菌も知られており，牛糞からはウシグソヒトヨタケ，馬糞からはマグソヒトヨタケ，ウサギの糞からはトフンタケが発生する．

　分解するとアンモニアを発生する物質を施用することで特異的に発生が見られる菌類をアンモニア菌とよび，オオキツネタケ等のキツネタケ属のきのこやアシナガヌメリ等のワカフサタケ属のきのこが知られている．ただし，これらの種は後述する菌根菌のグループで，アンモニア菌であると同時に菌根菌でもある．アンモニアができることで根の生長が促進され大量の菌根ができるのであろう．

　子囊菌には多種の植物に病気を起こす寄生菌が多く知られているが，担子菌ではほとんど知られていない．数少ない担子菌の寄生菌でもっとも有名な

のはナラタケやナラタケモドキ等のナラタケ属のきのこで，サクラやカラマツ等の樹木の主要な病原菌である．寄生菌は病気を起こすことで問題視されることが多いが，原則として健全な植物が発病することはなく，なんらかの原因で弱ったものが侵され淘汰されるのであり，寄主植物の個体数を調節する役割を果たしていると考えられる．これは，子嚢菌で昆虫に寄生する冬虫夏草類でも同様で，ブナ林で時に大発生するブナアオシャチホコの個体数は冬虫夏草類のサナギタケの仲間によって調節されていることが明らかになっている（金子・佐橋編著1998）．また，他の菌類に寄生するきのこもあり，地下生のツチダンゴは，それに寄生するタンポタケの仲間のきのこが地上に発生することでその存在がわかるのは有名な例である．

　菌根とは，植物の根に菌類が共生し，特殊な形となったり，あるいは形を変えずに細胞内に入ったりしてできる組織のことで，地上に存在するすべての植物のうち80％以上の種には菌根が形成しているといわれている．菌根はその形態の違いから内生型，外生型，および内外生型の三つのグループ，計7種類に分けられる（表2）．内生型は，根の外部形態には特徴がなく，顕微鏡で観察すると宿主植物細胞内に菌糸の侵入が見られるものである．そのうち，もっとも普遍的に見られるのはアーバスキュラー菌根で，コケ，シダから裸子植物，被子植物まで幅広い植物に形成する．この菌根は，顕微鏡では嚢状体（Vesicle）と樹枝状体（Arbuscule）という特徴的な構造が見られるため，その頭文字をとってVA菌根とよばれていたが，嚢状体を作らないグループが含まれるため，最近ではアーバスキュラー菌根とよばれるようになってきた．起源が古く，約4億年前の地層から得られた植物化石にもアーバスキュラー菌根と思われるものが見つかっており，植物の陸上への進出とほぼ同時に共生関係ができあがり，陸上環境という比較的乾燥した条件への植物の適応に寄与してきたと考えられている．土壌中に存在する不溶性リンを可溶化し，宿主植物へ供給することで宿主植物の生長を助ける一方，植物からは光

表2 さまざまな菌根とその特徴

項　目	内　生　型			外　生　型	内　外　生　型		
	アーバスキュラー(VA)菌根	エリコイド菌根	ラン菌根	外生菌根	内外生菌根	アーブトイド菌根	モノトロポイド菌根
菌糸の隔壁	−	+	+	+	+	+	+
菌糸の細胞内侵入	+	+	+	−	+	+	+
菌鞘	−	−	−	+	+ or −	+	+
ハルティヒネット	−	−	−	+	+	+	+
嚢状体	+ or −	−	−	−	−	−	−
無葉緑植物との共生	+	−	+	−	−	−	+
共生菌	接合菌*	子嚢菌	担子菌	担子菌 子嚢菌	担子菌 子嚢菌	担子菌	担子菌
共生植物	コケ, シダ, ツツジ目, コケ 裸子, 被子		ラン科	裸子, 被子	裸子, 被子	イチヤクソウ科	シャクジョウソウ科

*接合菌から独立させてグロムス門とする考え方もある. (Smith, S.E. and D.J. Read 1997から一部改変)

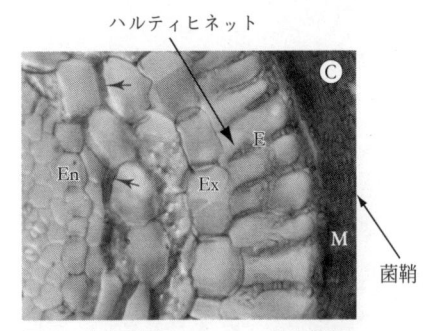

図5 外生菌根アカマツの外生菌根
(Brundrett, M. et al. 1996 30頁から引用)

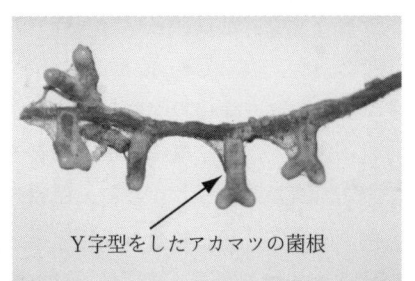

図6 アカマツの外生菌根

合成でつくられる糖類の供給を受けるという相利共生の関係にある．ツツジ目の植物にはエリコイド菌根とよばれる菌根ができ，リンに加えて窒素の獲得にも寄与している．ランは種子が小さく，また発芽後の一定期間は葉緑素がなくて光合成が行えず，自ら養分をつくりだすことができないため，発芽初期から菌の共生を必要とし，養分供給を菌根菌に依存した生活に特殊化した植物である．根の細胞内に侵入した菌根菌の菌糸は，やがて分解し吸収されてしまうため，ラン科植物が一方的に菌根菌に依存しているとも考えられるが，両者の関係はまだ完全には解明されていない．

　マツ科，ブナ科等の樹木には担子菌や子嚢菌が共生して外生菌根がつくられる．外生菌根ができると根は著しく分枝して細根が増え，根の外側を菌糸が被って（菌鞘とよぶ）根毛がなくなり，根の皮層細胞の間隙に菌糸が入り込んでハルティヒネットとよばれる構造ができる（図5）．マツでは二叉分枝した特徴的な菌根ができる（図6）．これらの特徴的な構造ができることで，外生菌根は外部形態からも容易に区別することができる．根の周りを外生菌根菌の菌糸が取り囲むことで宿主植物は乾燥や凍結に強くなり，水，リン，窒

素，ミネラル等の供給を受けて生長も促進される．

　ギンリョウソウは初夏にシイ林やコナラ林等の雑木林の林床に見られる植物であるが，この植物の菌根はモノトロポイド菌根とよばれる．この菌根は，ギンリョウソウ等の無葉緑植物のみからなるシャクジョウソウ科の植物に見られる菌根で，宿主植物の根の細胞内にくさび状の菌糸が入り込むのが特徴である．シャクジョウソウ科の植物は図鑑等で腐生植物として紹介されている例が多いが，正しくはラン科植物と同様に菌根菌依存性植物である．主としてコナラやミズナラ等のブナ科の植物に外生菌根をつくるきのこがシャクジョウソウ科植物の根にも菌根をつくる．菌根菌の菌糸が樹木の根とシャクジョウソウ科植物の根の間をつなぎ，光合成でつくられた糖類が菌根菌の菌糸を通してシャクジョウソウ科植物に供給されているのである．

　さて，ここまで自然生態系における菌類の働きを概説してきた．菌類がいかに重要な働きをしているのか，少しは理解していただけただろうか．では以下に都市緑地の菌類を調べることでわかってきたことを解説したい．

4 都市緑地「いのちの森」におけるきのこ

　いのちの森は京都駅近辺に復元型ビオトープとしてつくられた都市緑地のひとつであり，開園当初から生物相の復元程度を知るためにモニタリングを行ってきた．動植物とは異なり，菌類（きのこ）で意図的に導入されたものはなかったが，先の節で解説したように，園内に配置された伐採材に付随して木材腐朽菌が侵入し，植栽された植物に付随して菌根菌が侵入したと考えられた．また，どのような菌類（きのこ）が発生するのかを調べることで，そこでヒトが行った攪乱や施肥等の行為の価値，あるいは土壌の熟成等の緑地としての復元程度が明らかになると考えて調査を行ってきた．

原則として材上に発生するきのこを材上生きのこ，菌根性，腐生性等で地上に発生するきのこを地上生きのことして分けた．材上生きのこは，生育のために材を分解して養分を得ているので，発生は倒木や外部から持ち込まれる材の供給に依存している．いのちの森では開園後8年と期間が短いために大きな倒木が発生しておらず，またそれ以後に持ち込まれた材はなく，当初に配置されたままであった．

(1) 材上生きのこの変遷と終焉

　公園のところどころに昆虫の住処を提供するために単独の材および組材が設置されていたが，そこからは多くの菌類の発生が見られた．カブトムシやクワガタムシ等の甲虫の幼虫は，実は菌類によって腐朽された木材を餌としていることがわかってきている．おそらく，いのちの森でも同じことが起こっているはずだが，十分なことはまだ調べられていない．菌類に関しては，このような放置された材から，いつ頃からどのようなきのこが発生をはじめるのか，あるいは発生が何年続くのか等を継続して調査した例は少なく，材上生菌類の変遷はほとんど明らかにされていなかった．いのちの森に配置された材の種類はコナラ，サクラ，イヌブナ，ケヤキが主なもので，そのうちコナラ材からはシイタケの発生が毎年のように見られた．当初から5年間は発生するきのこの種数が増加し2000年度には79種に達したが，その後徐々に減少し，8年目の2003年度の発生種数は42種にすぎなかった．最初に配置された多くの材は腐朽が進み，中にはまったくきのこの発生が見られなくなったものもある．今後，新たに材を持ち込まない限り，材上生菌類の発生種数と発生量はさらに減少することが予想された．

第2章　野生生物と都市 —— 孤立林

(2)　ツキヨタケ等京都市の周辺では見られないきのこの発生

　菌類（きのこ）相を調べることで予想もしなかったことが明らかになることがある．たとえば，ツキヨタケの発生である．ツキヨタケは冷温帯のブナやイタヤカエデ等の枯れた幹に見られ，発光性をもち，またかなり強い毒を持つことで知られるきのこの一種である．いのちの森は京都駅近辺に位置するため，本来のツキヨタケの分布域には入っていないが，開園初年度の秋から発生が確認され，これはおかしいということになった．導入した材の種類に関して記録にまちがいがあることが推測され，調べたところ，ツキヨタケが発生した材は京都府北部から持ち込まれたイヌブナであることがわかった．いのちの森にはさまざまな昆虫の繁殖を促すために，多くの伐採材を配置していることは先に述べたが，本来，京都市内の生物相を復元するために配置された材であったはずである．復元型ビオトープの造成をめざす場合，持ち込む資材の由来にも注意を払わなければならないことを示すよい例であろう．ツキヨタケはイヌブナ材3本に限って5年間でかなりの量が発生したが，その後，材の腐朽が進み発生しなくなった．コナラ等の他種の材への広がりは見られず，樹種特異性が高いことも確認された．

　いのちの森は京都山城原野をめざした自然公園であり，京都市の原植生としてはシイ・カシ林，コナラ林，アカマツ林，ケヤキ林等があげられる．このような林に出現する菌類はいのちの森でも多く見られたが，ツキヨタケのようにブナ帯に分布し，本来京都市周辺では見られないオオチリメンタケ，ヌメリスギタケモドキ，ハナガサタケ等も認められた．これらの種は本来の生育地でイヌブナ材に感染した後にいのちの森に持ち込まれたと思われる．ツキヨタケの培養菌糸をコナラ材に接種すると，京都府南部でもツキヨタケが発生したとの報告もあり（岩瀬，未発表），気象条件が菌糸成長に適していればいのちの森でも定着し，発生を続ける可能性は残されている．ツキヨタ

ケについては発生の拡大は見られなかったが，その他のさまざまな菌類について，このような意図せずに持ち込まれた導入種あるいは移入種等が定着し，存在し続けるかどうかということは重要な問題であり，今後も継続調査が必要と考えている．

近年公園を作るときにはできるだけその地域に生育する樹種を植栽したり，また，樹種だけでなく，それらの生育地も考慮に入れた系統（郷土種）を植栽するような考えかたが取り入れられはじめている．菌類の立場からも同意できる方法であるが，添え木，土止め材の樹種など公園で補助的に使う材にも注意を払うことが必要である．ただ単に菌類の多様性が高いことがよいのではなく，その地域特有の菌類の多様性が維持できるような環境を整備することが重要であり，そのためには導入すべき樹種や材を検討することも復元型ビオトープにとってきわめて重要であると思われる．

以上のことは，いのちの森の菌類調査からはじめて明らかになったことがらであり，今後上記の考えかたを反映させたビオトープが設計されることが望まれる．

(3) 地上生きのこの変遷

一方，地上生きのこについてはどうだったのか，以下に紹介したい．地上生きのこで2年目までに発生が見られたのはわずか8種類にすぎなかった．腐生性きのこがコガネキヌカラカサタケ，タマムクエタケ，キンカクイチメガサ，ヒメホコリタケ，キツネノタイマツの5種類で，肥料や土壌改良材を導入したりして攪乱された場所で比較的初期に見られる種類であった．一方，菌根性きのこはカレバキツネタケ，キチャハツ，ヒメカタショウロの3種類であった．これらは植栽後の初期に発生が見られることが予想された種である．3年目からは発生種数が急増し，腐生菌，菌根菌合わせて42種の発生が

見られ，その後5年目までに種数は70種に増加したが，以降は種数増加は見られず，種構成が変化しつつある．8年間の合計では腐生菌が85種，菌根菌が61種であった．開園2年目までに発生が見られたものでは，上記の腐生菌のすべてが発生しなくなったが，菌根菌はいずれの種も発生が続いている．腐生菌は基質がなくなってしまえば発生が止まるので短寿命，菌根菌は一度菌根ができてしまえば，宿主の樹木が枯れない限り，あるいは他の菌根菌にとってかわられない限り発生が継続するので長寿命のものが多い可能性が高い．種構成の違いでは，近年，落葉分解菌であるモリノカレバタケ属やオチバタケ属のきのこが増加し，とくに2003年度にはじめて見られたムラサキシメジの発生は，落葉の分解が進んできたことを示している．一方，菌根菌ではキツネタケ属，ワカフサタケ属，ニセショウロ属，アセタケ属等の植栽後初期に発生する種に加えて，年数がたってから発生するといわれているフウセンタケ属，イグチ科，ベニタケ科きのこの発生種数が増加してきており，コナラ，アラカシ，スダジイ等のブナ科樹木の生長は全体として順調であるといえよう．しかし，一方ではマツに共生する菌根性きのこの発生量は順調に増加しているとはいえない．2003年度にはアカハツが新たに発生しているように，種構成は変化しつつあるようだが，これまで発生していたヌメリイグチやチチアワタケ等のヌメリイグチ属のきのこの発生量が極端に減ってきたのも事実である．アカマツの中には枯れたものも多く，生き残っているものも衰弱が進んでいると考えられる．

(4) いのちの森と糺の森の違い

糺の森は京都駅から約5km北に位置する下鴨神社の社有林である．いのちの森の調査結果から，当初に設置した多くの材は腐朽が進み，材上生菌類の発生種数と発生量は減少し，また発生時期も短くなることが明らかとなって

きた．一方，菌根菌を含む地上生菌類は発生種が変化しつづけており，地上生菌類相の変遷は生物相の復元の程度を示すことが示唆された．植栽後の期間が短いいのちの森と植栽後に常に人の手は加わっているが，植栽後の期間が長い糺の森の両者で菌類相の違いに着目し，いのちの森の生物相の成熟と復元の程度を明らかにしようと試みた．

調査は 2001 年 11 月からで，最低月に 1 回，大型菌類がさかんに発生する時期（主として 7 月と 10 月）は，週に 1 回のペースで，原則として両地点の同日調査を行った．いのちの森は全域（0.6 ha）を調査対象とし，子実体発生位置を地図上にプロットし，発生種と発生量（子実体個数）を記録した．一方，糺の森は一部に詳細調査区を設けて地図上に発生位置をプロットすると同時に発生種と発生量も記録した．詳細調査区以外については発生種のみを記録した．

外生菌根性の樹種にはマツ科，ブナ科，カバノキ科，ヤナギ科等があり，両調査地に共通する樹種としてはスダジイ，アラカシ，シラカシ，シリブカガシ，クヌギ，非共通種としては，糺の森にイチイガシ，ツガ，クロマツ，いのちの森にはコナラ，アベマキ，アカマツ等が植えられている．樹種，気温，降水量等が同じで土壌環境が同じならば，同種類の菌類が発生してもかまわないはずだが，いのちの森と糺の森の間で同じ日に共通して発生した種類は菌根菌，腐生菌ともに少なかった．いのちの森は造成後の期間が短く，一方糺の森は常に人手が入っているが造成後の年数は長く，発生種数の類似度の低さは，いのちの森は土壌が未熟で，生物相の復元がまだ不十分であることを示していると考えられる．

腐生菌では，これまで糺の森のみで発生が認められていたマツカサキノコモドキやムラサキシメジが 2003 年度にはいのちの森でも発生したことが特徴的である．マツカサキノコモドキは，通常，土に埋もれたマツの球果から発生するが，糺の森ではツガの球果から発生している．いのちの森ではアカ

マツの球果からの発生がはじまり，ようやく球果の腐朽が進んできたことを示していると思われる．ムラサキシメジも糺の森のみで見られていた種であるが，2003年度になって初めていのちの森でも観察された．この種は分解がかなり進んだ腐植層から発生する種であり，いのちの森の落葉分解が進み腐植層の成熟が進みつつあることを示していると思われる．

　菌根菌では，共通して発生が見られる種にヒメカタショウロがあるが，いのちの森で大量に発生するヒメワカフサタケやキツネタケモドキは糺の森では見られない．これらの種は遷移の初期に発生する種であり，いのちの森の生物相がまだ遷移初期の状態にあることを示している．一方，糺の森ではテングタケ属やイグチ目のきのこが多く，これらは遷移の進んだ成熟したところに特徴的なきのこである．

　糺の森では奈良の小川の再現にともなって，土砂が捨てられた場所ができ，成熟した土壌が覆われてしまい一時ほとんど菌類の発生は見られなくなったが，攪乱性のきのこであるコガネタケの発生が観察される．また，小川ののり面には新たな樹木の植栽にともなって大量のバークが施用され，ハタケシメジ，ハタケチャダイゴケ，ヒメヒガサヒトヨタケ等の特徴的なきのこが観察され，栄養分の分解とともに消長すると思われる．いのちの森でのみ見られる大型の腐生菌にはササクレヒトヨタケとマントカラカサタケがある．これらも栄養分となるようなものが地下に埋められていることを示す菌である．冬虫夏草の仲間ではオオゼミタケが糺の森で見られている．いのちの森でもセミ類の発生が認められたので，今後セミタケ類が発生しはじめる可能性が高い．

　腐生菌，菌根菌ともに糺の森の方が発生した種数が多く，いのちの森との発生種の類似度は低かった．原則として同日調査を行ったが，同じ日に両所で同じ種類が発生することはまれであった．菌根菌，腐生菌ともに発生する種類が遷移することが知られており，今回の調査結果は，いのちの森が未成

熟で糺の森の成熟度が高いことを示していた．いのちの森で発生する菌類相は徐々に変化してきているが，糺の森と同様の発生種パターンを示すようになるまでには，まだ相当の年数が必要であろう．

(5) タシロラン

　タシロランは菌類ではないが，菌類と共生しなければ見ることのできない無葉緑ランの一種で，興味深いことがわかってきたので，ここで書いておきたい．タシロランは落葉の積もった木陰に生える多年生の無葉緑ランで，京都府のレッドデータブックでは要注目種に指定されている．近年，近畿地方のさまざまな社寺林で発生が報告され，分布を拡大しているように思われる種である．糺の森でも落葉を集積した場所に限って発生が見られ，栄養の基質は落葉であろうと推測された．先に書いたようにラン科植物は根に菌根菌をもち，養分吸収を菌根菌に依存している植物グループである．以前からラン科植物の菌根菌は担子菌に属するリゾクトニアの仲間が多いとされ，またツチアケビの菌根菌はナラタケであることが明らかにされてきた．しかし，近年，日本国内でもさまざまなラン科植物の菌根菌に関する研究が進み，ギンリョウソウと同じように外生菌根菌の仲間が一方ではラン科植物の菌根菌になっている例や，木材腐朽性や腐生性のきのこがラン科植物の菌根菌になっている例が明らかになってきている．タシロランは枯れ枝や落ち葉をためた場所に発生し，落ち葉を清掃すると発生が見られなくなることから，落葉分解性あるいは木材腐朽性のきのこが菌根菌として共生しているのではないかと考えられた．ごく最近になって，ヒトヨタケ科やナヨタケ科のきのこが菌根共生を行っていることがわかってきた．都市緑地を構成する優占種だけでなく，林床の植物の成育にも菌類が大きくかかわっていることを示す例であろう．

第2章 ｜ 野生生物と都市 ── 孤立林

5 ｜ おわりに

　都市内に緑地をつくる場合，人は樹木や草花等の植物には気を使い，土壌を改良し，肥料を与えて注意深く育てようとする．しかし，生物は単独で生きているわけではなく，常に他の生物と親和し，共生することを強いられている．菌類あるいはきのこ等のふだんあまり気にもとめていないような小さな生物が，自然の中で，あるいは都市緑地の中でいかに重要な働きをしているのか，また，菌類を調べることでどんなことがわかってくるのか，この文章を読んでほんの少しでも理解いただけたとしたら，菌類を研究しているものとしてこんなうれしいことはない．みなさんの家の庭にも，毎日通っている道端にも，人知れずさまざまな菌類が存在して子孫を増やし，また多様な働きをしている．私たち人間は，それらすべての菌類を知り利用することなどできるはずがない．しかし，彼らは私たち人間が気づくのを待ってくれているような気がしてならない．

いのちの森

▶ ……………………………………………………………… 引用・参考文献

Margulis, L. and K.V. Schwartz. (1998) *Five kingdoms: an illustrated guide to the phyla of life on earth*, W.H. Freeman and Company, New York.
今関六也・本郷次雄編著（1987）『原色日本新菌類図鑑（Ⅰ）』保育社．
今関六也・本郷次雄編著（1989）『原色日本新菌類図鑑（Ⅱ）』保育社．
今関六也・本郷次雄編著（1988）『日本のきのこ』山と渓谷社．
M.F. アレン著，中坪孝之・堀越孝雄訳（1995）『菌根の生態学』共立出版．
金子繁・佐橋憲生編著（1998）『ブナ林をはぐくむ菌類』文一総合出版．
二井一禎・肘井直樹編著（2000）『森林微生物生態学』朝倉書店．

日本土壌微生物学会編『新・土の微生物シリーズ』博友社.
Alexopoulos, C.J., C.W. Mims, and M. Blackwell. (1996) *Introductory Mycology 4th edition*, John Wiley & Sons, New York.
Brundrett, M., N. Bougher, B. Dell, T. Grove, and N. Malajczuk. (1996) *Working with Mycorrhizas in Forestry and Agriculture*, Australian Centre for International Agricultural Research, Canberra.
Smith, S.E. and D.J. Read. (1997) *Mycorrhizal Symbiosis 2nd edition*, Academic Press, San Diego.

橋本啓史
Hiroshi Hashimoto

Section
2-4

孤立林の鳥

1 はじめに

　図1は人工衛星テラに搭載されたアスター・センサーによって観測された画像から京都市街の15mメッシュごとの緑被率を推定した地図である．京都市街地は三方を山に囲まれた盆地にあるうえ，2-1でも紹介されているように，社寺林を中心とした孤立林が市街地内に島状に点在しているほか，古い寺社には大木も数多く残っていたり，緑の豊かな日本庭園も数多く存在しているため，野生生物が比較的豊富に生息・生育している都市となっている．私たちのグループでは，比較的自然状態で残されてきた京都の孤立林群において，さまざまな生物群の生育・生息状況を調べているが，本節では孤立林群における野鳥の生息状況，とくに都市の生物相豊かな森のシンボルともいえるアオバズクの保全に関する問題，そして都市に創られた新たな森への鳥類の飛来と定着について紹介し，都市に残された森の保全のありかたを鳥の視点から考えたい．

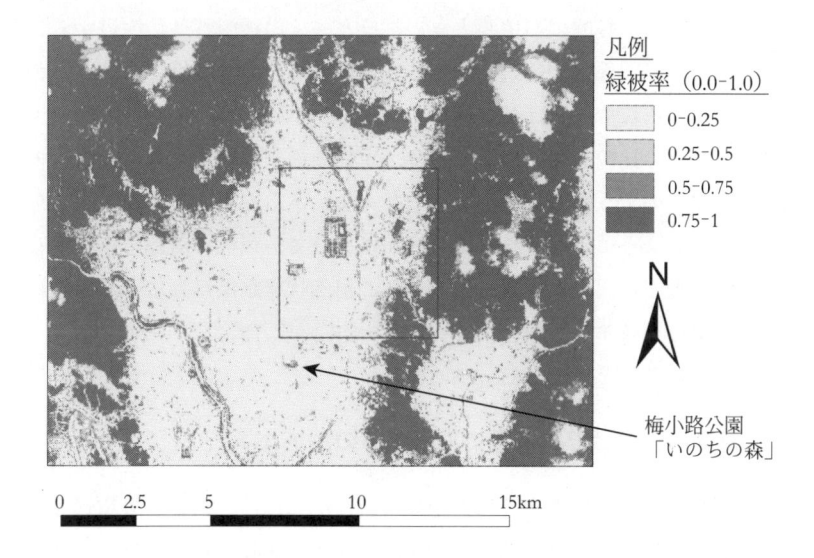

図1 衛星画像から推定した京都市街地の緑被率．2003年6月8日観測のTerra／ASTER画像を使用．四角で囲んだ範囲は，本節第3項で紹介するアオバズクの分布調査を行った範囲．矢印で示した緑地は，「いのちの森」のある梅小路公園．

2 林の面積と野鳥の関係

(1) 孤立林の野鳥と島の生物学

1-2でもくわしく解説されているように，ランドスケープ・エコロジーの分野では，孤立林を「緑の島」と見立て，島の生物学を適用した生息地の面積と生物の種数との関係についての研究がさまざまな生物群においてさかんに行われてきた．森林に棲む野鳥の種数と林の面積との関係の研究は国内外

第 2 章 　野生生物と都市 —— 孤立林

で数多くあり，一般的に面積が大きい林ほど多くの種の野鳥が生息することが知られ，その関係は回帰式で表現できる規則性のある関係であることが示されている．そこで遅ればせながらではあるが，同じ場所において他の生物群の研究例との比較も可能になるので，京都の孤立林群でも面積と野鳥の種数との間にそのような規則性があるのか，またあるとすればその関係を野鳥の保全にどのようにつなげればいいのかについて，京都市街地に点在する孤立してから数十年以上が経過した，比較的自然状態が保たれている孤立林のほぼすべてを網羅する 30 か所で研究を行っている（橋本ほか 投稿中）．

(2) 野鳥の種数はどのように調査するのか？

　ある調査地内に生息する野鳥の種数の調べかたには，大きく分類して 2 通りの方法がある．ひとつは調査地内を巡るコースを設定し，そのコース上を一定の速度で歩きながらコースの両側の一定範囲内に出現した野鳥を記録していくラインセンサス法である．もうひとつは調査地内の何点かで立ち止まって，一定時間の間に一定半径内に出現した野鳥を記録していくポイントセンサス法である．両手法の具体的な内容については，由井の解説（由井 1997）が参考になる．

　どちらの方法も調査期間中に複数回実施することによって調査地内の種数が把握できると期待されるが，厳密に考えれば，どちらの方法を採用するかによって後々の分析に影響する．相対的な種数の大小を比較するには，生息地の面積にかかわらず，各調査地で一定距離のラインセンサスまたは一定時間かつ一定地点数のポイントセンサス法を用いればよい．しかし，その生息地内に生息している全種の具体的な種名および種組成を知りたい場合は，生息地の面積に応じてラインセンサスのコース長やポイントセンサスの地点数を増やしていくことになる．このような種数の記録法は多くの研究で用いら

れてきたが，調査努力が調査地によって違うことから，調査地間において単純に比較できない,「受動サンプリング」とよばれる問題が起こることが実は昔から指摘されている (Conner, E.F. and E.D. McCoy 1979). つまり，大きな生息地では調査努力が大きいために，低い発見率の種も記録されて種数が多くなっているかもしれないという問題である．理想的には，同じ調査地において新たに記録される種が出てこなくなる状態が続くまで何度もくり返し調査すれば問題ないのだが，調査地点数が増えるとたいへんな労力が必要である．種数の比較だけであれば，ポイントセンサス法で記録したデータを用いて，生息地ごとの各地点の平均種数で比較するか，あるいはジャックナイフ法という推定法によって，本来はいたかもしれないが発見できなかった種数を補正してやることができる (Cam, E. et al. 2002).

だいぶ厳密な話をしてしまったが，今回用いた調査法はラインセンサス法であり，繁殖期（5〜7月）および越冬期（12〜2月）にそれぞれ2回ずつ調査地全域をカバーするようなコースを設けて記録した種のリストを補正せずに分析に用いている．なぜなら，京都市街地内における具体的な種の分布を知りたかったためであり，この目的には調査地全域を一通り見てまわるラインセンサス法がもっとも少ない労力で多くの種を記録できるからである．これから調査をはじめようとする方は，目的を整理したうえで調査法を選択してほしい．

(3) 樹林性の鳥の種数と林の面積との関係

さて，得られた調査データのうち，樹林性鳥類の種数と生息地の面積の関係を図2aのグラフに示した．ともに樹林面積が大きくなるほど，生息する樹林性鳥類の種数が増加することがわかる．どの種が樹林性鳥類に相当するのかについての判断は，本来はさまざまな環境におけるみずからの調査によっ

て出現傾向を導き出すべきであるが,今回は日本鳥学会がまとめた『日本鳥類目録』(日本鳥学会 2000)を参考にして,それぞれの種が樹林性か否かを判断して分析を行った.したがって,京都の孤立林における分析対象種は,繁殖期は 18 種,越冬期は 29 種である.グラフの目盛りの取りかたは,両対数が用いられることも多いが,今回は 2-1 でも用いられている,横軸が面積(単位は ha)の常用対数,縦軸が樹林性鳥類の種数である片対数グラフで示すことにする.繁殖期と越冬期ともに,これまでに国内外で報告されている多くの研究と同様に,林の面積(の対数)と樹林性の野鳥の種数との間には直線的な規則性が認められた.

　繁殖期と越冬期との間で直線の傾きと切片に違いがありそうだ.この違いは,共分散分析[1]という統計手法によって検定することができる.その結果,繁殖期と越冬期の樹林性鳥類の種数と樹林面積の対数との関係を示す直線の傾きには違いがあった.傾きが異なった原因としては,冬季の方が京都に飛来する野鳥の種数の絶対値が大きいことなどが考えられる.いずれにせよ,どの樹林面積においても,繁殖期より越冬期の方が樹林性鳥類の種数が多かった.寒冷地や豪雪地では状況が異なるかもしれないが,日本の首都圏や近畿圏,中部圏などの平野部の都市緑地においては,一般的に夏よりも冬の方が多くの種類の野鳥が観察される.この原因は,熱帯地方で越冬して夏鳥として繁殖期に日本にやって来る樹林性のツグミ科,ウグイス科,ヒタキ科の小鳥たちの多くは,あとから述べる森林内部種といわれる鳥であるため,規模の小さい森では繁殖しないためである.熱帯からやって来る夏鳥が森の孤立化によって減少する現象は北米大陸でも報告されている(Askins, R.A. 2000).一方,冬には山地帯や大陸から渡ってくる野鳥の種数が多いうえ,冬季は子育て時期とは違って,広いなわばり面積を必要としないことから,都市緑地においても比較的多くの種類の野鳥が観察される.

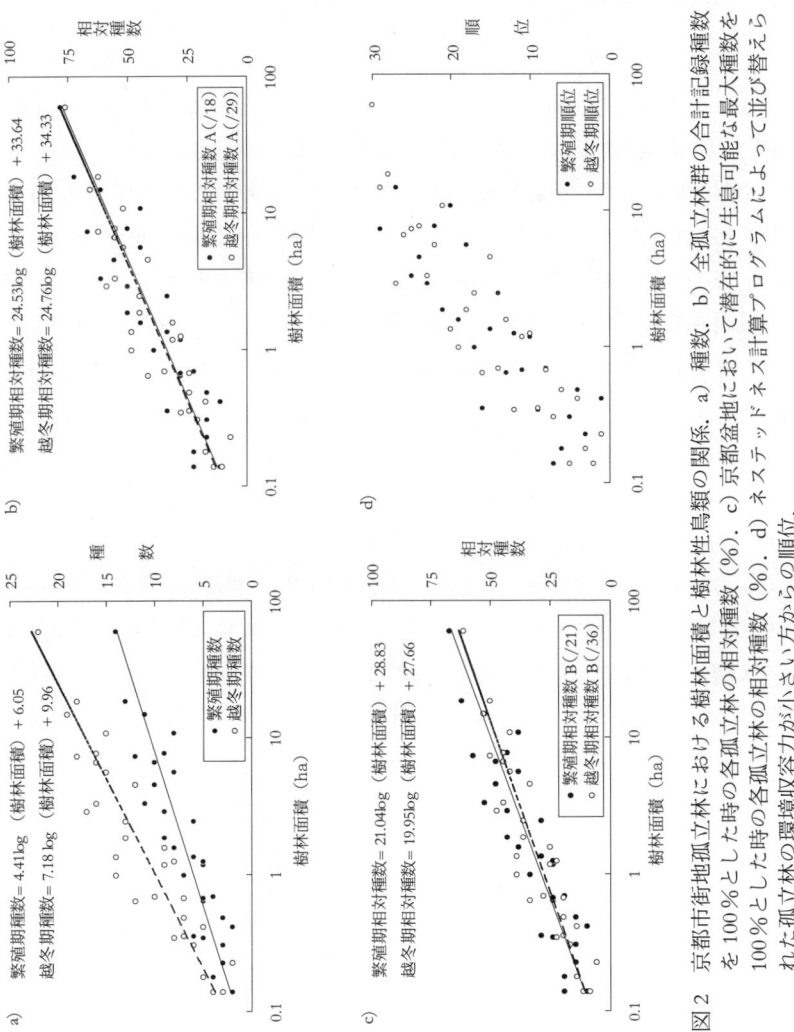

図2 京都市街地孤立林における樹林面積と樹林性鳥類の関係. a) 種数. b) 全孤立林群の合計記録種数を100%とした時の各孤立林の相対種数(%). c) 京都盆地において潜在的に生息可能な最大種数を100%とした時の各孤立林の相対種数(%). d) ネステッドネス計算プログラムによって並び替えられた孤立林の環境収容力が小さい方からの順位.

a) 繁殖期種数 = 4.41log (樹林面積) + 6.05
越冬期種数 = 7.18log (樹林面積) + 9.96

b) 繁殖期相対種数 = 24.53log (樹林面積) + 33.64
越冬期相対種数 = 24.76log (樹林面積) + 34.33

c) 繁殖期相対種数 = 21.04log (樹林面積) + 28.83
越冬期相対種数 = 19.95log (樹林面積) + 27.66

(4) 相対的な種数で評価する

　ここまでは一般的によく行われる分析だが，図 2b および c に示したグラフはちょっと変わった分析を行った結果である．横軸は先ほどと同様に生息地の樹林面積の常用対数であるが，縦軸は繁殖期および越冬期それぞれにおいて，全孤立林群の合計記録種数（b）あるいは京都盆地において潜在的に生息可能な最大種数（c）を 100％とした時の各孤立林の相対種数（％）となっている．ここで京都盆地において潜在的に生息可能な最大種数とは，全孤立林群の合計種数に，筆者が京都市街地北部の丘陵地に位置する京都大学フィールド科学教育研究センター・上賀茂試験地において 2 年間にわたり毎月 1 回，全長約 2km のコースにおいてラインセンサス法によって調査した記録から，当該時期の記録を抽出した種数を加えたものである．実際には，筆者が記録できなかった種も何種類かこの試験地内でその後に他の研究者によって記録されているし，平安建都（794 年）以前には他にも多くの種類が生息していたかもしれないので，仮の数字である．また，夜行性の鳥類は含まれていない．種数相対で表現すると，どちらのグラフでも繁殖期と越冬期の直線がほぼ重なっている．先ほどと同様に，共分散分析によって繁殖期と越冬期の直線の違いについて検定を行ったところ，全孤立林群の合計種数を 100％とした時および潜在的に生息可能な種数を 100％とした時ともに季節間に違いがあるとはいえなかった[2]．

　このような分析のしかたは，そもそもは 2-1 で紹介されているように，分析種数が大きく異なる生物群間で種数と面積の関係を比較するために考案されたものである．しかし，この潜在的に生息可能な種数に対する各孤立林における相対種数と樹林面積との関係式は，自然復元を考える時に，どれくらいの面積の樹林を用意すれば，地域に生息する野鳥の何割の種数が生息できる場所を確保できるのかという問いに答えてくれる．繁殖期と越冬期の種数，

とくに相対種数と樹林面積との関係を比較した既存研究はほとんどないので，このことが一般化できるのかどうかまだわからないが，もし今回得られたように，種数の割合が繁殖期と越冬期においてほぼ同じ関係式によって表現されるという規則性があるのであれば，ある面積の林を保全あるいは自然復元したならば，その林は繁殖期と越冬期のどちらにおいても地域に生息する野鳥の生息地として同程度の貢献ができるということであり，非常に興味深い．

(5) SLOSS問題と入れ子型種組成

しかし，いくら種数云々をいっていても，ある一定面積の林に生息する野鳥の種構成が同じなのか異なるのかによって，地域に生息する野鳥の保全戦略が異なってくる．つまり，1-2でも解説されているSLOSS (Single large or several small) 問題である．それぞれの種が一定面積以上の大きな森でないと生息できなかったり，大きな生息地にはそれよりも小さな生息地に生息する種のすべてが生息しているという入れ子型の種組成であれば，多くの種数の生物を保全するためには，なるべく大きな面積の生息地をひとつ確保する方がよい．しかし，生息地によって生息する生物の種構成が異なる場合は，ひとつの大きな生息地を確保するよりも，小さくても複数の生息地を確保した方が効率よく多くの種数の生物を保全できることがある．

種組成の入れ子状の強さは，米国・シカゴのフィールド博物館のウェブサイトで無料提供されているプログラム（Atmar, W. and B.D. Patterson 1995）によって，ネステッドネス（Nestedness）として計算することができる[3]．ネステッドネスとは，エントロピーと同じ概念で考案されたもので，0から100の間の値を取り，値が小さいほど秩序立っている，つまり強い入れ子状であることを示す．そして，このネステッドネスをランダムな種組成だった場合

のシミュレーション値と比較して，種組成が入れ子状なのかどうかを判断する．また，個々の種のネステッドネスも計算され，全体のネステッドネスと比較して個々の種の出現傾向を判断する．

このプログラムを用いて，今回の孤立林群と京都大学フィールド科学教育研究センター・上賀茂試験地のデータを分析した出力結果が図 3 の a（繁殖期）および b（越冬期）である．まず左上の表は，行に調査地，列に種が並べられており，黒色に塗られたマスがその調査地にその種が出現したことを表している．そして調査地と種の順番は，黒色の部分が斜め左上にもっとも集中するように並べ替えられている．このようにして並べ替えられた表において，上の行にある調査地ほど環境収容力が高い生息地であることを意味し，左の列にある種ほど普通種であり，地域の環境の質が少々低下しても絶滅の心配が少ない種であることを意味する．図 2d は，各孤立林の環境収容力が小さい方からの順番と樹林面積との関係を示している．縦軸は順位なので，目盛り間隔は等間隔になるとは限らないが，繁殖期と越冬期ともに，樹林面積が大きいほど環境収容力も大きくなる関係があることが見て取れる．

図 3 に戻って，右上から左下に向かって伸びている曲線より上は完全に黒色，下は完全に白色であれば，ネステッドネスは 0 の値を取り，虫食い状に左上側に白色部あるいは右下側に黒色部が増えてくると，秩序が乱れてネステッドネスの値が上がる．一番下のグラフの横軸はネステッドネスを示し，ヒストグラムはランダムな種組成を仮定した場合の 100 回（回数は任意に設定可能）のシミュレーション値の分布を，左の方にある P 値は，そこから伸びた線が示す種組成のネステッドネスの値よりもシミュレーション値が下回る確率を示している．今回の分析結果は，繁殖期と越冬期ともに，シミュレーション値よりも非常に低いネステッドネスの値であり，入れ子型の種組成であるといえる．つまり，左上の表において右側の列に位置する種を保全するためには，環境収容力つまり樹林面積が大きい生息地を確保する必要がある

孤立林の鳥 | 2-4

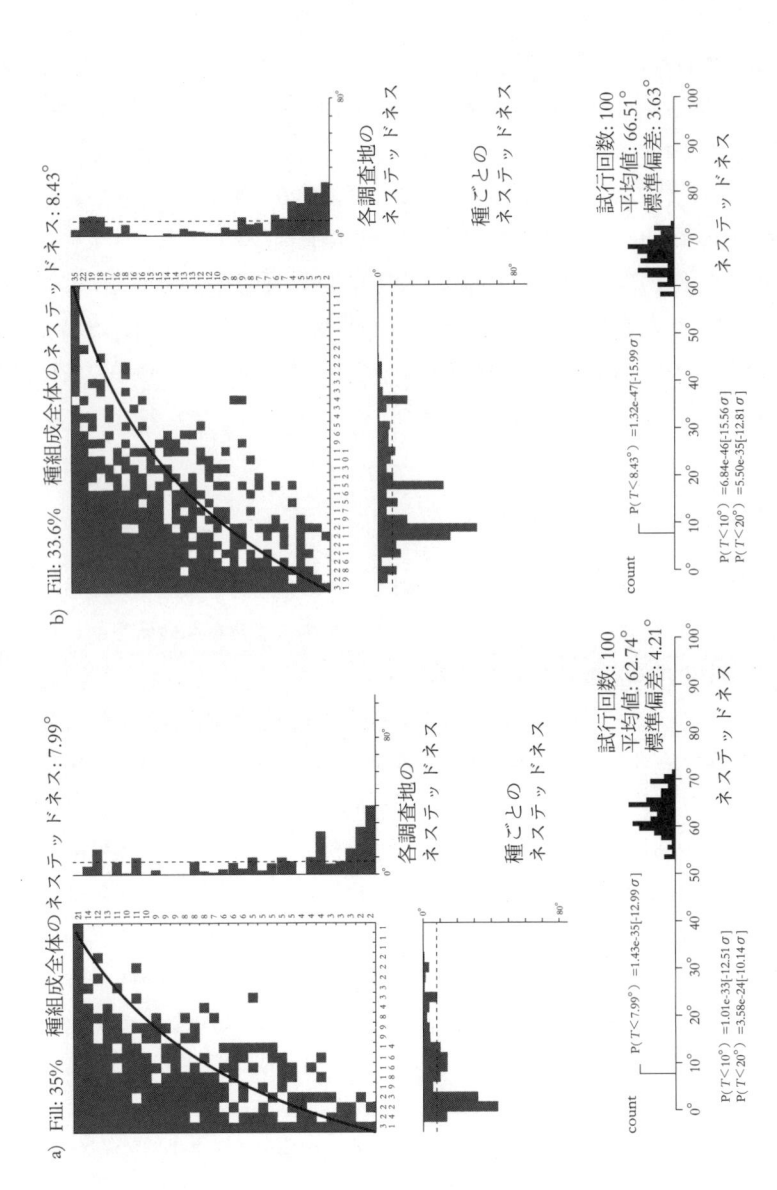

図 3 京都市街地孤立林における繁殖期 a) および越冬期 b) の種組成のネステッドネス計算プログラムによる分析結果.

ことを示している.

　図3にある残りの2つの棒グラフは,右上が各調査地のネステッドネスを,左中段がそれぞれの種のネステッドネスを示している.点線で示されているのは,種組成全体のネステッドネスである.調査地のネステッドネスを見ると,繁殖期と越冬期ともに,環境収容力の小さい調査地において高いネステッドネスの値を示している.この原因は,見方によっては調査努力不足による記録漏れ,逆の見方によっては少し意外な種の出現といえる.いずれにせよ,環境収容力の小さい調査地では出現種数が少ないので,わずかな秩序の乱れがネステッドネスに大きく影響してしまう.

(6) 個々の種のネステッドネス

　次に具体的な種に目を向けてみよう.図3の中段のグラフで示された種ごとのネステッドネスが全体の種組成のネステッドネスよりも高い値を示した種は,繁殖期では高い順にハシボソガラス,キジバト,メジロ,ムクドリ,ハシブトガラス,シジュウカラ,カワラヒワの7種,越冬期では高い順にツグミ,アオジ,ムクドリ,ハシボソガラス,モズ,ハシブトガラス,ヤマガラ,カワラヒワ,ジョウビタキの9種であった.また,それぞれの種の出現率と樹林面積の関係を表1(繁殖期)と表2(越冬期)にまとめた.この結果を解釈するために,先ほどの『日本鳥類目録』(日本鳥学会2000)やアスキンズらの研究(Askins, R.A. et al. 2000)を参考にして,それぞれの種をさらに森林内部種,ジェネラリスト(森林内部から疎林まで幅広いタイプの樹林に生息する種),林縁性種(農耕地と接した林縁や疎林を好む種)に分類してみた(なお,必ずしもアスキンズによる分類と一致していない).繁殖期に孤立林群で観察される森林内部種は熱帯からの夏鳥であるキビタキのみであり,越冬期ではルリビタキやトラツグミなどの5種が森林内部種に相当する.これらの種はネ

表1　繁殖期の樹林性鳥類の出現率

種　名	面　積 (ha)			生息地タイプ
	< 1.0	1.0-9.9	10-100	
キジ	—	7	—	林縁
ホオジロ	—	7	—	林縁
コジュケイ	—	7	—	林縁
キビタキ	—	—	50	森林内部
モズ	8	7	—	林縁
イカル	—	7	50	ジェネラリスト
エナガ	—	21	100	ジェネラリスト
ウグイス	—	36	75	ジェネラリスト
ヤマガラ	—	29	100	ジェネラリスト
カワラヒワ	25	57	50	林縁
ムクドリ	33	64	50	林縁
ハシブトガラス	17	71	75	ジェネラリスト
シジュウカラ	17	79	100	ジェネラリスト
コゲラ	8	93	100	ジェネラリスト
ハシボソガラス	42	86	100	林縁
キジバト	67	71	100	林縁
メジロ	67	79	100	ジェネラリスト
ヒヨドリ	100	100	100	ジェネラリスト
種数合計	10	17	14	
調査地点数	12	14	4	

ステッドネスの値が低く，また比較的環境容量あるいは面積の大きな孤立林で出現率が高い．林縁性種にはモズやホオジロ，カワラヒワ，キジバト，ムクドリ，ハシボソガラス，アオジ，ツグミなど，孤立林群では繁殖期は8種，越冬期は12種が相当し，高いネステッドネスの値を示す種の多くはこれらの林縁性種であり，出現率は面積の大きな林で必ずしも高くない．ヒヨドリ，シジュウカラ，メジロなど，孤立林群では繁殖期は9種，越冬期は12種が

表2 越冬期の樹林性鳥類の出現率

種 名	面 積 (ha) < 1.0	1.0-9.9	10-100	生息地タイプ
オオタカ	—	—	25	ジェネラリスト
アオゲラ	—	7	—	森林内部
トラツグミ	—	—	25	森林内部
マヒワ	—	7	—	林縁
キクイタダキ	—	—	50	森林内部
アトリ	—	14	—	林縁
カケス	—	7	25	森林内部
ビンズイ	—	7	50	ジェネラリスト
モズ	8	14	25	林縁
ホオジロ	8	14	25	林縁
シメ	—	29	25	林縁
イカル	—	29	100	ジェネラリスト
ルリビタキ	8	36	75	森林内部
カワラヒワ	8	57	25	林縁
ジョウビタキ	8	57	50	林縁
エナガ	8	50	100	ジェネラリスト
ヤマガラ	8	64	100	ジェネラリスト
ムクドリ	33	57	50	林縁
コゲラ	8	71	100	ジェネラリスト
ウグイス	17	71	100	ジェネラリスト
ハシボソガラス	25	79	100	林縁
シロハラ	33	86	100	ジェネラリスト
ツグミ	67	57	100	林縁
ハシブトガラス	33	86	100	ジェネラリスト
アオジ	42	79	100	林縁
シジュウカラ	50	86	100	ジェネラリスト
キジバト	83	93	100	林縁
メジロ	83	100	100	ジェネラリスト
ヒヨドリ	100	100	100	ジェネラリスト
種数合計	29	36	36	
調査地点数	12	14	4	

ジェネラリストに相当し，これらの種は面積に応じて出現率が高くなる傾向がある．

森林内部種が大きな面積の樹林にのみ出現するのは，小さい樹林ではエッジ・エフェクト（林縁効果）とよばれる影響を受けて森林内部空間とよべるものの面積が小さいからである．エッジ・エフェクトとは，植物では林縁において乾燥や林外が本来の生育域である侵入してきた種との競争などの影響を受けることであるが，野鳥の場合は，もちろん暗い環境の餌を好むこともあろうが，林外の種との競合や，繁殖期には林縁ではカラスなどの捕食者や托卵鳥から見つかりやすいために巣内の卵が被害に会うという影響がある．日本では托卵鳥として，カッコウ，ホトトギス，ツツドリ，ジュウイチの4種類のホトトギス科鳥類が知られているが，京都市街地ではこれらの托卵鳥類は渡りの時期に通過していくだけである．これは托卵相手（京都盆地で繁殖する種ではウグイス，オオヨシキリ，モズ）の個体数が少ないためかもしれない．熱帯から夏鳥として渡ってくるツグミ科，ウグイス科，ヒタキ科の小鳥の多くは上記の托卵鳥の宿主になるが，これらの種は草原性の種か森林内部種または森林内部種とはいいにくいが孤立林では出現しにくいヤブサメなどである．今回，繁殖期に記録された森林内部種はキビタキ1種のみであり，本種はアスキンズらによる分類ではジェネラリストに分類されていることから，面積が限られた市街地内の孤立林では，そもそも鳥にとって森林内部とよべるような空間がほとんど存在しないのだろう．

林縁性種のネステッドネスの値が高く，また樹林面積に応じて出現率が上昇しないのは，定義通り農耕地と接した林縁や疎林を好む種であることによる．今回の30か所の調査地の中には，周囲が市街地だけのところばかりではなく，郊外の農耕地に面した孤立林や荒れ地を持つ孤立林が含まれている．モズやホオジロ，越冬期のツグミなどはまさにこの様な環境に生息し，暗い鬱閉した樹林は好まない．日本全国で見れば，農耕地や山地の伐採跡地など，

彼らの生息適地は不足していないが，現代の成熟した都市からは荒れ地がほとんどなくなっているので，藪のある疎林環境を好む一部の林縁性種にとっては，都市は非常に生息しにくい環境である．

(7) 京都と関東で鳥類の出現傾向は異なるか？

　ところで，関東における森林面積の増加に伴う繁殖期の鳥の出現率の変化については樋口ら（樋口ほか 1982）がまとめているので，先ほどの表1と比較できる．ただし，関東での調査は約20年前のものであるため，4-3でも述べるが，かつては山の鳥だったヒヨドリやコゲラなどの「都市鳥」化がまだはじまったばかりの時期であることに注意が必要である．なお，このような表を樹林の保全面積の目安として利用できるものにするためには，単に出現したかどうかだけでなく，数回のラインセンサス法による調査ではむずかしいものの，営巣していたか，さらには繁殖が成功したのかどうかについて整理するべきだろう．カラス類などは繁殖年齢に達するのに数年かかるため，繁殖しない若鳥は繁殖期もひとつの樹林に依存せずに飛び回っているし，小鳥類では，オスがさえずっていたとしても営巣しているとは限らない．さて京都と関東の繁殖期の出現傾向を比較すると，京都ではあまり大きな調査地が含まれていないものの，関東よりも小さい樹林面積から出現する種がいくつもある．後から述べるように，これは近畿地方一般にいえることではない．京都が三方を山に囲まれた盆地にあることや，多くの庭園が市街地に点在していることと無縁ではないだろう．ただし，これらの影響の強弱は鳥の種類ごとに異なる．今後，孤立林の保全において野鳥を指標として評価していくうえでは，種数のような全体的なものに対する反応を見るだけでなく，次項で紹介するように，環境を指標するような種類について，種特有の生態を踏まえたうえで，行動観察ではなかなか見えてこない部分を統計的に推測する

ことによって，種ごとの分布パターンをモデル化していくことが必要だろう．

(8) 面積以外の要因

本節では主に鳥類と樹林面積との関係について議論してきたが，面積以外の要因も当然ながら考えられる．第4章で紹介する大阪の都市公園の鳥類相は，京都の孤立林群のそれと比べて貧弱であるが，これには面積だけでなく，孤立度や，都市公園では管理上の問題などから下層植生がほとんどなく，植生構造が単純なことやそれに伴う林内への人の立ち入りが多いこと影響していると考えられる．鳥類の種多様性と植生構造や植物の種多様性などとの関係については，村井と樋口による総説（村井・樋口 1988）や日野による総説（日野 2002）が参考になる．

また，本節では樹林性鳥類のみをあつかってきたが，孤立林は水鳥のサギ類によっても営巣場所として利用されていることがある．彼らも森なくしては生きられない．都市河川におけるサギ類などの水鳥の生活については次章で紹介される．

3 都市の森のシンボル，アオバズクの保全

(1) なぜアオバズクなのか

アオバズクはフクロウ科の夜行性の猛禽類で，東南アジアの熱帯多雨林で越冬し，日本には繁殖のために初夏の青葉の頃に飛来して，都市や農村，山地の森林にある巨木の樹洞に営巣する．猛禽といっても体の大きさはハトより小さいくらいで，主な餌はカミキリムシ類などの甲虫や蛾，セミであるが，

小鳥や小型哺乳類，爬虫類を捕食することもあり，都市の森における食物連鎖の頂点にいる野鳥のひとつである．同じ仲間のフクロウは，主食がアカネズミのような森のネズミやハタネズミのような農耕地のネズミ類なので，市街地に残された孤立林では餌動物がいないためにほとんど生息していない．したがって，アオバズクは都市においては比較的生物相豊かな森のシンボルであり，前項のラインセンサス法による調査では夜行性の本種はなかなか発見できないが，都市の森の健全性を示す指標種のひとつである．

　社寺林が多く残る京都市では，比較的多くのアオバズクが市街地においても繁殖していることが1980年代中頃に調べられているが（冨田1991），近年，営巣できる巨木の減少や越冬地の熱帯多雨林の破壊によって本種の個体数は全国的に減少傾向にあり，近畿地区鳥類レッドデータブック（江崎・和田2001）や京都府レッドデータブック（京都府企画環境部2002）で本種は準絶滅危惧種に指定されている．京都においても社寺林は駐車場化などによって年々面積が減少しており，アオバズクが生息可能な樹林面積を明らかにすることが，本種の保全にとって不可欠である．

　1970年代に静岡市内の社寺林でアオバズクの生息地が調べられた例では，樹林面積0.01〜4.0haの社寺林で生息していたことが報告されているが（日本野鳥の会静岡県支部　1982)，周囲の樹木率などとの関係については定量的に明らかにされていない．そこで，京都市東部の5km四方の範囲（図1の四角囲みの範囲）において，くまなくアオバズクの生息状況を調査し，アオバズクの生息確率を目的変数に，一定半径内の樹冠面積，市街地面積，大木数，樹洞を有する木の数などの環境条件を説明変数にした，アオバズクの生息環境適合度モデルを統計的に導き出し，保全のための指針を提案した（橋本ほか2004).

（2） 営巣木の樹種

　調査範囲の 5km 四方において，アオバズクが営巣している，あるいは親鳥が生息していた場所は 14 地点であり，これらを便宜的に営巣地とした．特定できた営巣木は 6 本であり，樹種は，クスノキ，スダジイ，ムクノキ，クロマツ，アカマツと多様であった．関東地方ではケヤキの樹洞での営巣も多いとされているが，京都にはムクノキの大木の方が多く生えており，ケヤキよりもムクノキの方が樹洞はできやすいようだ．同じ幹の太さであれば，スダジイの方がさらに樹洞ができやすい．クスノキは成長が非常に早く，樹齢 100 年も満たないうちに胸高直径が 1m を超える大木になるが，材が腐りにくいためか，樹洞を持つのは胸高直径が 1.5m を超えるような老樹だけであり，クスノキの天然分布域ではない京都市域におけるこのような老樹は，親鸞上人お手植えともいわれる樹齢 800 年近いクスノキなど，寺社に人が植えた木のみである．

（3） アオバズクの生息環境適合度モデル

　さて，営巣地 14 か所と非営巣地（樹洞はあるもののアオバズクがいなかった場所）15 か所の周囲の環境情報を利用して，ロジスティック回帰分析という「ある事象が起こる確率」を推定する式を求める統計解析（詳細は 4-3 の註 4 を参照のこと）を行ったところ，半径 100m 以内の樹林面積と市街地面積によってアオバズクの生息確率を推定する生息環境適合度モデルを得た．半径 100m というのは狭く感じられるかもしれないが，本種は特定の止まり木の周辺でフライングキャッチによる狩りをする習性も持つことからも納得がいく範囲である．ただし，ヒナの成長につれて餌を大量に確保する必要があるために，行動圏は半径 100m を超えることもあるようだ（冨田 1991）．

第 2 章　野生生物と都市 —— 孤立林

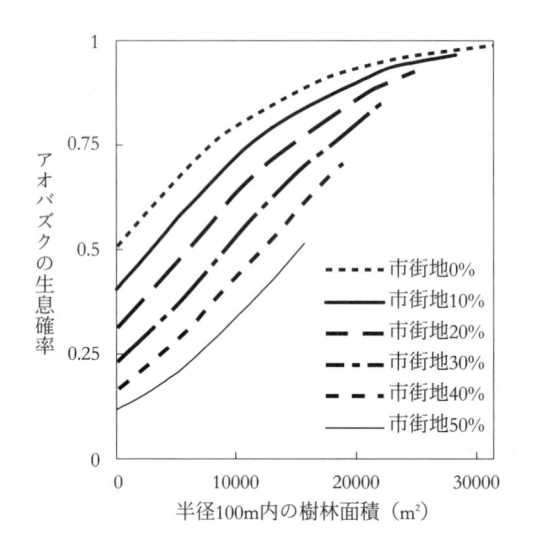

図4　アオバズクの生息確率と樹洞から半径100m 以内の樹林面積および市街地面積との関係.（橋本ほか 2004 501 頁の図を改変）

　得られたモデルからアオバズクの生息確率と環境要因との関係を描いたグラフが図4である．樹林面積が大きいほどアオバズクの生息する確率は高まり，市街地面積が大きいほど必要な樹林面積が増加することを示している．大木数や樹洞の数は予測式に含まれなかったが，アオバズクが営巣可能な樹洞がひとつ以上必要なことは自明である．今回得られたモデルでは，負の要因としての市街地の影響が非常に強かった．本種は街灯に集まる昆虫を効率的に捕食していることも観察されることから，市街地に適応した種ではないかとバードウォッチャーの間ではいわれることもある．しかし，静岡市の例（日本野鳥の会静岡県支部 1982）では，人口が集中する地区内ではそれ以外の地区の社寺林よりも大面積の樹林でしかアオバズクの生息が認められなかっ

たことからも，市街地面積は本種の生息にとって負の要因である．今回の調査地の中でも，繁華街に近く，観光客で賑わう神社では，樹洞を有する木は数本あったがアオバズクの生息は認められなかった．市街地はアオバズクの主な餌となる甲虫の発生源でないことや，人による干渉，ゴミを漁るカラスが多いことが負の要因となっていると考えられる．とくに巣立ち直後の雛は，日中は常緑の小高木の茂みに隠れて過ごすことからも，人やカラスの干渉を避けているものと思われる．

（4） アオバズクを保全するための指針

　モデルの予測性を評価する際には一般的に生息確率が 0.5 を超えるかどうかを基準にするが，稀少種の保全を目的とした時には，生息確率を 0.75 から 0.8 くらいの高めに設定して環境条件の量的指針を示すべきだろう．確実にヒナが巣立った営巣木から半径 100m 以内の樹林面積は 1.07ha（駐車場などが含まれたが市街地面積は 0%）であったことから，本種の保全のためには 1.1ha 以上の樹林を最低限確保していくべきだろう．

　また，アオバズクの保全には営巣可能な樹洞の保護も重要である．基本的にアオバズクが営巣可能な樹洞は大木にあるため，大木を有する樹林の保全が重要である．大木自体は市街地の中にも点在し，信仰の対象ともなっているため，ある程度保全されているといってもよいだろう．京都市街地においてニレ科樹種を中心とした大木や樹林は社寺境内や旧屋敷跡等の歴史的な土地に多く残存しているが，近年，旧屋敷は相続を契機にマンション建設が行われることが多く，社寺においても建て増しや駐車場整備等によって樹林としての保全が危ぶまれる事態が起きている．また，大木を腐朽の進行から守る目的やスズメバチが巣を作ることを防ぐ目的で樹洞が塞がれることがある．樹洞はアオバズクに限らず，ムササビやコウモリといった多くの小動物

の住処であることからも，樹洞を有する大木と今回得られたモデルによって導き出されるアオバズクの生息に必要な樹林面積を保全することによって，アオバズクの保全のみならず，都市において生物多様性保全の核となる緑地を確保することができるだろう．

4 都市に創られた新たな森への鳥類の飛来と定着

(1) 京の都に創られた森「いのちの森」

京都市のJR京都駅の西に位置する梅小路公園 (11.5ha) 内の「いのちの森」は，市街地の真ん中の，かつJR貨物の操車場跡という非生物的な環境に，平安建都1200年の記念事業の一環として，1996年に開設された面積0.6haの復元型ビオトープである（1-1参照）．このビオトープには山城原野の原植生を想定したニレ科木本を主体とする落葉樹林やシイ林といった樹林，草地，池や流れが設けられている．ここでは学生や市民ボランティアによって結成された京都ビオトープ研究会「いのちの森モニタリンググループ」によって開設後から生物相の継続調査が行われている．本項では，開設後8年が経過した2003年度までの鳥類相の変遷についての研究（橋本ほか 2003）を紹介する．新たに造成された森における野鳥の侵入・定着パターンを記録することは，今後，自然環境復元を行う際の貴重な資料となるだろう．

(2) 「いのちの森」に飛来した野鳥

このビオトープにおける鳥類の調査は1年目の1996年度は1回のみであったが，2年目の1997年度から2003年度にかけてはほぼ毎月1回，午前中に

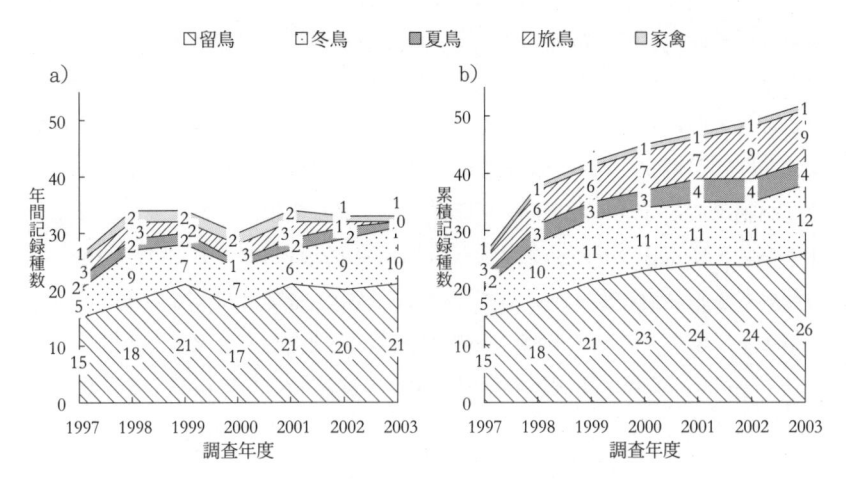

図5 「いのちの森」における鳥類の年間記録種数の経年変化 a) および累積記録種数の変遷 b).

調査を行い，ビオトープ内に出現した種を記録している．その結果，これまで8年間で計23科52種の鳥類（家禽を含む）が当地で記録されている．年間の記録種数の変遷を図5aに，累積種数の変遷を図5bに示した．97年度の年間記録種数は少なかったが，98年度以降は30~34種で安定している．年間記録種数の内訳を見ると，京都盆地における留鳥がキジバト，ヒヨドリ，シジュウカラ，メジロなど約20種．夏鳥はツバメ，オオヨシキリ，キビタキ，コサメビタキの4種であるが，ツバメ以外は春と秋の通過のみの記録であり，夏季は生息していない．冬鳥は豊凶があるが，開設3年目の98年度にすでにツグミ，シロハラ，ジョウビタキ，ルリビタキ，シメなど10種を記録している．累積種数でも冬鳥は99年度にすでに11種となっており，03年度にチョウゲンボウが記録されて12種になるまで横ばいだった．それに対して留鳥は，少しずつだが，まだ新しい種が記録され続けている．このことから，渡

り鳥は移動能力が高いため，都市内の孤立した緑地への飛来・定着が早いものと考えられる．旅鳥とは京都盆地の平野部における渡り鳥のうちで繁殖も越冬もせず春と秋に通過していく鳥として定義しているが，月1回の調査では滞在期間が短いこれらの種を記録することは困難なため，各年度とも2, 3種しか記録できなかった．しかし年によって異なる種が観察されて，オオルリやセンダイムシクイ，ノゴマなどの計7種の記録となっており，通過のみの夏鳥も含め，当ビオトープが多くの渡り鳥の中継地となっていることがうかがえる．家禽はドバト1種のみの記録だが，種としてはマガモと同じアヒル（アイガモ）の野生化個体の記録をマガモの記録のない年度では家禽として計上してある．

(3) 京都の自然的な孤立林との比較

図6aおよびbの四角形の点は，前々項で紹介した京都市孤立林における樹林性鳥類の種数と樹林面積との関係を示すグラフ上に「いのちの森」における年度ごとの繁殖期（5～7月）および越冬期（12～2月）の樹林性鳥類の記録種数をプロットしたものである．各年度の種数は，繁殖期・越冬期ともに孤立林群における直線よりも上にプロットされた．また開設後3年目にすでに多くの種が越夏・越冬をしていたこともわかる．とくに越冬期の種数は小面積にもかかわらず非常に多い．この理由として，隣接する日本庭園部分や周囲の都市公園部分にも樹木があること，ビオトープに導入された樹種が多く冬季に果実をつける樹種も多いこと，留鳥のうち越冬期に生息域を拡大する種や冬鳥は移動能力が高いため孤立緑地への侵入が容易なこと，などが考えられる．当ビオトープでは冬季のみに飛来するウグイスは，1年目秋にはすでに記録があり，早い段階で定着した．イカルはやや遅れて5年目から冬季に群れで飛来するようになった．この間に主な冬鳥は飛来・定着した．一

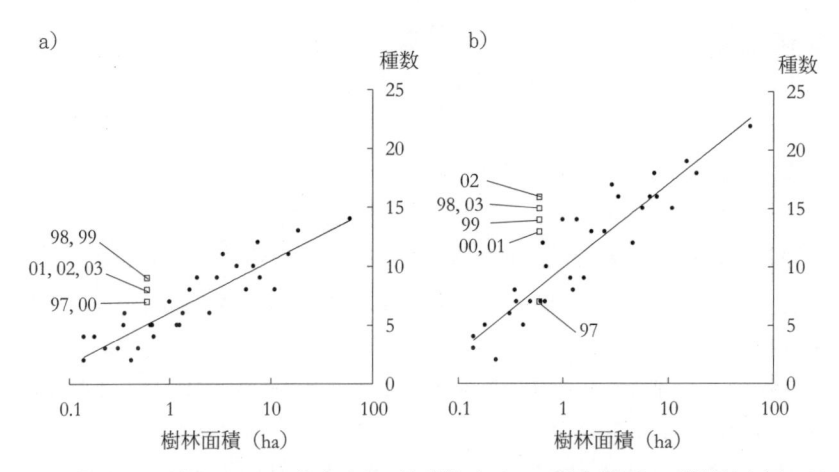

図6 「いのちの森」における年度ごとの繁殖期 a) および越冬期 b) の樹林性鳥類の記録種数，京都市孤立林における樹林性鳥類の種数と樹林面積との関係．図中の数字は「いのちの森」における調査年度を示す．(橋本ほか 2003 8頁の図を改変)

方，京都市街の大緑地や山麓の住宅地でもとくに冬季には普通に観察される留鳥の小鳥であるエナガやヤマガラはまだ記録がなく，コゲラも秋に通過個体があっただけで定着していない[4]．

(4) 「緑のネットワーク」は野鳥の飛来に影響するか

この飛来状況の違いは，種による移動能力の違いからくるのではないだろうか．「いのちの森」の位置をいまいちど図1で確認してみてほしい．東山や西山の低山帯の森からの距離は大きく，市内の大緑地である京都御苑からも離れている．海を越えて長距離の渡りをする鳥にとっては，この程度の距離は大したことはないのかもしれない．しかし，留鳥のうちで越冬期に営巣地より小さな森へも進出する種は，一気に渡ってくるのではなく，都市内の公

園や街路樹といった「緑のネットワーク」を伝ってやってくるのではないだろうか.「いのちの森」と東山との間の，西本願寺，東本願寺，渉成園といったところには庭園があり，これらの庭園の緑と街路樹などの樹木によってできる飛び石状の緑の回廊を伝って，越冬期に生息域を拡大する留鳥は「いのちの森」にやってくるのではないだろうか．試しに緑被分布図（図1）において15mまたは30mメッシュの緑被率が25％または50％を超えるメッシュを飛び石と仮定し，飛び石と飛び石との間隔がどれくらいの距離までなら，これらの野鳥が繁殖地から伝ってこられるのかについて検証してみた（Hashimoto, H. et al. 2004）．前々項で紹介した30か所の調査地のうち，0.5ha以下の調査地と京都市北部の郊外の調査地を除いた14か所と，「いのちの森」，京都府立植物園，京都大学理学部植物園（約0.8ha），平安神宮神苑の4か所の計18か所を分析対象地とし，ウグイス，イカル，エナガ，ヤマガラの4種について，繁殖期の分布地や山地の森林と越冬期の分布地が飛び石状の緑の回廊で繋がっているかどうかを調べた．なお，コゲラは越冬期にほとんど分布域を広げていない．分析の結果，ヤマガラは繁殖地から飛び石間隔が最大でも100mの飛び石状回廊で繋がった林にしか越冬期に進出していなかった．エナガは150m以下の間隔で緑被率50％以上の飛び石によって繋がっている林への進出であった．東山との間にいくつもの庭園があって山の森と繋がっているように見える「いのちの森」であるが，実はすぐ北東に位置する西本願寺の庭園との間には，200m以上の飛び石間隔がある．ここには台風シーズン前に丸坊主にされるプラタナスの街路樹が植えられている大宮通が南北に走っているが，緑が非常に少ない．また，その他の庭園群の間や東山との間にも100m以上の飛び石間隔の箇所がいくつもみられる．したがって，ヤマガラやエナガといった小鳥たちはこの分断を積極的に越えないために，これらの庭園群を伝って「いのちの森」まで進出してこないのだろう．一方，ウグイスでは，9割近くは200m以内の飛び石間隔で繋がった林への進出であったが，「いの

ちの森」においても越冬期に飛来しており，本種の場合は長距離の渡り鳥と同様に夜中に一気に渡ってくる可能性もある．イカルも飛び石間隔が200m以上あっても進出していたが，本種の場合は冬の主食であるムクノキやエノキの果実（実際は種子のみを食べる）を求めて群で移動しているので，ウグイスの場合とは少し移動パターンが異なる．イカルは大型の鳥ということもあって飛翔力があるため，緑地間を広く動き回って「いのちの森」へもやってくることが可能なのだと考えられる．これらの結果から「緑のネットワーク」は鳥の種類によって実効性が大きく左右されることが示唆された．「目標種」の選定は，ネットワークの計画と評価を行ううえで非常に重要といえる．

(5)「いのちの森」は野鳥の繁殖地となっているか

　次に「いのちの森」を野鳥の繁殖地として評価してみる．せっかく創った都市の森が単に野鳥のシンク（吸い込み個体群）で終わってしまうのか，あるいは野鳥のソース（供給源）となって周辺市街地にも潤いを与えるのかは重要な問題である．当地においてなんらかの繁殖行動がこれまでに見られた種は，家禽のアヒルを含めて14種であったが，「いのちの森」内での営巣を記録した種はカルガモ，キジバト（古巣），ヒヨドリ（古巣），メジロ（古巣），ハシブトガラス，アヒルの6種のみであり，巣立ちして間もない雛が記録されているシジュウカラ，カワラヒワ，スズメ，ムクドリなどは周囲の都市公園部分や住宅地で営巣しているものと考えられる．造成時に大きな樹木が導入されたとはいえ，まだ若い森であるために樹洞がないこともシジュウカラのような樹洞営巣性の鳥類が営巣できないでいる原因であろう．ウグイスの繁殖にはササ藪の面積がちょっと足りない．また，疎林性のモズは年間通して生息しているが，まだ巣や巣立ち雛は見つかっていない．水辺の鳥では，カワセミが土崖に巣穴を掘りかけて中断した古い跡が2002年春に見つかってい

るほか，池ではカルガモとアヒルが繁殖したが，狭さや草刈の影響もあり，オオヨシキリなど他の水辺の鳥が繁殖する可能性はいまのところ低い．このように「いのちの森」の繁殖地としての評価は，まだまだ低いといわざるをえない．繁殖地としては面積が0.6haでは狭すぎると考えられ，たとえばシジュウカラのなわばり面積は約1haといわれている．「いのちの森」の場合は，隣接する日本庭園や都市公園部分と一体となって，かろうじて樹林性の野鳥の繁殖が可能な樹林面積となっているのだと思われる．

(6)「いのちの森」の8年間から見えてくるもの

ビオトープ開設後8年間の継続調査によって，市街地の真ん中に創出された生息地への鳥類相の飛来・定着過程の一端，すなわち冬鳥は2，3年という比較的短期間に主な種は飛来・定着すること，留鳥で定着性の強い小鳥類の飛来には時間がかかること，あるいは孤立した森では新たな侵入・定着を期待することがむずかしいこと，などが明らかになってきた．また樹種が多く導入されたビオトープでは，とくに冬季に樹林面積の割に多く種類の鳥類の飛来が期待できると考えられた．

今後，都市に新たに森を創る際に必要なことは，都市の森の成熟には時間がかかることを考慮すること，周囲から野鳥が飛来・定着する可能性を見極めること，目標とする種あるいは群集の生息および繁殖が成り立つために必要な面積を確保することといえるだろう．「いのちの森」における8年間の記録は，都市緑地において野鳥を保全していくうえで，貴重な示唆をわれわれに与えてくれている．

▶ 引用・参考文献

橋本啓史・村上健太郎・森本幸裕（投稿中）
由井正敏（1997）「鳥類の個体数の調べ方」山岸哲編著『鳥類生態学入門――観察と研究のしかた』築地書館, 63-73 頁.
Conner, E.F. and E.D. McCoy. (1979) The statistics and biology of the species-area relationship. *The American Naturalist*, 113:791-833.
Cam, E., J.D. Nichols, J.R. Sauer, R. Aloizar-Jara, and C.H. Flather (2002) Disentangling sampling and ecological explanations underlying species-area relationships. *Ecology*, 83: 1118-1130.
日本鳥学会（2000）『日本鳥類目録――改訂第 6 版』日本鳥学会.
Askins, R.A. (2000) Restoring North America's birds-second edition, Yale University Press. 『鳥たちに明日はあるか――景観生態学に学ぶ自然保護』文一総合出版.
Atmar, W. and B.D. Patterson, (1995) *The nestedness temperature calculator:a visual basic program, including 294 presence-absence matrices*, AICS Research, Inc., University Park, NM and The Field Museum, Chicago, IL,
http://www.fmnh.org/research_collections/zoology/nested.htm
Askins, R.A., H. Higushi, and H. Murai (2000) Effect of forest fragmentation on migratory songbirds in Japan. *Global Environmental Research*, 4: 219-229.
樋口広芳・塚本洋三・花輪伸一・武田宗也（1982）「森林面積と鳥の種数の関係」『Strix』1: 70-78.
村井英紀・樋口広芳（1988）「森林性鳥類の多様性に影響する諸要因」『Strix』7: 83-100.
日野輝明（2002）「森林性鳥類群集の多様性」山岸哲・樋口広芳共編『これからの鳥類学』裳華房, 224-249 頁.
冨田良雄（1991）『アオバズクを追って――アマチュア写真家の生態観察』自費出版.
山岸哲監修, 江崎保男・和田岳編著（2001）『近畿地区・鳥類レッドデータブック――絶滅危惧種判定システムの開発』京都大学学術出版会.
京都府企画環境部（2002）『京都府レッドデータブック 2002 ――上・野生生物編』京都府.
日本野鳥の会静岡県支部（1982）「静岡市におけるアオバズクの分布と生息環境」『Strix』1: 93-102.
橋本啓史・澤邦之・森本幸裕・西尾伸也（2004）「京都市街地都市林におけるアオバズクの生息環境適合度モデル」『ランドスケープ研究』67: 483-486.
橋本啓史・中村進・長谷川美奈子・川村晟・榎本剛浩・夏原由博・須丿恒・森本幸裕（2003）「都市内復元型ビオトープにおける鳥類相の変遷」『平成 15 年度日本造園学

| 第2章 | 野生生物と都市 —— 孤立林 |

会関西支部大会プログラム研究発表要旨』7-8 頁.

Hashimoto, H., J. Dong, J. Imanishi, and Y. Morimoto (2004) Extraction of stepping-stone corridors for birds in urban areas using remote sensing and GIS. *Proceedings of the IUFRO International Workshop on Landscape Ecology 2004, Japan*：68-71.

▶ ··· 註

1) 共分散分析では，まず2本の回帰式の傾きが平行か否か，つまり面積による種数の増加傾向がどちらの季節でも一定かどうか（交互作用の有無）を検定する．平行性が棄却されれば，2本の回帰式は別物であるといえるが，平行性が棄却できなかった場合は，次に調整された平均値，つまり回帰式を用いて推定したある同じ面積における種数，の差の検定を行う．この調整された平均値に差が認められれば，回帰式は平行であるが高さが異なることとなり，2本の回帰式は別物であるといえる．
2) 統計的な検定の厄介なところは，"差がある"ということは一定の危険率（第1種の過誤：本当は差がないのにまちがって差があるといってしまう確率）の下で"二者は同じである"という帰無仮説（否定したい仮説）を棄却することによって可能であるが，帰無仮説が棄却できなかったから"差がない"ということはできない点にある．それでも，十分なサンプル数があって，検出力，つまり1から第2種の過誤（本当は帰無仮説が正しくないのにまちがって仮説を採択してしまう確率）を引いた値，が 0.8 以上ならば同等性を主張してもよいとされることもある．しかし，今回の検定の検出力は，非常に低かった（それぞれ 0.067 と 0.135）ことから，得られた種数の割合についての回帰式は，"繁殖期と越冬期で同じ"と現時点で結論づけることはできない．
3) このプログラムの結果は，グラフィックでのみ出力されるなど，後々の解析にいろいろと不便な点も多い．分析した種や調査地が出力結果の表のどの列または行に相当するのかについても，自分で元のデータとつき合わせていかなくてはならない．
4) 本稿執筆直後の 2004 年 6 月に「いのちの森」でははじめて繁殖期にコゲラの生息が観察された．営巣はまだ確認できていないが，ケヤキの枯れた大枝が散見されるようになってきているので，営巣可能な環境は整ってきているのではないかと思われる．

▶ ·· **関連読書案内**

R.A. アスキンズ著，黒沢玲子訳（2002）『鳥たちに明日はあるか──景観生態学に学ぶ自然保護』文一総合出版.

山岸哲監修，江崎保男・和田岳編著（2001）『近畿地区・鳥類レッドデータブック──絶滅危惧判定システムの開発』京都大学学術出版会.

伊藤嘉昭・山村則男・嶋田正和（1992）『動物生態学』蒼樹書房.

前田琢（1993）「鳥類保護と都市環境──鳥のすめる街づくりへのアプローチ」『山階鳥類研究所研究報告』25: 105-136.

守山弘（1997）『むらの自然をいかす』岩波書店.

村井英紀・樋口広芳（1988）「森林性鳥類の多様性に影響する諸要因」『Strix』7: 83-100.

山岸哲編著（1997）『鳥類生態学入門──観察と研究のしかた』築地書館.

山岸哲・樋口広芳共編（2002）『これからの鳥類学』裳華房.

第 3 章
野生生物と都市 ── 水辺

須川恒
Hisashi Sugawa

Section
3-1

都市河川と水鳥

1 はじめに

　都市河川というと安全第一で，コンクリート護岸された三面張りの溝のような河川をイメージし，またそのような場所には少数の水鳥が偶発的に渡来する程度だと思ってしまう．しかし，京都市内の鴨川などの都市河川で近年起こっている現象はこれらのイメージとはまったく異なっている．鴨川は観光都市京都の重要な景観を形づくっているだけでなく，ここ30年ほどの間に多くの水鳥が生息するようになった．しかも，これらの水鳥の中にはダイナミックな渡りの生態が判明しつつある種もある．
　まず，鴨川で越冬を開始したユリカモメについて，さらに他の水鳥の定着過程と水鳥の生息環境となった都市河川の環境について紹介し，生物親和都市を形づくるうえで都市河川と水鳥をどのように考えればよいかについて述べる．

第3章 野生生物と都市 ── 水辺

写真1 ユリカモメ（成鳥，冬羽）

2 ユリカモメの都市河川への定着

（1） 越冬をはじめたユリカモメ

ユリカモメは日本全国で越冬する小型のカモメである．冬羽は頭部が白く，嘴は赤く，つぶらに黒い瞳のうしろに黒褐斑がありかわいい顔をしている（写真1）．夏羽（繁殖羽）は，頭部が黒褐色で嘴は暗赤色となる．英名の Black-headed Gull はユリカモメの夏羽をあらわしている．幼鳥は，翼の上面に褐色味があり，尾の先には細い黒帯がある．

　水生昆虫や小魚など水生の餌を採食することが多いが，人が与えるパンくずやゴミのようなものまで，多様な餌を採食する．小さな餌をピンセットの

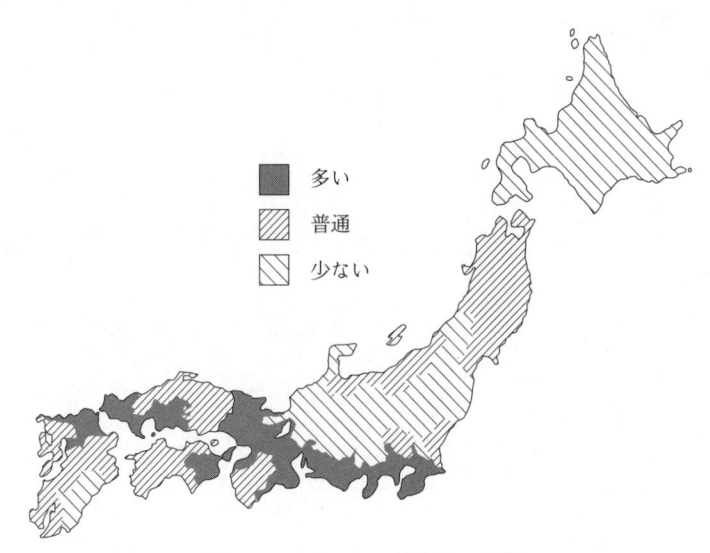

図1a　ユリカモメの越冬期の分布

ようにつまんで食べることもできるし，潜水して小魚を捕らえたり，空中を飛ぶトンボなどを大口を開けて捕まえたりと，ジェネラリスト（なんでもや）の食生活をしている．

　越冬数のとくに多いのは北九州から京阪神，東海，関東にかけての人口密度の高い地帯である（須川 1983, 1984）（図1a）．多くのカモメ類は海辺や港に生息していることが多いが，ユリカモメは内陸の湖沼や河川の中流域でも越冬する．

　ユリカモメの古語は「都鳥」であるが，平安京の時代に京都にはいなかった．伊勢物語では墨田川で在原業平一行が出会った際に「都鳥」という名を船頭から聞き，「京には見慣れない鳥」だと記している．実は，都鳥の都とは難波の都や平城京であり，万葉集にユリカモメと思われるカモメの和歌が掲載されている．

第3章 | 野生生物と都市 ── 水辺

図1b　1970年代に越冬地拡大や越冬数増加が起こった地域
　　　（須川 1984 195頁図1より）

　ユリカモメが京都市内の河川に越冬するようになったのは1974年1月から2月にかけて数百羽が渡来したのが最初で，その後滞在期間が長くなり，現在では10月下旬から4月にかけて滞在する（須川 1984, 1985）．

　図1bに示すように，1970年代に，国内の多くの地域でユリカモメの越冬地の拡大や越冬数の増加が起こった．

　ユリカモメの越冬数は，図2に示すように，市街地の中心部の鴨川（および高野川）の20kmの区間（図3）で，1980年後半に7000羽を越えるまでに増加した．また丸太町橋〜出町柳付近の約1.7kmの区間でも80年代以降毎冬500〜1000羽の越冬数を示した．1980年代後半から減少傾向を示すものの，鴨川では数千羽のユリカモメが越冬している（長谷川 2000）．

3-1 都市河川と水鳥

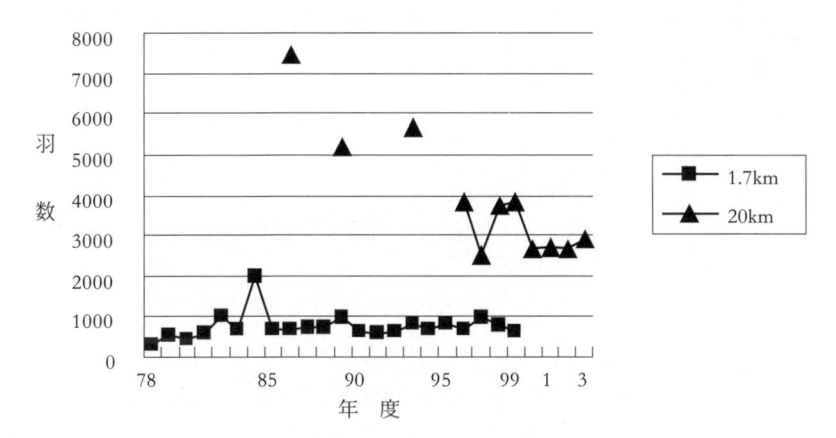

図2 鴨川におけるユリカモメの越冬数の経年変化
■：鴨川丸太町橋〜出町柳区間（約1.7km）における越冬数
1978〜2000年にかけ，鴨川の約1.7km区間（鴨川10.8〜12.5km区間：丸太町橋〜出町柳付近）で行われたユリカモメを含む主要水鳥の継続カウント（長谷川2000）より．年間96回〜272回の調査から，毎冬の越冬期間（10月〜翌年5月まで）の5日毎の平均値が示されており，毎冬の最多値をもってその冬の代表値とした．
▲：鴨川17kmと高野川3kmの計20kmの区間における越冬数．民間団体「ユリカモメ保護基金」他がカウント調査を行なっており，その冬の最多記録を示す．
ユリカモメ保護基金（http://web.kyoto-inet.or.jp/people/kamome/）

　ユリカモメが鴨川に滞在するのは昼間のみで，夕方に京都市街地の東にある東山を越えて，夜を過ごす琵琶湖方面へ向かう．ユリカモメが夕方に塒に向かう群れのようすは壮観である．鴨川から飛び立ったユリカモメの群れは，大きな渦を描きながら段々と高く舞いあがり，上空をしばらく旋回する．旋回する群れは，向きによって夕日にあざやかに照らし出される．
　この群れが琵琶湖のどこで寝るかをつきとめるために，琵琶湖湖岸の数か所に観察地点を設け，時間を追って移動するユリカモメの方向と個体数を記録し，後でそれらの記録をつきあわせた（須川1986）（図4）．東山を越えたユ

第3章　野生生物と都市 —— 水辺

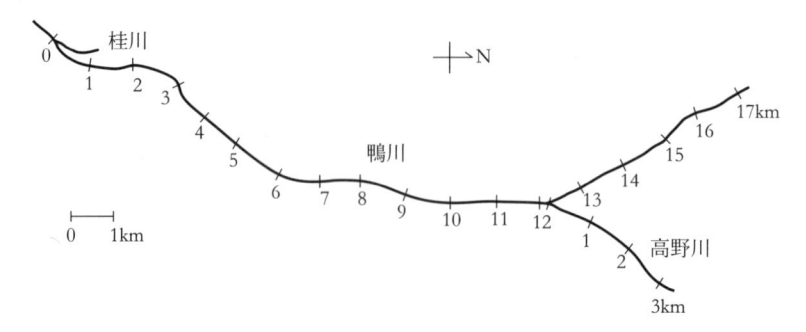

図3　主たる調査をした鴨川と高野川
　　　鴨川は桂川との，高野川は鴨川との合流点からの距離を示す．

リカモメは，3分後には琵琶湖の南端大津市にあらわれ，向きを北に変え，京都を出発して約50分後，京都から40kmもはなれた琵琶湖西岸の北小松の湖岸近くにいったん羽を休めた．次々にやってくる群れが加わり，沖合い3kmほどのところに移動して夜を過ごした．日によっては琵琶湖内の別の場所や，鴨川を降って大阪湾で夜を過ごすこともあるとわかった．朝はこういった塒から逆のコースで京都市内に入り込んでくる．このような「ユリカモメの通勤」についての観察記録を集めた写真集『ユリカモメの通勤』(藤本1998)も出版されている．

　1974年にユリカモメが京都へ侵入するより前から琵琶湖には毎冬ユリカモメは渡来していた．越冬するカモメ類は，湖や海などの開けた水面で集団塒で夜を過ごすことが知られており，京都に侵入してからも琵琶湖で夜を過ごすという塒場所に変更はない．1970年代中頃に京都だけでなく，全国各地にユリカモメの越冬数が増加して新たに越冬地になっている地域が多いことから，日本にやってくるユリカモメの越冬数が増加したと思われた．越冬数が増加したものの，琵琶湖では冬期には淡水魚は湖の深みに移動して採食しにくいため，浅瀬が多く効率よく採食できる場所として一山越えた鴨川など

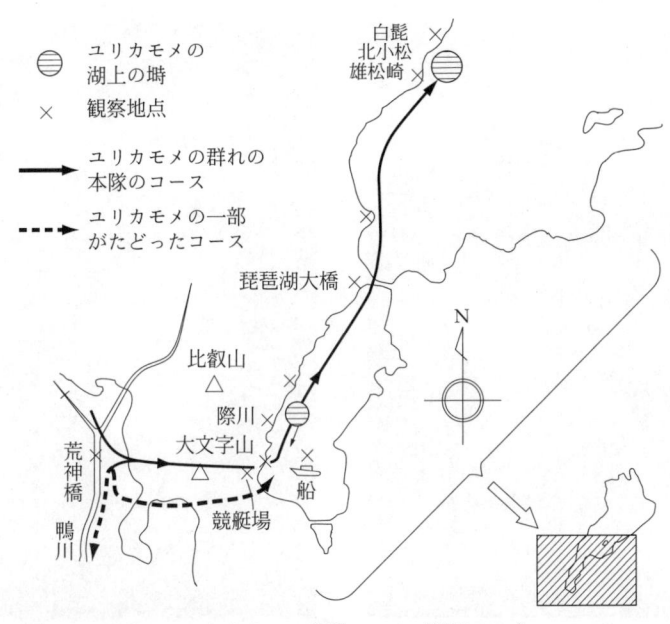

図4　ユリカモメのねぐらへの移動ルート（須川 1986）

の都市河川をユリカモメは発見したのではないかと思われた．

1970年代に日本におけるユリカモメが越冬数の増加があったとすれば，それに対応するような変化がユリカモメの繁殖地でも並行しておこっているはずである．しかし，当時日本に渡来するユリカモメがどこで繁殖しているかの情報はまったくなかった．

(2)　ユリカモメの渡りの解明と個体数増加

1970年代の終わりに鴨川をはじめ国内の多くの越冬地で金属標識をつけた

第3章　野生生物と都市 —— 水辺

写真2　カムチャツカにおいてユリカモメへ標識（左），鴨川において確認（右）

ユリカモメが発見され，1979年よりユリカモメへの捕獲標識調査を鴨川ではじめたことがきっかけとなってロシアの研究者と情報交換ができ，繁殖地として重要な場所がロシアのカムチャツカ半島であることが判明した．カムチャツカ半島では，ユリカモメは河川周辺の湿原などで集団営巣する．カムチャツカ州都ペトロパブロフスク・カムチャツキー近くのアバチャ川河口の三角州内にあるクラマビツキー湖のまわりにユリカモメの集団営巣地（コロニー）があり，カムチャツカ在住の鳥類学者によって1970年代から金属足環により，また1990年から日本で作成した観察によって個体識別が可能なカラーリングによって多数のユリカモメに標識調査が行われてきた．調査は7月にコロニーに入り巣立ち直前のまだ飛べない鳥を捕獲して行った（写真2）．

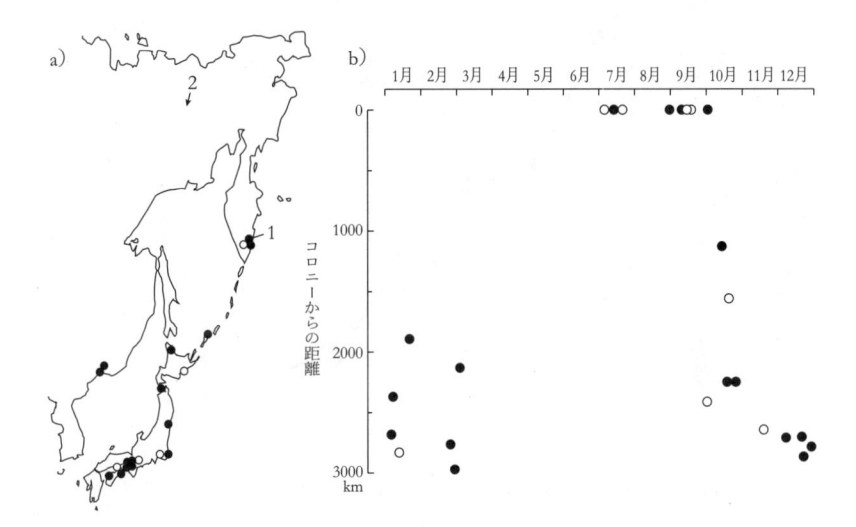

図5 ユリカモメの標識鳥の回収記録
    a クラマビッキー湖(1)での標識鳥と回収地点(●○)とヤクーツク東北部(2)での標識鳥の日本国内回収地点(▲), ●▲：標識後1年未満, ○：標識後1年以上.
    b クラマビッキー湖コロニーの標識鳥の回収地点のコロニーからの直線距離と回収時期を示す.
(須川 1984 197頁図2より)

　その結果，このコロニーを巣立った個体は，コロニーから2000〜3000km離れた鴨川など日本国内で広く越冬していることが確認され，また翌年以降の繁殖期には，標識個体はこのコロニーに戻ってくることが確認された（須川1984）（図5）．一方，京都市内の鴨川で越冬するユリカモメを多数捕獲して，個体識別されたカラーリングによる標識調査を行ったところ，多数の個体が翌冬以降京都市内に戻ってくることが確認された（須川1984）（図6）．
　カムチャッカと日本で並行して行われた標識調査によって，コロニーから

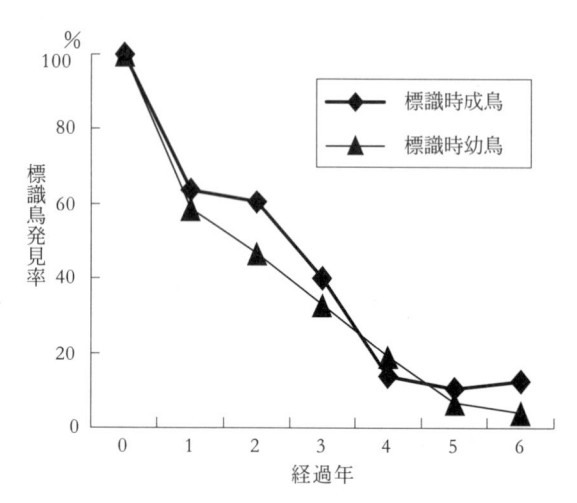

図6 ユリカモメの標識後の経過年と標識鳥の京都市内における発見率. 1979〜1986年の観察記録より作成.

巣立ったユリカモメの幼鳥は,日本国内に広く分散して越冬するが,以後は最初の冬を過ごした越冬地と,巣立ったコロニーを往復するという基本的な渡りのパターンが判明した.

日本に渡来するユリカモメの重要な繁殖地と判明したカムチャッカ半島において,日本国内の変化と対応するように営巣数の増加が起こっていた.クラマビッキー湖周辺では,1967年にはじめて小さなコロニーが見つかり,1970年代に営巣数が増加して数万つがいが営巣するようになった.このように営巣数が増加して,日本へ越冬のために渡来する数が増加したことが,越冬地の拡大や越冬数増加につながったものと思われる.

では,極東におけるこのようなユリカモメの個体数の増加はどのような原因でおこったものであろうか.いくつもの要因があると思われるが,注目すべきなのはユリカモメと人間との関係の深さである.ユリカモメの越冬分布

域は国内でも比較的人口密度の高い地域であり，しかも鴨川のように都市の中に新たな採食地をみつけて越冬しはじめたケースが多い．また，カムチャツカで営巣数の急増が観察されたクラマビツキー湖のコロニーも近くに大都市がある．

なお，カムチャツカの研究者（Y. ゲラシモフ）によると，クラマビツキー湖周辺のコロニーは，乾燥化が進み，500kg もあるヒグマが営巣期にユリカモメの卵や雛を大量に採食することから，ユリカモメの営巣数は近年減少している．前述したように鴨川においてユリカモメの越冬数が減少したことと関係しているかもしれない．

3 さまざまな水鳥の都市河川への定着

(1) カモ類と魚食性水鳥の都市河川への定着

鴨川が文字通り「鴨」川として多数のカモ類が越冬するようになったのは，1980年代後半からである．鴨川でよく見られるようになったカモ類は水面採食カモ類（陸鴨類）と総称されるマガモ属のカモ類（写真3）で，琵琶湖に多い潜水するタイプのカモ類はほとんどいない．これらのカモ類は，図7に示すように，少数は1980年代初頭にも出現していたが，安定して越冬するようになったのは1980年代後半である．オナガガモの越冬数が急増し，次いでヒドリガモ，カルガモ，コガモなどのカモ類の越冬数が増加し，多様なカモ類が身近に見られるようになった．

鴨川でカモ類が越冬する前に京都市内では1970年代に深泥池に越冬する鴨類が増加した（須川・中田 1981）．これは1975年より深泥池が鳥獣保護区として狩猟が禁止されたことが主な要因と考えられた．安全に生息できる池

第3章 | 野生生物と都市 —— 水辺

| ヒドリガモ | マガモ |
| オナガガモ | カルガモ |

写真3　鴨川でよく見られるカモ類

があることが，カモ類が鴨川などの近くの河川に進出する際に助けになったと思われる．

　鴨川ではサギ類などの魚食性水鳥も多く見られるようになった．

　鴨川では1970年代の後半からコサギが越冬するようになったが，1980年代末まで他のサギ類が確認されることはきわめて少なかった（大林 1990）．1990年代に入って，アオサギやダイサギなどのサギ類が越冬するようになり，また，カイツブリやカワウなども越冬するようになり，魚食性水鳥の種が多く見られるようになった．

　サギ類が多く越冬するようになったことと深く関係すると思われるのは，

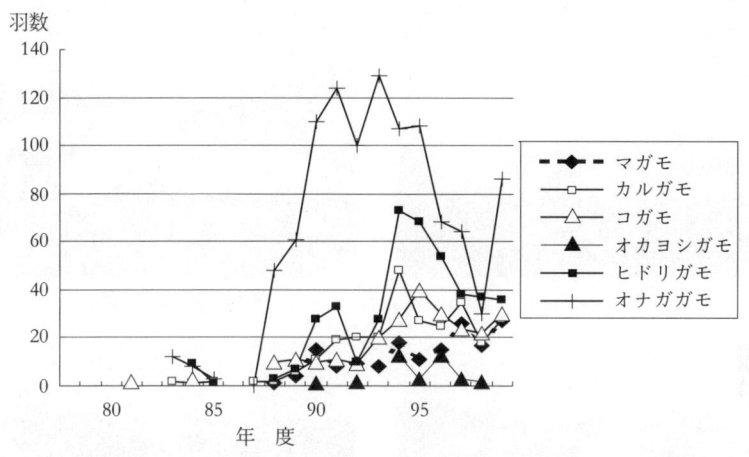

図7 鴨川におけるカモ類の越冬数の経年変化 （長谷川 2000 より作成）

サギ類が市街地で集団営巣するようになった点である．1980年代には街路樹でササゴイが集団営巣し，また京都市動物園でケージ内のサギ類に誘われケージ外にゴイサギのコロニーができた（須川 1991）．さらに，1990年代半ばより京都市左京区黒谷金戒光明寺敷地内針広混交林にサギ類（アオサギ，コサギ，ダイサギ，チュウサギ，少数のアマサギ）の混合コロニーが確認され（佐々木 2001），多様な魚食性水鳥が市街地に生息するようにった．

(2) 河川環境，河川敷利用者と水鳥の分布

　都市河川は治水・利水の場としてはもちろん，河川敷は公園として整備されることも多い．さまざまな整備によって形成される河川環境が，人々の河川敷利用とどのようにつながっているか，また水鳥の分布とどのように関連しているかを，学生実習の調査結果から紹介する．

第 3 章　野生生物と都市 —— 水辺

鴨川 5km 付近	鴨川 11km 付近（亀石）
鴨川 14km 付近	高野川 2km 付近

写真 4　鴨川と高野川の景観

　鴨川の景観要素で大きいのは落差工である．これは 1935（昭和 10）年の洪水を契機に，洪水時の流速を制御する目的で作られたもので，河川傾斜が急となる上流の区間に多く設置されている．落差工があることで流れの緩やかな浅瀬が多い河川となっている（表 1，写真 4）．7km 地点付近より上流部は公園としてよく整備されている．歩きやすさ，ベンチやゴミ箱の数などの項目にそれがあらわれている．歩いて河川を横断できる亀石型の置物もある．
　このような整備状況を反映して，鴨川の河川敷を利用している人が多いのは，鴨川の上流の区間（7〜17km 区間）である（図 8）．ただし，下流部の 3〜4km 区間のように，公園化されているが利用者がほとんどいない区間も

都市河川と水鳥　3-1

表1　鴨川における河川環境の諸特性の区間別状況（2003年12月）

河川名			鴨川																高野川		
単位																						
始点	km	0	1	2	3	4	5	6	7	8	9	10	11	12	13	14	15	16	0	1	2
終点	km	1	2	3	4	5	6	7	8	9	10	11	12	13	14	15	16	17	1	2	3
区間名		下鳥羽	上向島	中島	竹田	水鶏橋	勧進橋	東山橋	七条	五条	三条	丸太町	一条	下鴨	出雲路	内河原	御園	朝露原	泉川町	高野	高野町	泉町
河川敷幅	m	107	100	115	110	86	80	73	72	75	57	75	96	77	87	66	55	60	46	44	39
高水敷幅	m	70	71	88	66	52	37	33	7	14	11	13	43	17	37	31	21	27	20	24	13
低水路幅	m	38	29	27	44	34	43	40	65	61	46	62	53	60	50	35	34	33	26	20	26
標高	m	10	14	15	16	21	25	22	28	29	37	42	46	53	60	79	88	97	54	60	69
落差工数	数	1	0	1	1	2	1	3	3	1	3	2	4	5	5	7	6	4	3	3	3
州の割合		0.1	0.1	0.7	0.5	0.3	0.0	0.0	0.3	0.1	0.1	0.3	0.4	0.5	0.5	0.4	0.6	0.7	0.5	0.6	0.4
橋	数	0	1	2	4	2	2	3	3	3	3	4	1	2	2	3	1	1	2	2	2
小川	数	0	0	0	0	0	3	1	1	0	1	3	3	0	0	3	3	3	3	3	1
水辺植物	ランク	5	4	5	4	4	2	3	3	2	2	3	4	4	4	4	4	4	4	4	3
水の濁り	ランク	1	3	2	3	3	4	4	4	4	3	3	3	3	3	3	3	4	4	4	4
水の匂い	ランク	1	1	1	1	1	1	1	1	1	1	1	1	1	1	1	1	1	1	1	1
散在ゴミ	ランク	4	4	4	4	3	2	0	0	1	1	1	4	4	0	4	4	4	4	4	0
工事	有無	0	0	1	1	0	0	0	0	0	0	0	0	0	0	0	0	0	0	1	0
ベンチ	人数	0	26	36	158	0	0	0	0	22	0	210	252	106	300	338	76	367	20	68	0
ゴミ箱	数	0	0	1	0	1	0	0	0	0	0	11	21	6	21	25	13	26	0	0	0
歩きやすさ	ランク	2	2	3	3	2	2	3	2	3	2	2	3	3	4	4	4	3	3	3	2
高水敷緑地	ランク	3	3	3	4	3	3	4	2	3	3	4	5	5	4	4	4	4	4	4	4
水辺降下	ランク	3	2	2	3	3	2	3	2	3	2	2	2	1	2	2	2	1	1	3	2
亀 石	数	0	0	0	0	0	0	2	0	0	0	1	1	0	0	1	0	0	0	1	0

河川敷幅等は目測や歩測、2500分の1の地図からの読み取りによる。中州：低水路中の割合、小川：中洲と低水路護岸の間などにできる小川のような流れ、水辺植物・高水敷緑地：1（ない）～5（かなり多い）　水濁り・散在ゴミ：1（かなり汚濁・ひどい）～5（清い・ほとんどない）　歩きやすさ：1（歩けない区間あり）～5（歩きやすくバリアフリー対応）　水辺降下：1（降りにくい）～3（降りやすい）
亀石：川を徒歩で横断できるようにした亀石型の設置物
（京都教育大学野外実習結果より）

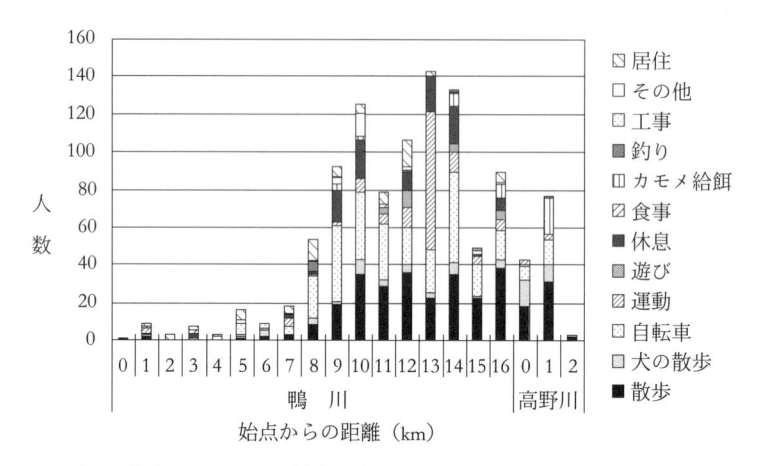

図8 鴨川における河川敷利用者の分布（2003年12月）
2001〜2003年（12月）京都教育大学の環境学系学生の野外実習（4日間の環境アセスメント実習）として，図3に示す鴨川の20kmの区間を3班に分けて水鳥の分布，河川環境，人の河川敷利用の全域調査を行った．

ある．河川敷の利用内容は，自転車による通行，運動，休息，あそびなどの場や，釣り，写真撮影，野鳥観察，ユリカモメへ給餌など河川の自然にかかわるものも多い．また，橋の下に居住している人もいる．

水鳥の個体数は，公園として整備されている上流部の区間（7〜17km区間）では多い傾向がある．ユリカモメとカモ類の分布はいずれも上流部の区間で多く，下流部では少ない（図9，図10）．ただし，魚食性水鳥の分布（図11）は，ユリカモメやカモ類とは異なって比較的全域に分布する．

人が多く利用している区間にユリカモメやカモ類などの水鳥が多いのは，ユリカモメなど一部の種については給餌をしている人によって数が多くなっている可能性がある．加えて，多くの人がいる場所は，より安全な場所とし

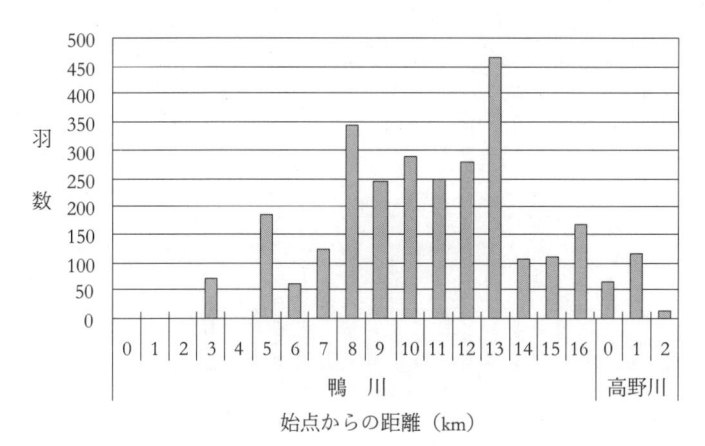

図9　鴨川におけるユリカモメの分布（2003年12月）
　　（京都教育大学野外実習結果より）

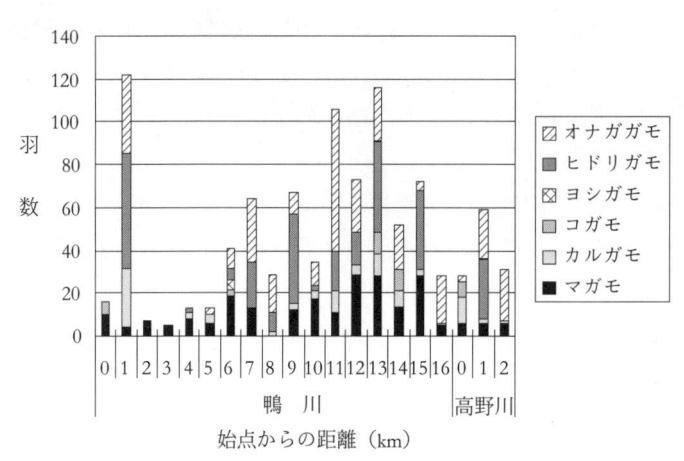

図10　鴨川におけるカモ類の分布（2003年12月）
　　　（京都教育大学野外実習結果より）

第3章　野生生物と都市 —— 水辺

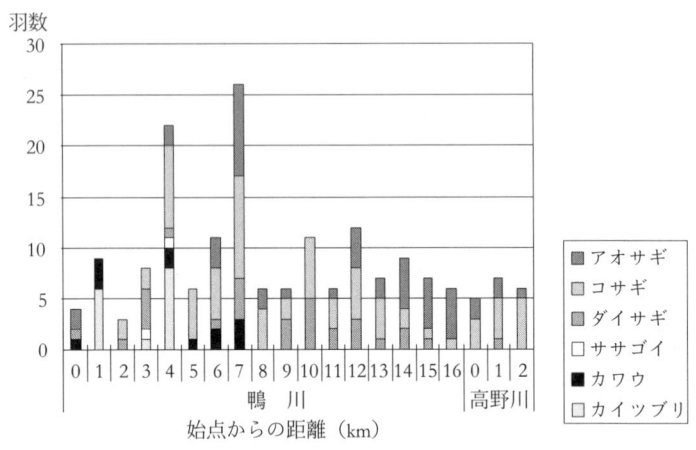

図11　鴨川における魚食性水鳥の分布（2003年12月）
（京都教育大学野外実習結果より）

て選択されている可能性がある．カモ類は冬期間（11月中旬から翌年2月中旬まで）狩猟の対象となっており，狩猟が可能な区域では，人をみると射程外に逃げようとする．一方鴨川などの都市の河川では，多くの人がいる区間は安全な場所として認識されており，通行人のすぐかたわらでカモ類が採食している情景も随所に見られる．

　上流部における河川敷の公園整備は少なくとも水鳥の分布にマイナスの影響は与えていないようであるが，なにが水鳥の分布を決めているかはよくわからない．ユリカモメやカモ類は河川内で多様な採食法を示すので，どういった条件が水鳥の多様な採食を支えているのかをきちんと把握する必要がある．

4 都市河川環境保全と水鳥保護のための視点

(1) ビオトープ空間としての都市河川

　多くの水鳥などが渡来し多様な生物が生息する環境を活かして，ネーチャーセンターや，調査や啓発を行えるスタッフをかかえるビオトープ型の公園が各地でつくられており，地域の自然財の啓発や環境教育のうえで大きな役割を果たしている．鴨川も，水鳥を生かしたビオトープ型の公園と位置づけることが可能である．

　近年学校内にトンボなどが多数やってくる小さな池を中心とするビオトープ（いわゆるトンボ池型ビオトープ）を地域の人々と協力してつくる環境教育が試みられている例が多い．このような学校内にあるビオトープを「学校ビオトープ」とよぶとすれば，身近に行ける学区内に「学区ビオトープ」というものを考えることができる．これはカイツブリ池型ビオトープ（学校近くにある自然度の高い池）とか，安全に水辺と接することのできる川調べ（川遊び）ビオトープ，シジュウカラ林型ビオトープ（学校林といわれるもの）といったもので，学区内にある池や川，森を環境教育の場として位置づけて活用するものである．

　鴨川は河川敷公園として多数の人に利用され，さらに多くの水鳥が生息するいわば帯状の水鳥公園となっている．京都府は1997年から10年間市街地を流れる鴨川に，下鴨神社・府立植物園・上賀茂神社などをふくめた鴨川鳥獣保護区（257ha）を設定した．私は，この保護区設定にあたっての公聴会の際に，多くの都市住民に多様な水鳥の存在や価値を啓発する場として活用できると，保護区設定について賛成意見を述べた．

　鴨川を学区内に持つ小学校は，冬期には水鳥観察の場として鴨川を活用す

第3章　野生生物と都市 —— 水辺

る観察コースを設定し,「学区ビオトープ」として鴨川を活用できる．私が指導してきた小学校の野鳥観察会では鴨川（2〜2.6km付近）に隣接する西高瀬川，桂川の一部を含むコースを歩き，水鳥を多種類観察することができたため参加した生徒，教師，保護者の方に喜ばれた．大学の実習でも同じコースを使っている．

　鴨川の低水路内に中州が残っていることも多い．中州があると，表1に記録したように，護岸との間に小川のような流れができることがある．このような場所では，都心部にあって水草が生育し，小魚やトンボなどが多く生息する意外な場所となっている．夏期には，このような中州と岸との間にできる小川を，川調べビオトープとして活用することができよう．

(2)　都市鳥としての水鳥

　都市河川で生息する水鳥やその生態を理解するうえでは都市鳥という観点が必要である．都市鳥（urban birds）ということばは関東地方で1980年代から精力的に都市の鳥類の生態を研究してきた人達による造語である（唐沢 1987, 1991, 川内 1997）．単に都市に生息する鳥類というよりは，都市という環境に適応して生態を変容させ定着するようになった鳥というニュアンスを含む．種類は限られているが近年都市部で結構多くの野鳥が生息するようになっている．これは，戦争直後は貧弱であった緑地が生育し，意図的または非意図的な給餌によって餌が豊富であること，ツバメなどのように人工的建造物を利用して営巣場所を確保する種もいることなどによる．また，人が多くいることによって天敵から安全に守られるという点も重要である．

　それぞれの都市の性格や時代を反映して都市鳥として確認される種やその状況には違いがある．全国の主要都市の都市鳥についてのとりまとめの際に，京都市に関して，越冬鳥，繁殖鳥，集団塒などの情報をまとめた（須川

都市河川と水鳥 | 3-1

写真5　兵庫県伊丹市昆陽池公園で集団営巣するカワウ

1991)．その後の京都市における変化を見ると，鴨川の水鳥のように大きな変化が認められる．都市鳥は動的に変化していくものとして関心を持ち続ける必要がある．

　また，市街地は安全なために，集団営巣地や集団塒地ができて鳥が集中し，いろいろと問題がおこる場合がある．たとえば近年全国的に増加傾向にあるカワウは，比較的海岸部に近い緑地の多い公園などに集団営巣することがあり（福田ほか2002），兵庫県伊丹市昆陽池公園（中橋2003）などのように樹林の枯死や悪臭などの問題が起っている（写真5）．またカワウほどではないがサギ類の集団営巣地も同様の問題が起こることがある（佐々木2001）．

表2 京都市内で生息する水鳥の京都府レッドデータブックにおける
絶滅危惧のランクと根拠

季節別の個体数	減少している	減少していない
極めて少ない	絶滅寸前種	絶滅危惧種
少ない	絶滅危惧種	準絶滅危惧種 ササゴイ（繁殖） チュウサギ（繁殖） イカルチドリ（繁殖）
少なくはない	準絶滅危惧種 カイツブリ（繁殖）	ランク外

(3) 都市において絶滅が危惧される水鳥

近年鳥類でも地方版レッドデータブックの作成作業がすすみ，次世代に伝えるべき自然財の現状が地方単位に把握されつつある．絶滅危惧種（地球上からいなくなるということではなく地方的に個体群の消滅が危惧される種）として問題とされている種が市街地で生息している場合もある．身近な市街地でこのような種がどのような場所に生息しているかは，それらの種の保全策を多くの人々に考えてもらううえで重要と考える．

地方版レッドデータブックを作成する際には，作成する委員の主観的な判断で絶滅危惧種の選定や危険度のランクが決まってしまうことがある．しかし，鳥類のように熱心な観察者が多くいる生物群では，多くの情報を生かして，絶滅危惧種の選定や，絶滅危惧の危険度のランクについて検証可能な，客観的判定をすることが必要である．

鳥類の近畿地区版（山岸・江崎・和田 2002）や京都府版レッドデータブック（京都府 2002）では，それぞれの種の多少と，ここ 20 年間ほどの減少傾向のふたつの要素を組み合わせて絶滅危惧度のランクを判定した．また，鳥類は渡りをする種も多いので，各種の判定は，繁殖期や越冬期など季節別に行っ

表3 鴨川で繁殖する水鳥に関する経年状況

	1993	1994	1995	1996	1997	1998	1999	2000
カルガモ	◎	◎	◎	◎	◎	◎	◎ [*2]	◎
マガモ ([*1])	◎	◎	◎	◎	◎	◎	◎ [*2]	△
コチドリ	◎	○	△	△	△	—	—	—
イカルチドリ	—	—	—	△	◎	◎	◎ [*2]	◎ [*2]

—：生息を確認せず，△：生息を確認，○：抱卵を確認，◎：孵化を確認

* 1 アヒルと交雑している可能性があり
* 2 調査区間の中洲が除去され区間外で営巣した雛の確認（長谷川 2000 より作成）

た．表2に，京都市街地における該当4種（カイツブリ，ササゴイ，チュウサギ，イカルチドリ）の京都府レッドデータブックランク（いずれも準絶滅危惧種）とその根拠を示した．

1970年代には鴨川の中州でタマシギやカルガモの営巣が確認されていたが，その後河床整備などのために，ほとんど水鳥の営巣が確認されていなかった．1993年よりカルガモが営巣をはじめ，表3に示すように水鳥4種のそれ以降の繁殖状況が明らかにされている（長谷川 2000）．カルガモは中州が除去された年を除いて調査区間内で雛が孵化し，アヒルとの交雑の可能性はある種だが，マガモも中州で営巣した．一方チドリ類は，当初営巣が確認されていたコチドリがいなくなってイカルチドリの営巣が継続して確認された．

河川敷内で営巣する水鳥にとっては中州の存在が重要と思われる．1999年のように調査区間内の中州が撤去されるとカルガモ・マガモは調査区間内では抱卵ができず中州が除去されていない区間外で営巣し，中州がないため寄り州で営巣したイカルチドリは繁殖に失敗した．このようにこれらの種の営巣には，捕食者から逃れることができる中州の保全が重要である．

なお，カイツブリが市街地で営巣するためには営巣可能な池畔環境の保全が，またチュウサギやササゴイの営巣のためには営巣地となる林の保全が必

第3章　野生生物と都市 ── 水辺

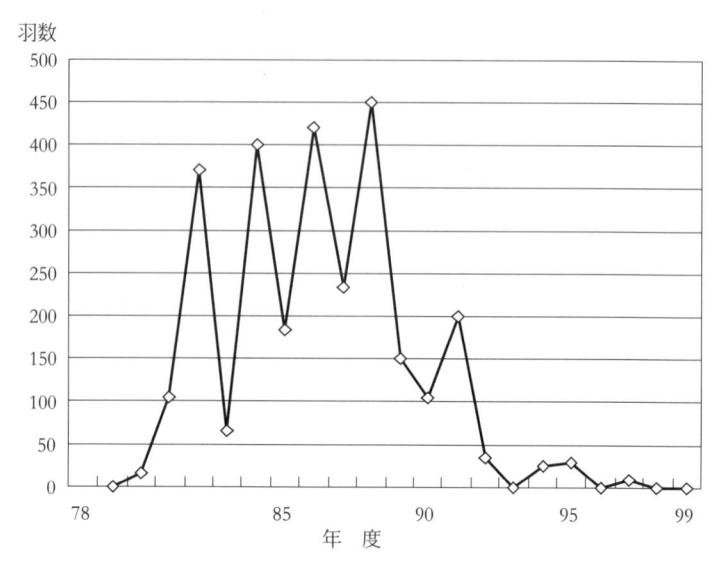

図12　鴨川におけるハマシギの越冬数の経年変化　（長谷川 2000 より作成）

要である．

　ハマシギは1980年代に鴨川で多数越冬していた．ハマシギの群れが鴨川を飛び回る情景は美しく，1990～1991年のNHK朝の連続テレビ小説「京，ふたり」のオープニング場面で全国的にも紹介されていたが，1990年代にはいって減少し，ほとんど渡来しなくなった（図12）．ハマシギは，京都府レッドデータブックの種に含まれていなかったが，このような劇的な減少の資料を根拠のひとつとしてハマシギの越冬個体群は少なくとも準絶滅危惧種としてあつかうことを検討すべきと考える．

(4) 広域的に移動する水鳥

　水鳥の多くは国境を越える長距離の渡りをし，また同じ季節であっても広域的に移動している．実際に自分が観察しなじんでいる水鳥がどのように移動しているかを知ることができれば，水鳥を契機に人々は広域的に水鳥が利用する湿地のつながりを感じることができる．

　現在，鴨川などでカラーリングで個体識別されたユリカモメの観察記録を大阪市立博物館の和田学芸員のホームページ（http://www.mus-nh.city.osaka.jp/wada/OBSG/Lr-rings.html）でよびかけており，観察者はホームページに集積された情報から，ユリカモメが翌年同じ越冬地に戻ってくること，越冬期に琵琶湖から大阪湾岸を広域的に移動していること，あるいは数千km離れた営巣地から飛来していることなどを知ることができる．

　さらに，カムチャッカで標識をしているロシアの鳥類学者が京都にやってくる機会があれば，ユリカモメの観察者にも参加してもらって講演会を開き，繁殖地のようすを紹介してもらっている．

　ユリカモメに関しては，鴨川のユリカモメを素材とした絵本やテレビ番組がいくつかある．京都在住の画家石部虎二氏作の絵本『ゆりかもめ』（石部・須川 1982）では，北の国で巣立ち，数千kmの渡りをして越冬地となる京都へはじめてやってきたユリカモメの幼鳥が，都市河川の中で生きるために，小魚や昆虫などの多様な餌をさまざまな手法で採ることを学ぶ第一日目を，あたたかく見守る人々のまなざしを込めて描いている．この絵本は，日本で出版された後，フランス（Ishibe, T. 1993）でも翻訳出版されている（写真6）．ユリカモメはユーラシア大陸で広く分布して多くの都市にも生息しており，このような物語が共感を得ると国境を越えて広がっていく．

　郊外の水鳥の集結地などにあるビオトープ型公園では，自然度の高さゆえに多くの目玉となる素材にはことかかないが，訪問するのは不便な場所が多

第3章　野生生物と都市 —— 水辺

写真6　ユリカモメの絵本

い．一方都会にあるビオトープ型の公園は多くの人々が容易に訪問できるが，専門家の目で興味深い種が多く生息しているとしても，いわゆる「蛍やカブトムシ」といった多くの人々に受けそうな目玉の生物はなかなか見られないために公園管理者が悩む場合が多い．

　ユリカモメのように，身近な生物に関心をもってもらえるような「参加型の調査」や多くの人々が共有できる「物語」をとおして，身近な生物が「蛍やカブトムシ」級の役割をすることができるようにすることが解決策だと考える．

(5)　湿地としての都市河川の活用・保全

　鴨川などの都市河川には，水鳥が多数渡来して生物親和都市を考えるうえでは無視できない空間が形成されている．一方，都市河川は治水や河川敷利用など多くの課題を抱えている．多くの水鳥が渡来するとしても，どのよう

な資源がそれら水鳥を支えているのかは未解明のままであり，ユリカモメやカモ類もハマシギのようにいつのまにかいなくなってしまうかもしれない．多様な生物が定着している現状を計画的に保全することが必要な段階になっていると考える．

ラムサール条約は1971年に締約され，1980年に日本も加入した国際的な湿地保全をめざす条約である．滋賀県の琵琶湖，名古屋市の藤前干潟のような登録湿地をはじめ，国内のすべての湿地に関して，湿地の価値を損なわないで持続的に利用するさまざまな手法を提起している（村上2001）．都市河川も湿地の一部であり，都市河川を生かして生物親和都市を考える場合に多くのヒントがある．

湿地と深いつながりがある水鳥の個体数や渡りのルートに注目し，流域全体を意識し，さまざまな立場の人々が現状を把握して順応的湿地管理計画を作成する重要性が指摘されており，これらは鴨川など多くの都市河川の今後を考えるうえでたいせつなアイデアだと考える．

湿地の持つ価値を幅広い立場の人々が共有するために，対話・教育・啓発の計画を持つ重要性が指摘されている点をとくに重要と考える．

▶ .... 引用・参考文献

須川恒（1983）「ユリカモメの京都への侵入」『遺伝』37（8）：24-25.
須川恒（1984）「極東アジアにおけるユリカモメの個体数増加」『海洋科学』16（4）：194-198.
須川恒（1985）「京都に住みついたユリカモメ」『動物と自然』15（2）：2-6.
長谷川美奈子（2000）『鴨川観察の記録（1978-2000）――ユリカモメ，カモを中心とし

て』私家版.
須川恒（1986）「ユリカモメ（その1）（その2）」『京都の動物Ⅰ』109-119頁, 法律文化社.
藤本秀弘（1998）『ユリカモメの通勤——京に勤めるユリカモメを追って15年』サンライズ出版.
須川恒・中田千佳夫（1981）「深泥池の鳥類相」『深泥池の自然と人 深泥池学術調査報告書』京都市文化観光局, 277-282頁.
大林誠司（1990）「鴨川の鳥類相について——1977-1979と1987-1989を比べて」京都大学理学部生物系卒業論文.
須川恒（1991）「京都市の都市鳥」『全国主要都市の都市鳥1990（都市鳥研究会編）』86-89頁.
佐々木凡子（2001）「京都府におけるサギ類の集団繁殖地の分布と保護」『Strix』19: 149-160.
唐沢孝一（1987）『マン・ウォッチングする都会の鳥たち』草思社.
唐沢孝一（1991）『ネオン街に眠る鳥たち 夜鳥生態学入門』朝日新聞社.
川内博（1997）『大都市を生きる野鳥たち 都市鳥が語るヒト・街・緑・水』地人書館.
福田道雄・成末雅恵・加藤七枝（2002）「日本におけるカワウの生息状況の変遷」『日本鳥学会誌』51（1）: 4-11.
中橋文夫（2003）「伊丹市昆陽池公園の計画設計監理, 並びに管理運営の報告」『KGPS Review』（No.2 March 2003）:77-89.
山岸哲監修, 江崎保男・和田岳編著（2002）『近畿地区・鳥類レッドデータブック——絶滅危惧種判定システムの開発』京都大学学術出版会, 225頁.
京都府（2002）『京都府レッドデータブック 上巻 野生生物編』京都府企画環境部環境企画課.
石部虎二・須川恒監修（1982）『ゆりかもめ』福音館.
Ishibe, T.（1993）Les Mouettes Sont Revenues（「またやってきたカモメたち」）. Ecole Des Loisirs.
村上悟編（2001）『ラムサール条約を活用しよう——湿地保全のツールを読み解く』琵琶湖ラムサール研究会.

▶ ………………………………………………………………………… 関連読書案内

唐沢孝一（1987）『マン・ウォッチングする都会の鳥たち』草思社.
川内博（1997）『大都市を生きる野鳥たち——都市鳥が語るヒト・街・緑・水』地人書館.

山岸哲監修,江崎保男・和田岳編著(2002)『近畿地区・鳥類レッドデータブック——絶滅危惧種判定システムの開発』京都大学学術出版会.
村上悟編(2001)『ラムサール条約を活用しよう——湿地保全のツールを読み解く』琵琶湖ラムサール研究会.これらの内容は以下のウェブサイトに掲載されている.
http://www.biwa.ne.jp/~nio/ramsar/projovw.html

髙田博 Hiroshi Takada
和田太一 Taichi Wada

Section 3-2

沿岸域の湿地再生と保全
——大阪南港野鳥園の事例

1 はじめに

　湿地（Wetland：ウェットランド）ということばは，都会の人々にはなじみが薄いかもしれない．しかし，生きものにとってこれほどたいせつな環境はないだろう．1971年にイランのラムサールで締結された「とくに水鳥の生息地として国際的に重要な湿地に関する条約」（ラムサール条約：いまでは，とくに水鳥のとは限定されない．日本は1980年に加入）によると，湿地というのは，自然のものか人工のものか，また水が淡水か塩分を含むものかに関係なく，「沼沢地，湿原，泥炭地」や「干潮時の水深が6mまでの干潟，浅海域，河川などの水域」と定義されている．

　私たちがここで取り上げる沿岸域の湿地としては，海と陸の接点にあって潮の干満にさらされる干潟がその代表といえる．干潟は大量の富栄養な生活排水が河川から海に流れ込むところに広がっている．そこでは，干潟に生息する多くの種類の生きものを核とした自然のしくみによって，窒素やリンなどが取り除かれ，海を浄化する機能が日々営まれている．また，干潟は，魚

や貝やカニなどたくさんの地球の生命を育てるたいせつな環境であり，渡り鳥や人間は干潟からの恩恵を大きく受けている．このような干潟としては，千葉県小櫃川河口の盤州干潟，東京湾の三番瀬干潟，伊勢湾の藤前干潟，三河湾の汐川干潟，徳島県の吉野川河口干潟，博多湾の和白干潟，周防灘の大分県中津干潟，有明海や八代海（不知火海）沿岸の干潟，沖縄の泡瀬干潟などがよく知られているが，これら以外にも，各地にたくさんある貴重な自然干潟がいまどんどん失われ，また危機にさらされている．

私たちの地元，大阪湾沿岸域の湿地（砂浜や干潟）はどうかというと，他の地域に比べるとかなり前から埋め立てがはじまり，いまではほとんどなくなってしまった．「干潟がどんなところで，どんな生きものがいるのか」を子どもの時に遊びの中で知ることはむずかしくなり，日常生活の中からも海がすっかり遠のいてしまった．

本節では，「大阪湾にシギ・チドリ類の楽園を」という目標のもとに，大阪湾奥部の埋立て地にある大阪南港野鳥園において，「沿岸域の湿地を人工的に再生しながら，生きものの生息環境を保全していく」という活動を地元環境NGO，行政，研究者，市民が協力してどのように行ってきたのか，また，そこで生活し，そこを利用する生きものたちの姿がどのような状況となってきたのか，さらには，埋立地での「終わりなき湿地づくり」のポイントや課題について紹介する．

2 自然湿地があった頃から南港野鳥園ができるまで

(1) 住吉の浜や住吉浦とは

南港野鳥園から東に直線距離で 9km の所に住吉大社がある．航海安全を祈

る海の神で,チンチン電車が走っている大社前の道が昔の海岸線だった.万葉の時代から,住吉の浜は歌にもよく詠まれていた.入り江や干潟や良港があり,潮干狩りの名所としても親しまれ,西側には大阪湾や淡路島が望める風光明媚な地であった.そして,木津川と大和川河口に挟まれたところには広大な沿岸域の湿地があり,住吉浦(現在の住吉川周辺)とよばれていた.

(2) 干拓や埋立てによる湿地の変化

江戸時代,新田開発のために住吉浦の干拓がはじまった.さらに,1900年代初期からは住吉浦の埋め立てがはじまり,工場や火薬庫が建設されていったが,海の埋立てはなく,干潟やヨシ原などが住吉浦の埋立地にはまだ残っていた.しかし,その後1933年に,住吉浦のすぐ前の海域である南港(大阪港に通じる航路の南突堤の南側海域)の埋立てが開始された.工事は1980年代まで続き,総埋立て面積は約1000haにも及ぶ大規模なものであった.この埋立てによって,住吉浦に残っていた自然湿地は完全に消滅し,このあたりの湿地といえば,南港の埋立て途上地に一時的に放置された場所だけとなっていった.

(3) 渡り鳥とくにシギ・チドリ類の利用環境の変遷

沿岸域の湿地,とくに干潟には,魚類,カニなどの甲殻類,貝類,ゴカイなどの多毛類をはじめ実に多様な生命が生息しているが,それらを餌としているシギ・チドリ類という渡り鳥が湿地の豊かさやたいせつさをわれわれに教えてくれる.日本国内で見られるシギ・チドリ類の多くは,越冬地が東南アジアやオーストラリアで,春になると越冬地から繁殖地のシベリアに向けて長距離の渡りをし,繁殖が終わる秋になると越冬地に向かって南下する.

シギ・チドリ類は，この春（4〜5月）と秋（8〜9月）の渡りの際に，中継地（一部の種では越冬地）である日本や韓国や中国の干潟で餌を取ることから，彼らにとってたいせつな中継地の干潟を国際的な協力のもとに保護することは，人間としての大きな努めである．

シギ・チドリ類にとって，住吉浦が昔から大阪湾岸の主要渡来地となっていたことは，過去のデータからも容易に推測できる．1940年までの住吉浦の鳥類目録では，国内の干潟で普通に見られるシギ・チドリ類のほとんど（約37種）が渡来している．また，1950年〜1959年頃の南港埋立て地や住吉浦埋立て地での詳細な記録によれば，春秋には30種以上，総個体数2000〜3000羽（国内の大きな自然干潟と同程度の種数と個体数）のシギ・チドリ類がこれらの地を利用していたという記録がある．

このように，かつては大阪湾奥部の自然湿地である住吉浦を利用していたシギ・チドリ類の群れは，海の埋立てとともに，最終的には埋立て途上の南港に一時的にできた湿地へと利用環境を変えざるをえなくなってしまった．

(4) 渡り鳥の渡来地保護と南港野鳥園の開園

南港の埋立てが完了するまでに，この埋立て地の一角をシギ・チドリ類などの渡り鳥の渡来環境として確保しようという住民運動が1969年にはじまった．その中心となったのが大学生や社会人を中心とした「南港の野鳥を守る会」で，野鳥の調査，署名，陳情などの活動を行った．その結果，1971年に大阪市は野鳥園設置を決定した．ただ，野鳥園の完成はそれから10年以上も先で，不安定な地盤の上にどんな湿地をつくるかは先例のないことだけに難題であった．干満のある水域，護岸からの海水の出入り，干潟周辺の遮蔽林などを描いた野鳥園の設計図を「守る会」が提案した．1978年には埋立て工事がほぼ終わり，19haの予定地も確定した．そして，「守る会」が再提案

した設計図に類似した野鳥園が,1983年9月に開園することとなった.

3 南港野鳥園における湿地づくり

　現在の野鳥園の平面図を示す(図1).総面積は19.3haで,湿地エリアが12.8haを占める.湿地エリアは,600mの防波護岸によって大阪湾に面し,三つの水深の浅い海水池,塩性湿地とヨシ原,淡水湿地,池周辺の石積み護岸とそれに続く遮蔽・防風植栽(クロマツ,シャリンバイ,トベラなど)からなる.海水は,護岸に設置された19本の導水管(鋼管を含む)と護岸北側の捨て石の隙間から出入りする.とくに,護岸北側の6本の鋼管と捨て石からの海水の出入りが圧倒的に多く,園内の湿地環境を支える心臓部となっている.現状では,大潮の最大干潮時には,北池がもっとも広く干出(潮位観測基準面+0.6mで池の半分程度が干出する)し,南池は3分の1程度が干出,西池はあまり干出しない.なお,園内の干潟には河川などの淡水の供給源はないが,池周囲の植栽部からの雨水流入や緑地エリア全域の雨水が配管をとおして南池の淡水湿地に供給される仕組みとなっている.

(1) 湿地の造成方法と野鳥園特有の底質環境

　造成時,園内には埋立て土砂として海底粘土が海水と共に吹き込まれた.これが沈澱して表面が乾燥してひびだらけの薄皮が張った状態となってから,西池を除く湿地エリアにプラスチック製ネットが敷かれ,その上に粒径1mm前後の海砂が,水を使って流し出す方式で30〜40cmの厚さで吹き込まれ,最上部の埋立て面が砂質の地盤となった.西池については,吹き込まれた海底粘土の上には,海砂ではなく一般土砂が盛られたため,粘土の一部

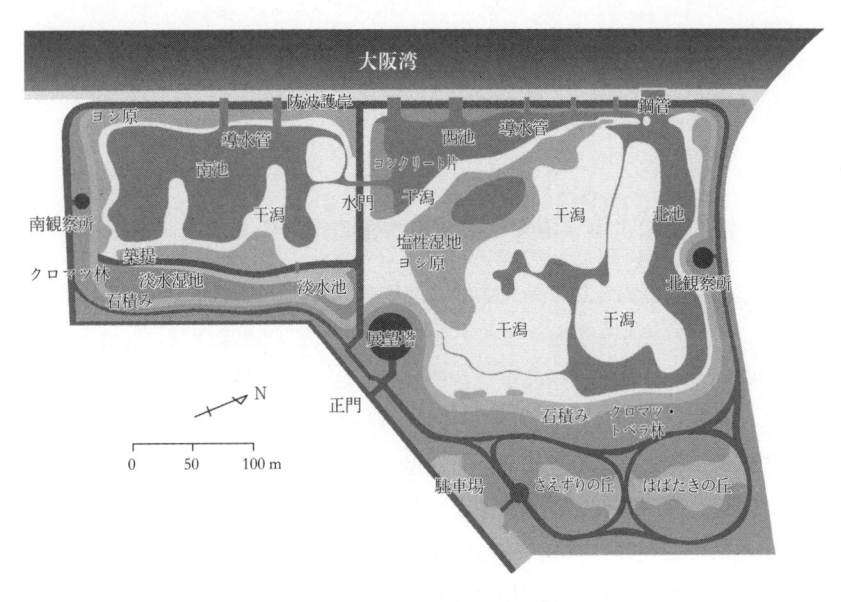

沿岸域の湿地再生と保全 —— 大阪南港野鳥園の事例 | 3-2

図1 大阪南港野鳥園　平面図
　　　（2004年11月）

が土砂の重みによって東に押し出された．その後，西池は盛土を掘削して平均潮位程度の高さの干潟が造られた．

　いずれの地域も軟らかい粘土層を内蔵し，基礎地盤自体も粘土層のため，粘土層内の水が所定の量まで抜けて落ち着くまでは，かなりの地盤沈下が続くという前提でのスタートであった．したがって，開園当初は西池のみが干満のある海水池で，他の2つの池は地盤を高くした淡水池とされた．この2つの淡水池については，10年前後を経過して，潮の干満に曝されるような地盤高まで沈下してから海水池とする計画であった．

　このように，野鳥園の干潟は，シートネットのない西池を除いては，透水性のない粘土層を覆うネットの上がたいせつな底質となっている．すなわち，

造成時にネット上に投入した粗い粒度の敷砂層とその上に堆積した最表層の有機物層が干潟の生きものを宿す主要な場となっていて，ここが自然干潟とは大きく異なる点である．

(2) 地盤沈下による環境変化と湿地改善のためのくふう

北池：海面より高くしていた北池の地盤は，開園後10年間でかなり沈下したため，干満のある海水池にすることを行政に提言，1995年秋に北池と西池の堤が開削され，北池に干潟ができるようになった．生物の生息環境は大幅に改善された．しかし，建造物や石積みのある池周囲の沈下量が大きく，春の大潮でも干出しない環境ができてしまった．できるだけ海水が滞留しないように，地盤高の測量値を参考に澪筋を掘り，干潮時に滞留した海水が流れだすようにくふうしている．水の動きを止めないことが，生物の生息する底質環境を維持する重要ポイントである．

展望塔前の砂地：開園後3年間，コアジサシとシロチドリが繁殖していた展望塔前の砂地は開園からほとんど手を加えていない．このあたりは沈下が進むにつれて草地からヨシ原へ，さらにヨシ原がしだいに衰退して塩性湿地（ウシオツメクサ，ホコガタアカザなどの群落）へと植生が変化してきた．開園時からの地盤沈下は1m前後で，いまも年間2～3cm沈下しているため，将来は北池の干潟の一部となる．

西池：シートネットがないために地盤沈下はもっとも大きく，干潮時に池の底が干出したのは開園後数年間だけであった．しかし，池が深いことと導水管が9本あることで，他の池とは異質な環境となっている．これまでに手を加えた箇所は，池東岸の盛り土（北池と西池の堤の掘削土を池の東岸に置き，シギ・チドリ類の休息場や餌場とした）と，磯的環境づくり（砕いた鉄筋入り消波ブロックを池の一部に投入し，魚類やカニ類の棲み場所とした）などである．

南池：北池同様に淡水池でスタートし，いずれ海水池にする計画であったが，ヨシに囲まれた池はカモ類などが渡来しやすく着工が遅れていた．しかし，ここ数年にわたって水質の悪化が続いていたため，2004年5月に干満のある海水池化の工事が完了した．護岸には導水管4本を設置して海水が出入りするようにしたが，単位時間あたりの流出量が少なく，北池との干出にずれがあるので，西池との間の水門を開放して，西池との間にも海水の出入りがあるようにした．今後の改良工事で干出面積と干出時間を増やすことが必要である．なお，この池の東側に淡水湿地を残すために，海水池化の前に築堤を作って海水池と仕切る工事を行い，クロマツ林から続くヨシ原などの環境を保存した．

4 海岸生物の生息状況

沿岸域の湿地づくりの場合，そこを利用する水鳥だけでなく，そこで生活する海岸生物にとって，どういう生息環境が適切なのかを探っていくことが必要である．筆者らは，まずは現況を把握することを目的にして，1999年から現在まで北池と西池の海岸生物の生息状況調査を行ってきた．その結果明らかになったことは下記のとおりである．

(1) 海岸生物からみた野鳥園の干潟の特徴

西池：開園当初からの海水池で水深が非常に深く，春から夏にかけては緑藻のホソジュズモなどが繁茂し干潟面をびっしりと覆う．また，南池の水位調整のために水門をとおして淡水の供給があったために，一部汽水性の生物も見られるが，2004年5月の南池の海水池化によって，これらの生物相に変

化が現れる可能性がある．

北池：鋼管と捨て石の隙間からしか海水の出入りがない閉鎖的環境で富栄養であるため，夏場には北池全体に緑藻のアオサ類が繁茂し干潟表面を覆う．その影響で底質の還元化が進行している．6月頃から繁茂するアオサによる底質の還元化という現象は，博多湾の和白干潟や習志野市の谷津干潟といった自然干潟でも生じている深刻な問題である．底質表層にはアオサなどが分解した有機物が堆積している．シートネットがあるために，干潟に深く潜ったり巣穴を掘ったりする生物の生息は制限されていると思われる．ただし，海とつながる鋼管の周辺だけは，シートネットもなく，常に新鮮な海水が流れ，カキ礁や転石地など多様な環境もあるために，園内ではもっとも多様な生物相が見られる．

(2) 主な海岸生物

1999〜2004年5月までに確認できた海岸生物は119種で，人工的な干潟としては多様な生物が生息していた．干潟よりも磯的な環境を好む生物の方が多かった．豊かな生物相が見られる場所は北池鋼管前などに限られ，それ以外の場所では，ある程度の水質汚染や貧酸素環境にも耐えられる生物が多かった．また多くの外来種も確認され，競争相手がいないために増加し，いくつかの種は優占種となっている．その一方で全国的にも希少な種の生息もいくつか確認できた．

カニ類：カニ類の構成は特徴的である．ヤマトオサガニ，コメツキガニ，チゴガニ，シオマネキなど干潟に巣穴を掘って生活するスナガニ科のカニは河口干潟などに生息しているが，野鳥園にはこれらのカニはまったく生息していない．現在の大阪湾で非常に個体数が少ないコメツキガニやチゴガニなどは，幼生の供給が乏しいとも考えられるが，ヤマトオサガニなどは淀川河

沿岸域の湿地再生と保全 —— 大阪南港野鳥園の事例　　3-2

口にも非常に大きな個体群が存在し，幼生の供給は十分ある．園内に定着しない原因は特有の底質環境にあると考えられる．有機物堆積層と粒径の粗い敷砂層の底質は，アオサ類の堆積などによる還元化も加わっているので，スナガニ科のカニが巣穴を掘り，保持できるのに適した底質ではないのであろう．

　野鳥園で多く生息しているのは，転石の下に隠れているイソガニやケフサイソガニなどで，ヨシ原には，アシハラガニやカクベンケイガニも生息している．また，園内でもっとも目立つのは外来種のチチュウカイミドリガニである．このカニは成体では甲羅が 5cm 以上にもなる大型のカニで，名前のとおり地中海が原産地である．大阪湾では 1996 年に発見されてから急速に湾奥部で勢力を拡大し続けている．本種に限らず，背後に都市を擁する内湾の干潟には，船舶のバラスト水（寄港地で荷揚げ後に，船体の安定を保つためにタンクに取り込む海水のことで，底荷（バラスト）の代わりとなる．荷積み港でバラスト水を排出する）などによってさまざまな外来種が持ち込まれている．このほかに，特筆種として大阪湾で 2 例目となる希少種クシテガニが北池のヨシ原で 1 個体確認された．

　貝類：巻貝では西池と北池の高潮帯でタマキビガイが多産するのが目立ち，転石の裏などには殻長 5mm ほどのクリイロカワザンショウ属の 1 種も多産する．北池鋼管前の新鮮な海水が流れている磯的環境には巻貝の種類も多く，イボニシが多く見られるほか，やや深い場所にはアカニシやムギガイが，潮上帯にはカサガイ型をしたカラマツガイなども見つかる．北池では，毎年秋にアメフラシの仲間フレリトゲアメフラシが大発生し，その卵嚢のウミゾウメンもたくさん見られる．アメフラシに近い仲間のブドウガイが 2002 年春から西池全体に突如現れて大発生が続いている．こちらは季節による増減はあるが，現在は 1 年をとおして成体が見られて興味深い．本種が北池では見つからず西池だけで大発生するのは南池からの淡水の影響があるのかも

第 3 章　野生生物と都市 —— 水辺

しれない．

　二枚貝では，北池の低潮帯にはアサリが多産し，サルボウもごく稀に見つかる．転石などにはマガキが付着し，一部ではカキ礁を形成し，他の生物の重要な生息環境になっている．繁茂した緑藻類には約 1cm のホトトギスガイがいくつも足糸で絡みついて生息している．外来種として有名なムラサキイガイやミドリイガイは，それほど多くはないが北池鋼管前などで見つかる．

　ゴカイ類：大型のゴカイ類の個体数が自然干潟に比べ非常に少ないのがこの干潟の特徴である．原因としては，やはり底質環境や流入河川のない閉鎖環境であることが関係していると考えられる．園内で比較的よく見られる大型のゴカイは，有機物堆積層に生息しているアシナガゴカイや柔らかくちぎれやすいミズヒキゴカイである．西池の潮間帯上部の転石裏には，体が糸のように細長い小型のゴカイのオイワケゴカイが多産するほか，ちぎれやすく完全な状態で採集するのが困難なイトゴカイも干潟全域に多い．これらのゴカイは，内湾奥部の汚染海域でも生息できる種ばかりである．ただし北池の鋼管前など新鮮な海水が常に流れている場所では，転石裏にスナイソゴカイや 5mm ほどの渦巻状の白い棲管を作るウズマキゴカイ，背中に鱗をまとったウロコムシなど磯的な環境に棲むゴカイ類が見られる．

　干潟を支える豊富なヨコエビ類：北池の干潟の表面をよく観察してみると，干潟一面に小さな巣穴が無数にあいていて，入り口が煙突のように突出しているものも見られる．これが端脚目ヨコエビの仲間，トンガリドロクダムシとニホンドロソコエビの巣穴である．この 2 種は，どちらも体長 1cm にも満たないぐらいの小さな甲殻類で，干潟の表層に深さ数 cm ほどの巣穴を作り，その中から顔を出して巣穴のまわりのデトライタス（生物の死骸や排泄物などの分解過程のもの）をかき集めたり，水流を起こし懸濁物を濾過したりして生活している．園内での生息数は途方もないものである．この原因として，園内のヨコエビ調査をした研究者は，餌となるデトライタスが多いことや捕

食者であるハゼ類などが少ないことなどをあげている．この2種の他にもいろいろなヨコエビの種類が見つかっている．アオサ類の間にはモズミヨコエビ，転石やカキ礁にはフサゲモクズヨコエビもよく見られる．また潮上帯のゴミなどをひっくり返すとヒメハマトビムシが飛び跳ねて多数出てくる．西池では本来河口部汽水域に生息するトゲオヨコエビ属の1種も多く見つかり，汽水的環境を物語っている．

(3) 特筆種とそこから見えてくるもの

アカテガニ：本種は，干潟ではなく展望等周辺や緑地エリアでよく見つかる．ふだんは海から離れた森などの陸上で生活し，夏の大潮の夜，メスは腹に抱えた卵から幼生を海へ放つ（放仔）ために海岸へ降りてくる．放たれた幼生は姿を変えながら海を漂い，再び海岸へたどり着き陸へと上がっていく．つまり本種が生息するには海から陸までの連続した環境が丸ごと保存されなければならない．海岸のコンクリート護岸化や道路建設などによって生息地の分断化が進むと，本種は生息できなくなる．しかし，野鳥園は海水池の周りにヨシ原や海浜植物の群落があり，さらにその後背地はクロマツ林や植栽からなる緑地エリアが取り囲んでいて本種が生息できる環境となっている．

ナギサノシタタリとウスコミミ：西池や北池の転石地で，大阪湾初記録となった巻貝の希少種ナギサノシタタリとウスコミミの生息を2003年に確認した．ナギサノシタタリはとくに多産する．この2種の巻貝は原始有肺目オカミミガイ科に属し，簡単にいえば海辺に住むカタツムリの仲間である．内湾奥部転石地の満潮線付近で，半分以上深く埋もれてしまった石の下にのみ生息しているため，生息環境の好みは非常に厳密である．西池には園内の掘削土やコンクリート片を投入したが，その場所がこういった希少な巻貝の生息地にもなっている．また，オカミミガイ科の種はどれも淡水の影響がある

第3章 　野生生物と都市 —— 水辺

場所に生息する点からいえば，西池は南池の水門からの淡水の排水，北池は後背のクロマツ林からの雨水の滲みだしといった淡水の供給があり，2種にとっては良好な環境になっていたと考えられる．

　上記3種の希少生物の生息は，干潟をつくる場合，単に平坦な砂泥底を造るのではなく，周辺部のヨシ原や転石地，後背の植栽部や淡水域までも含めた連続した多様な環境の必要性を示唆している．

　オオノガイ：北池や西池の潮通しのよい場所には，絶滅危惧種のオオノガイが多数生息している事が確認された．オオノガイは大きくなると殻が10cm以上にもなる大型の二枚貝で，干潟に深く潜り，殻に収まらない長い水管を干潟表面まで伸ばして生息している．本種は近年全国の干潟で激減しており，良好な自然干潟でもなかなかお目にかかれない種となっている．なぜそのような種が多く生息しているのか，それは人の立ち入りが関係していると思われる．大阪湾内では他に西宮市浜甲子園にも本種が生息しているが，ここでは人がアサリを掘るために干潟に過剰に入り，底質が大きく攪乱されている．筆者も捨てられている大量のアサリの殻にオオノガイのまだ殻皮が残った新鮮な殻が混じっているのを確認した．また，徳島県吉野川河口にも本種が生息しているが，こちらでは釣り餌のアナジャコやニホンスナモグリを採るために動力ポンプを使用し砂を流動させて広範囲にかつ干潟深くまでの攪乱が行われている．オオノガイは足が非常に小さく，成長と共に少しずつ深く潜っていくため，一度掘り出されてしまうと自力では二度と潜ることはできないと考えられる．オオノガイが減少した原因はもちろん埋め立てなどによる干潟自体の消失は大きいが，残された干潟での人による過剰な攪乱も本種の生息に大きな影響を与えている．しかし，野鳥園は，野鳥保護のため干潟への立ち入りは普段は禁止となっており，人によって底質が大きく攪乱されることはほとんどない．野鳥のための立ち入り禁止が，干潟の希少貝類にとっても大きな意味を持っているのである．

5 水鳥とくにシギ・チドリ類の利用状況

過去21年間で236種の野鳥が園内で観察されている．近年では，毎年140～150種の野鳥が見られ，その60％が水辺の鳥である．その中でも群れで渡ってくるのは，春秋冬に見られるシギ・チドリ類と，冬期のカモ類である．カモ類は，野鳥園を主に一時的な休息地として使っているにすぎないが，シギ・チドリ類は，長距離の渡りの途中にしばらく滞在し，園内の干潟で十分に餌をとって渡りのためのエネルギーを蓄え，種によっては塒（ねぐら）や満潮時の休息地としても活用している．

大阪南港野鳥園は，過去のシギ・チドリ類の渡来状況から，2001年12月に環境省の「日本の重要湿地500」に選ばれ，さらに，2003年9月には「東アジア・オーストラリア地域シギ・チドリ類重要生息地ネットワーク」（略称：シギ・チドリネットワーク）の32か所目の登録地（国内では6か所目）に認定された．したがって，シギ・チドリ類の中継地としては，将来にわたって保全すべき重要な湿地とされている．

野鳥園の設立目標のひとつがシギ・チドリ類の渡来環境の再生ということからも，本稿では，水鳥の中でもとくにシギ・チドリ類の利用状況に注目した．

(1) 構成種の特徴

開園からこれまでに観察されたシギ・チドリ類は51種で，これは，国内で観察可能な64種の80％を占めている．その個体数の構成割合を見ると，コチドリ，シロチドリ，トウネン，ハマシギ，キアシシギ，チュウシャクシギが中心となっていて，泥干潟を好むメダイチドリ，ダイゼン，オオソリハシ

シギなどの渡来数が少ないのが特徴である．これらの優占種 6 種の合計数は，春秋ともに総個体数の 80 〜 90％を占め，この構成比率は 1970 年代以前の南港埋立地と比べると明らかに増加している．かつて南港埋立地内に広範囲で多様な湿地環境があった時には，淡水や泥っぽい湿地を好むシギ・チドリ類も見られ，メダイチドリ，キョウジョシギ，ウズラシギ，オバシギ，ツルシギ，アオアシシギ，タカブシギ，オオソリハシシギ，アカエリヒレアシシギなども優占種となっていた．しかし，いまでは，野鳥園周辺に変化に富んだ湿地環境はなく，わずかに対岸の埋立て途上地（390ha）に渡来地が残るだけとなった．そのような周辺環境の変化が，上記 6 種の構成比が高くなり，他のシギ・チドリ類の渡来数が減ったことの大きな原因のひとつである．また，園内の干潟が特殊な底質環境で，大型のゴカイ類や貝類が少なく，ヨコエビ類が多いことも大きな原因となっている．

(2) 総個体数と種数の変化

　野鳥園におけるシギ・チドリ類の渡来時期は，春は 3 月中旬〜 5 月下旬（ピークは 5 月上〜中旬），秋は 7 月下旬〜 9 月下旬（ピークは 8 月中〜下旬）である．春と秋に分けて，総個体数（種ごとの最大個体数の合計）と種数の変化を，1950 年代から野鳥園開園を挟んで現在まで辿ってみた（図 2）．グラフでは，開園前の埋立て途上の時代（1950 〜 1956，1974 および 1978 〜 1980 年），開園から西池干潟が消滅するまでの環境悪化が少ない時期（1983 〜 1989 年），西池干潟も消滅し淡水池の環境悪化が進んでいる時期（1990 〜 1995 年），北池の干潟化以後（1996 年〜）に分けて示した．

　1996 年以降は，北池を干潟にしたことによって干潟面積や餌となる生物量が大幅に増え，総個体数は少しずつ増大している．とくに春は，私共が目標としていた総個体数 1000 羽をはるかに超えて 3000 羽以上となった年もあ

図2 南港におけるシギ・チドリ類の総個体数と種数の変化（春と秋期）

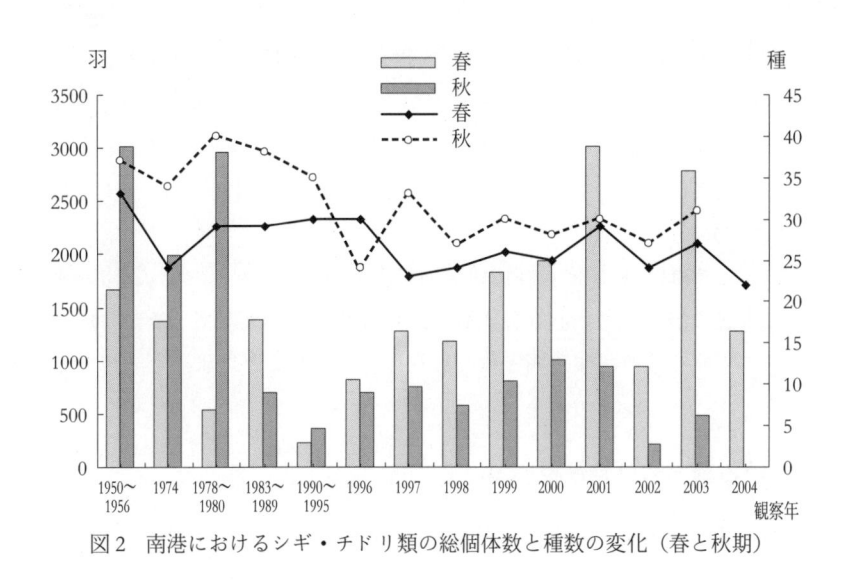

り，開園前の埋立て途上の時代とも変わらなくなっている．この数値だけを1990〜1995年と比べると，4〜13倍の渡来数増加でしかないが，餌場や塒としての園内利用度が高まり，群れの滞在期間が大幅に延びたことが，実はこの数字に現れていないが現場でシギ・チドリ類の行動をみていてもっとも変わった重要な点である．たとえば2001年では，5月上旬から中旬に干潟を利用していた個体数が毎日1000羽を超えていた．

一方，秋は，1990〜1995年と1996年以降を比べると2〜3倍の個体数増加でしかなく劇的な変化はない．しかし，2000年や2001年には1000羽前後の個体数を記録した．ただ，開園前の埋立て途上の時代では，春よりも秋の総個体数の方が圧倒的に多く，秋が3000羽前後で春がその半分程度を示し，いまとはまったく逆の現象であった．種類数についても埋立て途上時代に比べると明らかに減少を示す．このような現象は，国内の湿地にほぼ共通したことで，その原因については明らかではない．

冬期の利用状況はグラフには示していないが，昼間のカウントでは，ハマシギが最大で100〜150羽，シロチドリが20羽程度利用しているにすぎない．しかし，冬期は潮がよく引く時刻が夜間のために，これらの種は，昼よりも夜間に干潟で餌をとっていることがわかった（夜間のため正確なカウント数は提示できない）．

　グラフで2002年に急激な総個体数の減少が見られるが，これは対岸の埋立て地に大量の浚渫土が何回も投入され，大阪湾岸の小型シギ・チドリ類の大半がここで餌を取り，また塒としても利用していたことによるものである．

(3) 優占種および特筆種について

　シロチドリ：本種の春の渡来数は，全国の調査地の中でも明らかに多い．干潟拡張後に増加し，1997年以降からは300〜700羽の範囲を変動している（図3）．かつては，東京湾岸の干潟など各地の干潟にシロチドリはたくさん見られたが，いまは各地で激減している．野鳥園の場合，おそらく，園周辺の大阪湾奥部にはまだ埋立て途上地が多く，繁殖可能な場所が多いことが大きな原因と考えられる．

　トウネン：東アジアではハマシギとともにもっとも普通に見られる種である．小型で足も短く嘴も短いので，歩きやすく干潟表層のヨコエビ類などがとりやすい砂質干潟や浚渫土投入後の表面が固まった埋立て途上地を好む．そのため，開園前の南港埋立て地時代から南港を代表するシギであった．40年以上昔の南港では，秋に1000羽を超える大きな群れが滞在していた記録があるが，近年は秋の渡来数は減少している．一方，春の渡来数は近年の方が多く，干潟拡張後に明らかに増加し，1999年以降は600〜1500羽の範囲を変動し，国内に6か所ほどしかないトウネンの大規模渡来地のひとつとなっている．

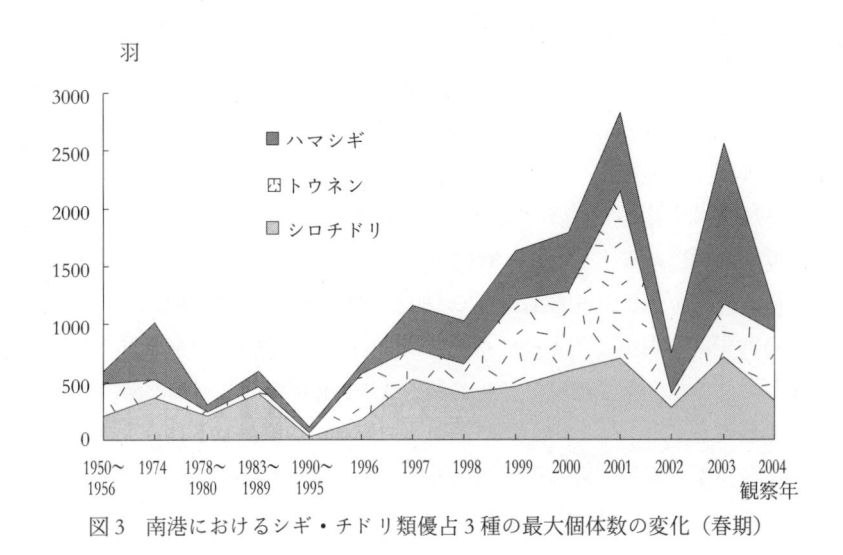

図3 南港におけるシギ・チドリ類優占3種の最大個体数の変化（春期）

 トウネンは体重わずか25g前後のスズメ位の小さなシギで，文献によると，6〜7月にシベリアで繁殖し，その約75％がオーストラリアまで渡り，9月から翌年の4月までを過ごすといわれている．このように，越冬地オーストラリアと繁殖地シベリアまでの12000kmもの長い渡りの途中に日本や韓国などの中継地にやってくる．
 本種の標識個体の野鳥園内での発見率は国内でも高く，これまでに50羽近くが発見された．そのうち，海外で足にフラッグ（プラスチック製の軽いカラーパネル）を標識された個体は20羽以上で，その16羽がオーストラリアで標識されたものであった．また，国内で標識された個体は24羽が発見され，その12羽が北海道（コムケ湖と風蓮湖）で標識されたものであった．標識個体の発見により，国内では北海道，海外ではオーストラリアから渡ってきた個体が野鳥園の干潟を利用していることがわかってきた．
 1日にどれくらいの距離を渡っていくかはわからないが，次から次へと

第3章　野生生物と都市 ── 水辺

入ってくる群れが，南港野鳥園で1～2週間滞在し，十分に餌をとって体重を倍程度にしてから，次の目的地に向かって渡っていくと思われる．

　ハマシギ：国内でも越冬する本種は，10月頃から渡来しはじめ12月頃に個体数のピークを迎え，一部はさらに南下するという行動を示すが，近年は1000羽を超えるような越冬個体群は大阪湾岸には見られなくなり，野鳥園でも100羽前後である．しかし，春の渡来数は干潟拡張後に増えはじめ，1997年以降は3月下旬から5月上旬まで100～300羽を超える群れが入れ替わりながら，干潟を利用するようになった．2003年には最大で1400羽の群れも渡来した．本種の繁殖地はシベリアやアラスカ北部で，九州の干潟には大きな群れが越冬する．

　キアシシギ：春秋ともに干潟拡張後に本種の渡来数は増加している．2001年以降の春は60～100羽，2001年秋には119羽が渡来している．昔の南港埋立て地時代と同様に，100羽以上のキアシシギがときどき見られるようになってきた．彼らは，西池周辺のコンクリートブロックを塒としていることが多く，羽毛と同色なのでなかなか見つけにくい．また，餌を取る場所も，カニの多い北池干潟周辺の石積み護岸や西池の磯的環境のところを選んでいる．

　小型シギ・チドリ類の餌：シロチドリ，トウネン，ハマシギなどの小型種が干潟でなにを食べているのかを観察していると，嘴の先で干潟表層をせわしくついばんでいるのがよくわかる．大きなカニなどではなく，望遠鏡では確認できない小さなものを食べているようである．彼らは，嘴の差し込む深さから，干潟表層に豊富に生息するトンガリドロクダムシとニホンドロソコエビの2種のヨコエビを主に食べていると推測できる．また潮上帯のゴミなどをひっくり返すとヒメハマトビムシが飛び跳ねて多数出てくるので，このようなヨコエビも小型シギ・チドリ類の餌となっていると考えられる．ハマシギなどはイトゴカイなどもよく食べていると思われる．

キアシシギとチュウシャクシギの餌：両種ともカニを好み，園内ではイソガニやケフサイソガニを捕食しているが，チュウシャクシギについてはチチュウカイミドリガニに対する興味深い行動の変化があった．このカニが園内に増えはじめた1999年頃は，捕まえても捨ててばかりでほとんど食べていなかったが，いつのまに学習したのか現在では非常に好んで食べるようになり，このカニが重要な餌となりつつある．カニの捕らえ方も自然干潟と違い，嘴を底質に深く差し込まず，カキ礁の隙間や堆積したアオサの中に差し込んでカニ類を捕食している．

特筆すべき種：IUCN（国際自然保護連合）のレッドリストで絶滅危惧種として記載されている種がこれまでに数回観察された．すなわち，ヘラシギ（1983年9月20日：2羽，1986年9月15日：1羽，2003年9月6日：1羽），カラフトアオアシシギ（1990年9月1日：1羽），クロツラヘラサギ（1996年1月15日），ズグロカモメ（1987～1990年の毎冬1～2羽，1997年1月と2001年11月に各1羽）の4種である．ズグロカモメは，干潟拡張以後では園内でチチュウカイミドリガニなどもよく捕食していた．

環境省が発行している国内レッドデータブックで国内の絶滅危惧種とされているツクシガモは，1986年以降毎年少数が飛来していたが，諫早湾が閉め切られた1997年を境に，その翌年の1998年から飛来数が多くなった（最大数は1998年：60羽，1999年：37羽，2000年：31羽，2003年：247羽）．いずれの年も1月にピークを示し，5月まで滞在していた．園内に飛来する個体の大部分は若鳥で，アオサといっしょにヨコエビや貝類を捕食していたと思われる．昼間に園内で見られなくとも，夜間にやってきて餌を取っていた．なお，本種は対岸の埋立て地に大きな群れが毎年飛来している．

(4) 大阪湾沿岸域の湿地における南港野鳥園の役割

　大阪湾岸に渡来するシギ・チドリ類は，1980年代になってから行き場がしだいになくなっていった．そんな中で，大阪府が1972年より造成していた泉大津市助松埠頭埋立て地40haに，1981〜1984年に春秋1000羽以上のシギ・チドリ類が集まっていた．まさに南港野鳥園ができる前後で，南港と同様にトウネンなどの小型種が中心であった．しかし，この埋立て地も1985年以降は工事の再開によってシギ・チドリ類の数が急激に減っていった．この頃は，西宮市の浜甲子園の干潟にも多くのシギ・チドリが集まり，南港や助松埠頭とは環境も異なり，ハマシギやトウネンの他に，メダイチドリ，キョウジョシギ，オバシギ，オオソリハシシギなども多く見られていた．しかし，1995年1月の阪神淡路大震災によって地盤が沈下し，干潟があまりできなくなったために，その年以降のシギ・チドリ類の渡来数は激減した．ちょうどその年の秋，南港野鳥園の干潟が拡張された．そして，1996年からは，小型種は南港野鳥園で主に餌を取るようになった．まさに，1985年と1995年というのは大阪湾岸のシギ・チドリ類の大規模渡来地がうまく入れ替わっていった年でもあった．

　現在はどうかというと，シギ・チドリ類の渡来する自然の干潟には，淀川の十三干潟と海老江干潟，矢倉海岸，大津川河口，樫井川河口，男里川河口などがある．また，大阪湾岸に点在する埋立て途上地のいくつかも彼らの餌場や塒として利用されている．そんな中で，南港野鳥園は，大阪湾沿岸域では小型シギ・チドリ類の集中渡来地であり，沿岸域に点在する湿地の中では重要な役割を持っているといえる．

6 そのほかの生物の生息状況

　西池の干潟では，潮間帯にのみ棲息する2mmほどの甲虫，ムツモンコミズギワゴミムシが大阪湾沿岸地域での初記録として多数の生息が認められた．干潟の周囲にある塩性湿地には，自然干潟が消失した大阪湾岸ではほとんど見られなくなった塩性植物の群落がある．北池と西池の潮間帯上部にはイソヤマテンツキ，ウシオツメクサ，ホコガタアカザ，ウラギク等の塩性植物が群生し，潮上帯には，ハマヒルガオの群生も見られる．大阪府レッドデータブックによると，イソヤマテンツキとハマヒルガオは要注目種とされている．また，ヨシ原には，捕食寄生（なんらかの方法でホストとなる昆虫やクモなどの体表や体内に卵を送り込み，孵化した幼虫がホストを食べる生活をする．ホストは幼虫に食べられて死亡する）をするヒメバチ科のハチ3種が生息し，ハマキフクログモやヨシ茎中の鱗翅目の幼虫などをホストとしている．魚類ではハゼ類の調査を実施し，西池や北池に4種（チチブ，ミミズハゼの一種，マハゼ，ヒメハゼ）が観察され，チチブが優占種となっていることがわかった．

7 湿地づくりのポイントと課題

　大阪南港野鳥園での湿地再生とその後の保全も，20年あまりが経過した．この期間に，シギ・チドリ類の渡来環境としてだけでなく多様な海岸生物の生息環境としても，大阪湾岸では特色ある重要な場所となってきた．「終わりなき湿地づくり」はこれからまだまだ続くが，20年という区切りの中でわかったことや課題がいくつかある．

(1) 埋立地に湿地をつくる準備段階での留意点

まず,地理的には海に面していることが渡り鳥にとっても海の生物にとってももっとも望ましい.野鳥園はかつての住吉浦と同様に西側に開けていて,鳥もヒトも昔と同じ風景が望めるという点では,地理的にはもっともいい位置に作られたと思う.ただ,淡水の供給源がないので,その点さえ解消できれば申し分のない場所であろう.

さて,埋立て地に湿地をつくる場合,1) 将来の地盤沈下を考慮した地盤高での設計かどうか,2) 海水の出入りとくに干潮に向かう時の流出量と流速が適切か,また淡水源はあるか,3) 干潟から周辺環境へのなだらか地形と環境のつながりがあるか,4) 干潟の底質がその地域の潮位差や生物の生息環境を考慮した粒度で選定されているかといったことを十分に考慮したうえで,水鳥と海岸生物が生息できる環境をゆっくりつくるという目標設定のもとに設計施工することが重要である.

もっとも苦労する点は,湿地内の水の動きが止まらないようにどう維持するかである.これがうまくいくような設計がされていれば,多様な生物が生息する湿地への道は,少し手を加えていくだけでうまくいくと思う.私たちも一番苦労している点である.

(2) 作りっぱなしではなく,その後の保全をだれがどのようにするか

どれだけ設計を完璧にしても,生き物が生息するのに適した環境となるには時間もかかるし,作りっぱなしでは環境が悪化していくことが多い.やはり,常にその環境をさまざまな角度からモニタリングして,微妙な変化を捉えておく必要がある.

南港野鳥園では,こうしたモニタリングは,NGO,研究者,行政(管理

者：大阪市港湾局）それぞれが専門分野の項目の調査を行い，それを年2回の三者の懇談会で報告し，改善すべき点は改善策を提案するという仕組みが開園以来続いている．

私共南港グループ96（地元の環境NGO）は鳥類，海岸生物，植生，甲虫，魚類などを対象としたモニタリングを担当し，メンバーが協力してあるいは研究者の援助を受けながら調査を継続している．また，干潟地形の変化をモニタリングし，水の動きをどうするかという重要な課題については，行政が実施している地盤高の測量（年1回）データと実際の干潟地形を見ながら，地形図を作成することによって，微妙な変化の把握と改善に努めている．さらに，底質や海水流出部の流速といった非常にたいせつな基礎的調査も研究者の協力を得て行っている．

私たちのグループは，生きものの視点で環境を監視し続けるという活動を継続してきたが，同時に，行政・研究者・市民をつなぐパイプ役として，野鳥園の湿地をみんなで協力しながら育てていくことを願って活動している．そういう役割を担う地元NGOは湿地づくりには欠かせないし，そこで若い人材を育成していく必要がある．

(3) 市民や子どもたちとの保全作業

湿地を健全に保つには，環境悪化を未然に防ぐための保全作業が欠かせない．現在，毎年行っている保全作業は，1) アオサ取り（6～7月に4回実施し，異常に繁茂して干潟に堆積したアオサ類を手作業で取り除き，干潟の生物生息環境の悪化を防ぐ），2) 干潟の清掃（年に2回以上実施し，海から入ってくる大量のゴミとともに，園内の立入禁止区域の防波堤で釣りをしている人が捨てた大量のテグスも落鳥の原因となるので回収する），3) ヨシ刈り（随時実施），4) 干潟地形の改善（澪筋づくり，カニの住みかづくり）などで，NGOと行政と市民が

協力して実施している．

　最近では，この保全作業に市民や企業や子どもたちの参加も多くなってきた．保全作業をとおして，そこに生息するいろんな生きもの触れながら，この湿地をたいせつにする人の輪を少しずつ広げていくようにすることも重要である．ただし，非常に狭い湿地であるので，ヒトによる不必要な攪乱はマイナス効果となるので，必要最小限な保全作業を実施するようにしている．

8 さいごに

　南港野鳥園は少しずつ環境を変えながらも20年間も存続してきた．大都市の中にあって，渡り鳥の中継地としての役割だけでなく，海を浄化する下水処理場の役目も立派に果たし，多くの生きものが生息できる湿地として復活してきた．まさにこれからの大阪湾岸での湿地再生に活かすべき貴重な事例である．20年も存続してきたのは，自然の復元力はもちろんであるが，それを後押ししてきた多くの人々の力も非常に大きい．この2004年5月には，湿地エリアの池すべてが干満のある海水池となり，終わりのない湿地づくりの新たなスタートがきられた．

　しかしながら，大阪湾奥部の海底は，富栄養化の影響で有機物の多い軟らかい泥が堆積して貧酸素状態に陥りやすく青潮も発生しやすい．それに海の埋立てが加わって，海底の底生生物の生息環境はどんどん失われている．この10年ほどでカレイやアブラメなどの漁獲量も激減し，海底環境の悪化は深刻である．また，いまの野鳥園に見られる生物は，この海から流れ着いた幼生が定着したもので，このような幼生の供給源としては大阪湾岸の河口域やわずかに残った自然干潟が重要な役割を果たしている．

　したがって，これからの野鳥園の湿地環境や，大阪湾岸の未利用埋立て地

の湿地再生を考える場合，大阪湾の海底環境をどう復活させ，淀川を代表とする河口域や自然干潟をこれ以上悪化させずに，どのように保護していくのかといった点を併行して検討していくことが重要なポイントであることを忘れてはならない．

いのちの森

▶··**引用・参考文献**

大阪南港の野鳥を守る会（1985）『大阪湾にシギ・チドリ類の楽園を——大阪南港の野鳥を守る会の 17 年』．
日本野鳥の会大阪支部（2002）『大阪府鳥類目録 2001』．
(社) 大阪自然環境保全協会（2003）『都市と自然』特集「南港野鳥園の 20 周年とシギ・チネットへの参加」333: 4-7．
(財) 大阪港開発技術協会（1988）『大阪南港野鳥園ガイドブック』．
環境省自然環境局，財) 世界自然保護基金日本委員会（1999 〜 2003）『シギ・チドリ類個体数変動モニタリング調査速報』．
大阪市立自然史博物館（2000）『干潟の自然』(2000 年特別展解説書)．
大阪市立自然史博物館（1999）『干潟に棲む動物たち』(ミニガイド No.17)．
加藤真（1999）『日本の渚——失われゆく海辺の自然』岩波新書．
石川勉（2001）『谷津干潟を楽しむ——干潟の鳥ウオッチング』文一総合出版．
桐原政志ほか（2000）『日本の鳥 550 ——水辺の鳥』文一総合出版．

松良俊明
Toshiaki Mathura

Section 3—3

人工水域を利用するトンボ・ヤゴ

　青空を背景にアカトンボたちが空中を泳ぐようにゆったりと飛んでいる．あるいは木の梢や草の先にトンボが透明な翅をきらめかせて止まっている．このようなトンボの様をみて，多くの人は好感を抱くであろう．花から花へと蜜を求めて飛びまわるチョウの姿もまた好ましい感情を持ってながめられることだろう．虫の好きな人よりも，虫の嫌いな人の方がはるかに多いに違いなかろうが，トンボやチョウは例外的な存在である．都会に暮らすわれわれが，これらの好ましい生きものが身近にいてくれることを願うことは当然のことであり，それらが生息していること自体が，都市における「自然環境」のなんらかの好転を意味しているかもしれないのだから，都会の人々のトンボやチョウへのやさしいまなざしに水をかける気は毛頭ない．しかし好ましい生きものが存在する背景には，好ましからざる生きものたちもごまんといて，それらのおかげでチョウやトンボたちが生きてゆけることをわれわれは往々にして忘れている．たとえばトンボが生存できるためには，ユスリカ，カ，ハエといった，人々にとって好ましからざる虫がトンボの餌として不可欠である．トンボの幼虫であるヤゴは，水の中の原生動物から，ミジンコ，ボーフラなどのような生きものたちを食って成長する．人間がもつ価値観だ

けで生きものを選別し，その他を排除するようなことは無理があるし，すべきでないと考える．

　以下に，トンボおよびヤゴについての自分自身が関係した調査例を紹介するが，私の基本的な考え方としては，都市といえども，あまり人間がエネルギーの大量投入をしなくとも，彼らは彼らなりに成育できる空間があり，むしろそういったハビタット（生息空間）をわれわれの側が見いだし，拡充することにより，トンボとの共生を定着させるというものだ．

1　都市部から消滅しつつある池

　トンボのうち多くの種は，幼虫期・成虫期とも池に主な生活基盤をおいている．その池が都市あるいはその近郊からなくなっている印象をもつ人が多いのではないだろうか．池というのは，農業用ため池・河川の水位調整用の池・私有地内の池といった違いにより，それぞれ管轄者が異なり，池全体を統一的にとらえたデータはないと，ある訪れた先の役所で聞いた．そこで私は国土地理院から過去の地図を取り寄せ，自分自身で池の数をカウントすることにした．調査対象にしたのは「京都東南部」(2万5千分の1)で，この地図には京都市東南部の下京区・山科区・伏見区や宇治市のそれぞれ一部あるいは大部分が含まれ，市街地と山間部が面積的にほぼ拮抗している．その結果を表1に示した．この地域では，大正11年（1922年）に100近くあった池が，現在では半減していることがわかる．またその減少率は一定ではなく，2回の大きな波によって池の数を減らしたということが読みとれる．それらは昭和30年から40年にかけての10年間と，昭和50年からの約10年間である．前者については池田内閣による「所得倍増計画」(昭和35年)との関連が，また後者については昭和47年に発表された田中角栄の「列島改造論」の影響が

表1　京都東南部における池の数の変遷

測量年		池の数	
大正 11 年	1922 年	98	
昭和 2 年	1927	99	
30 年	1955	95	「所得倍増計画」(1960)
40 年	1965	63	
50 年	1975	62	『列島改造論』(1972)
61 年	1986	47	
平成 3 年	1991	46	
10 年	1998	49	

（国土地理院2万5千分の1（京都東南部）からカウント）

大きいと推量されるが，ここでの主旨とはずれるので，その分析は止めることにしたい．いずれにせよ，埋め立てられた池は工場や民家などに変化した．最近では本地域の池の数は，減少というよりむしろ増加気味であるが，これは山間部の砂防ダム建設による貯水池の増加，清掃工場内の造成池，また元あった池の分割・縮小ということが原因であり，けっしてため池が増加したわけではない．

　他の地域ではどうか．名古屋市では昭和40年に360あった池が，昭和62年には146にまで減少し，22年間でおよそ60％が消滅したという（ため池の自然談話会1994）．このようなため池の消失は，そこに棲む生きもの（水生植物，水生昆虫，魚類・両生類など）の消滅とともに，身近な水辺と人間とのふれあいもなくなったことを意味する．

2 プールのヤゴ

(1) 小学校プールで見られた昆虫類

「プールに生息するヤゴの生態」というテーマで研究をはじめた発端は，現職の小学校教員である小松清弘氏が，筆者の研究室に大学院生として入ってきたことによる．私は「捕食性昆虫の生態と行動」をメインテーマにかかげてきたこともあり，かねがねヤゴに興味を抱いていた．そこで彼に，教材開発という観点からヤゴの生態を調べてはどうかと助言した．さてどこでヤゴを採集しようかと話し合った中で，小松氏は小学校のプールに掃除の時たくさん見かけると，思いがけないことを口に出した．興味を抱いた私は，「それを修論のテーマにしよう」と即断したのであった．

学校にあるプールは，夏の水泳用に存在していることはいうまでもないが，地域の防火用水という役割も果たしているため，水は年中ためられたままになっている．そのため初夏ともなれば，プールの水は自然に発生した植物プランクトンのせいで緑色を帯びてくる．水泳用プールにいる生きものを調べた先駆的な研究は，水生昆虫の専門家でもあった六山（1964）によってなされた．彼は勤務校の八尾市（大阪府）の中学校プールにおいて，1961年9月から1963年12月まで底生動物やプランクトンの定量調査を行い，多種類の水生昆虫がプールを利用していることを見いだした．とくにトンボの幼虫としては，シオカラトンボ，ウスバキトンボ，ギンヤンマが多かった（後述のタイリクアカネが採集されていないことに留意）．

この発表から約30年後，筆者らの研究グループは京都市内のいくつかの小学校プールにおいて，調査を毎年初夏に4年間継続して行った．口径32 cmの半円形のたも網（メッシュサイズ，2mm）で，プールの長い方の縁（25 m）の

第 3 章　野生生物と都市 ── 水辺

表 2　京都市の初夏の小学校プールにおいて採集された水生昆虫の幼虫

調　査　年 調査学校数		1992 年 (18)	1993 年 (10)	1994 年 (10)	1995 年 (4)
トンボ目	タイリクアカネ	17	8	6	2
	アキアカネ	7	2	0	0
	ナツアカネ	1	1	0	0
	ノシメトンボ	1	0	0	1
	コノシメトンボ	0	0	2	0
	シオカラトンボ	0	2	0	0
	ギンヤンマ	0	1	1	1
	クロスジギンヤンマ	0	0	0	1
	ダビドサナエ	0	0	0	1
	アオモンイトトンボ	0	0	0	1
カゲロウ目	フタバカゲロウ	―	―	6	3
カメムシ目	コマツモムシ	―	―	9	4
	ミズカマキリ	―	―	3	1
トビケラ目	ホソバトビケラ	―	―	3	1
ハエ目	ユスリカ科	―	―	9	4

表中の数字は各昆虫が採集された学校数を示す（松良ほか 1998 より）

底にたまった泥（デトリタス）を 1 往復してすくい，デトリタス内の昆虫をピンセットで採取した．その結果，10 種のトンボ目幼虫，カゲロウ目 1 種，カメムシ目 2 種，トビケラ目 1 種，そして複数種のユスリカ幼虫が確認された（表 2）．トンボ目幼虫のうち，もっとも広範かつ高密度で見られたのはタイリクアカネであった（写真 1）．このタイリクアカネ幼虫がとくに多数採取されたのが京都教育大学附属桃山小学校のプールであり（いまは取り壊され新しくなった），そこにおいて筆者らは全季節をとおしての定期的な調査を行った．その結果，初夏のサンプリング時には採取できなかったウスバキトンボ幼虫や，6 種のゲンゴロウ幼虫（ハイイロゲンゴロウ・ヒメゲンゴロウ・マメゲンゴロウ・クロズマメゲンゴロウ・コシマゲンゴロウ・チビゲンゴロウ）の生息が，

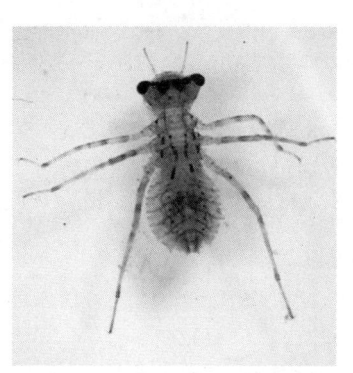

写真1　タイリクアカネの終齢幼虫
（体長は 18mm）

他の季節において確認された．ウスバキトンボ幼虫については，晩秋から初冬にかけて大きく成長した個体が多数見られたが，本種は南方飛来性のトンボであり，京都では寒さのため越冬できず，冬期にプール内ですべて死滅した．そのため初夏の調査では出現しなかったのである．

　タイリクアカネ幼虫は，京都市内の調査校のうち，毎年半数以上の小学校で生息が確認され，サンプル当たりの平均捕獲数も 1992 年で 23.1 匹，1993 年で 31.0 匹と，いつも 10 匹以下であった多種のヤゴと比べ，多かった．伏見区内の 4 小学校について毎年初夏にサンプリングを 4 年間続けたが，数匹から 100 匹までの振れがあるものの，どの小学校プールもほぼ毎年タイリクアカネ幼虫が採取された．つまり京都市内のプールにおけるタイリクアカネの生息はけっして偶発的できごとではなく，かなり恒常的な現象だといえる．ただしどのプールでも生息が確認されたわけではない．たとえば鉄製プールを屋上に設けた某小学校では，プール内には生きものの気配がほとんど感じられず，プールサイドにはカラスが置いていったらしい魚のアラが散らばっていた．

(2) なぜタイリクアカネ幼虫が多いのか ── 生活史について

　表2に示したように，他種のトンボ幼虫に比べ，なぜタイリクアカネ幼虫のみが普遍的に見られたのだろうか．本種は図鑑などでむしろ「少ない」と記されているトンボなのである．私は彼らの産卵様式と生活環が，プールで繁栄している主要な原因ではないかと考える．トンボの産卵様式は，水草などの植物体内部に産みつける「植物組織内産卵」，水に直接産付する「打水産卵」や「空中産卵」などがある．植物組織内産卵の代表者はイトトンボ類であるが，プール内には水草はいっさいないため，これらのトンボ幼虫はほとんど生息不能である．それに比べ，腹端を水面に打ちつけるように産卵する打水産卵型のタイリクアカネなどは，このような人工水域においての産卵に関する必要条件を満たしている．しかし産卵についての必要条件だけでは，本種のみがプールで繁栄している理由を説明しきれない．

　一般に，ある水域にヤゴが生息しているとき，単一種で存在することはまれで，通常複数種のヤゴがなんらかの種間関係を保って共存している．ヤゴは捕食者であるから，きびしい種間競争やヤゴどうしの捕食─被食関係（ギルド内共食い）にさらされて生きている．同種・異種を問わず，お互いが出会えば大形のヤゴは小形のヤゴを餌として簡単に捕食してしまう．したがって他種より先駆けて成長したヤゴ種の方が生存に有利となる．もし自然のため池のような，水がほとんど抜かれることのない「永続的止水」であるならば，種Aの産卵期が他種より速い時期だとしても，すでにそれより以前から生存しているB種やC種のヤゴが存在すれば，若い種AのヤゴはB種やC種に食われることだろう．学校プールは，夏期の水泳利用の前後に水が抜かれ，秋から翌年の初夏までの間にだけ水が満たされている「一時的止水」であることが，タイリクアカネ幼虫の独占的な繁栄と関係していると思われる．

　ここでプールにおけるタイリクアカネの生活史を述べておきたい．本種の

本来の生息地は海岸近くのため池である（尾花 1969）．夏期はアキアカネ同様，山間部で摂食に専念し，成虫期の前半をすごす．秋になり性成熟した成虫は，山からため池へと生殖のため移動するが，その中に都市部の屋外プールに飛来するものがいるようだ．秋の附属桃山小学校のプールにやってきたタイリクアカネ雄成虫の翅に番号を記して放し，その後の経過を調べた．雄はプールサイドに止まって監視したり，ときどき水面上をパトロールしたりして，同種の雄の進入を阻止していた．25 m × 13 m のプールおよびプールサイドというエリアに，同時に張られた縄張りの数は，最大3個であった．1992年の10月から11月にかけて捕獲された10匹の雄のうち，7匹の雄が縄張りを形成した．縄張り維持期間はばらつきがあり，中には18日間も維持した雄がいた．雌はといえば，ごく散発的にプールへ飛来し，雄と交尾したり，打水産卵をして飛び去ってゆくという行動パターンであった．けっして多数個体がプールで産卵するというのではないのである．捕獲した2匹の雌を解剖したところ，それぞれ1,211個と2,097個もの成熟卵が卵巣につまっていた．

　9月上旬にプールへ注入された水は，月日とともに濁りを増していく．濁りの原因は，土ぼこり・枯葉・虫の死骸などプール外から持ち込まれたものによるが，それらの中に植物プランクトンの胞子や，原生動物やワムシなどの休眠卵も含まれる．後者はプールで繁殖し，プールの生物群集の基盤を構成している．とくに，プールの内壁にツヅミモ類のような付着藻類が繁茂し，これらもろもろの有機物がデトリタスを形成してプールの底にうっすら堆積していた．この水底のデトリタスがタイリクアカネ幼虫の住処であり，また採餌場でもある．一定面積のデトリタスを定期的に手押し式ポンプを使って吸い上げ，そこにいるタイリクアカネのヤゴや卵あるいはその他の昆虫類をくわしく調べたところ，本種の卵は11月には孵化をはじめ，幼虫の個体数は1月にピークを迎えるということがわかった．つまり，アカネ属の多くは卵で越冬するが（上田 1996），本種の場合，少なくとも一部の卵は秋のうちに孵

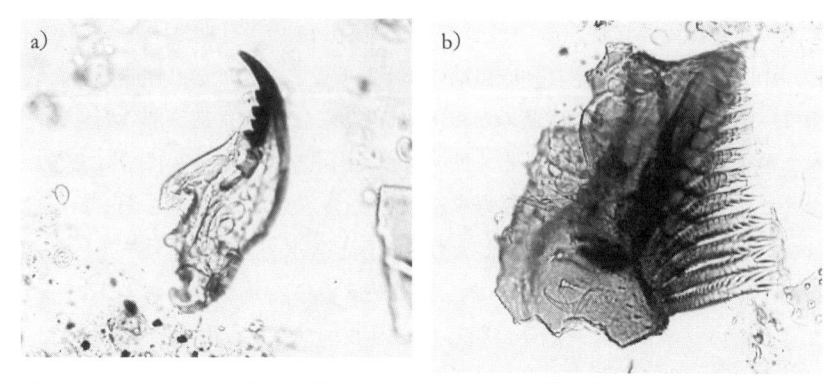

写真2 タイリクアカネ幼虫の糞から見つかった餌の不消化物.a)ユスリカ幼虫の大顎.b)カゲロウ幼虫の口器の一部.

化している.一般にヤゴでは,孵化後まもない微小な若齢幼虫が実際のところなにを捕食しているのか,ほとんどわかっていない.タイリクアカネの孵化幼虫もプール内に発生した原生動物やワムシなどを捕食しているのだろう.またお互い共食いしあっていることも考えられる.中齢期以降のヤゴの主要な餌はユスリカ幼虫である.ユスリカ幼虫は,微小なものから1cmをこえるものまで,また体色も白く透明に近いものから赤色のものまであり,複数種が含まれていると思われるが,種まで同定しなかった.それらが多いときには,$1m^2$のデトリタス当たりに4000匹以上もいた.プールから採集してきたタイリクアカネ幼虫を水を入れた容器に一晩おくと,ソーセージ状の糞塊を得ることができる.この糞を分解し,顕微鏡で観察すると,ユスリカ幼虫の残骸が見て取れた(写真2a).同様にフタバカゲロウ幼虫の残骸も見られたが(写真2b),デトリタスにいるカゲロウ幼虫はユスリカ幼虫に比べ,100分の1の密度レベルしかいなかった.いずれにせよプール内において,デトリタス→ユスリカ・カゲロウ幼虫→ヤゴという食物連鎖が成立していたのである.

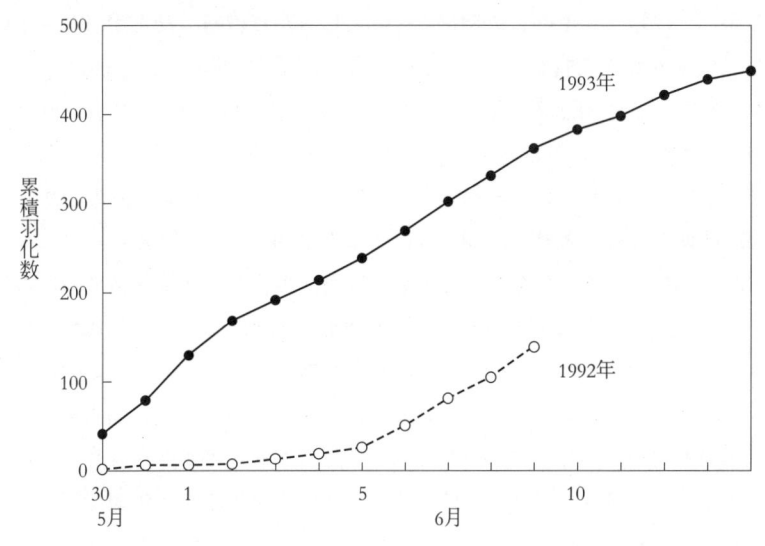

図1 京都市の小学校プールにおけるタイリクアカネの羽化時期.累積羽化曲線で示した.

トンボ幼虫の齢数は9〜15齢と,他の昆虫に比べてどの種も多く(Corbet, P. S. 1980),かつ全ステージをとおしての飼育も容易でないため,ヤゴが何齢で成虫になるかを知ることがむずかしい.それゆえ終齢幼虫をN齢(もしくはF齢)と書き,順次その前の齢を$N-1$齢,$N-2$齢,……と記述する.5月上旬にはプールの多くのタイリクアカネ幼虫は$N-1$齢となり,下旬にN齢となる.そして羽化は5月末からはじまった(図1).羽化時期になると,上陸場所を求めてヤゴが水面の近くをしきりに泳いでいることがある.この時期,ヤゴの呼吸法は水中での鰓呼吸から,陸上での気管呼吸へと変換するさなかにあり,うまく上陸できなければ溺死することになる.垂直のコンクリート壁で囲まれたプールには,羽化に適した場所など皆無に近かった.そこでわれわれは羽化用にビニール製防虫網を2張り,プールの長い方の縁に

垂らすことにした．毎朝この羽化ネットにしっかり付着したままになっているヤゴの脱皮殻を回収することで，羽化数を容易に押さえることができる．6月に入り，羽化は順調に進み，平均して20〜30個の羽化殻を日々回収したが，図1を見れば1993年では6月10日，1994年では6月14日に羽化が終了している．これはプール掃除のため排水されたことによる．もしプール掃除の時期を後にずらせば，羽化数はさらに増加したことだろう．

　一度，羽化を徹夜で観察したことがあった．多くのヤゴは午後9時から午前0時にかけ羽化場所を求めてプール内壁をはい上がり，羽化個体数のピークは午前0時であった．この場合の羽化開始時刻は，幼虫の胸部に裂け目ができた時点をさしている．午前3時までにはすべてのトンボが羽化を完了した．午前4時20分頃，あたりが明るくなると，プールの水面をツバメが飛びはじめた．ツバメは，飛び立ちはじめたタイリクアカネを空中で捕獲しているように見えたが，確認はできなかった．また，スズメが数羽，プールの両サイドにあるオーバーフローのところを歩きながら，そこで脱皮した幾匹かの飛び立つ直前のタイリクアカネをついばんでいた．結局，この夜羽化をはじめた30匹のヤゴのうち，脱皮失敗が5匹，アリに襲われた個体が2匹確認され，それ以外にも多数の個体がツバメやスズメに捕食された可能性があるので，無事飛び立てたのは数匹にすぎないと思われる．このように羽化までたどり着けたからといって，トンボとして活動できるわけではなく，野鳥たちの攻撃をすり抜けなければならないが，逆にいうと，プールは都会に住む小鳥たちの餌の供給場としての役割も果たしているということだ．

(3)　タイリクアカネは他の地域でも優占するか

　本種のヤゴが京阪神にある学校プールに優占して生息するという報告は多い（尾花 1969，みどりと生き物のマップづくり会議 1993，津田 1997，田口ほか

2000)．日本の他の地域でも同じことがいえるのだろうか．実は，本種の地理的分布は少し変則的である．北海道東部や関西以西に分布するが，まん中の関東・中部地方などでの生息は認められていない．ではタイリクアカネが分布しない地域におけるプールのヤゴは，どのような種なのだろうか．

　横浜市内の小学校プール（6か所）と市民プール（4か所）を調べた例では，シオカラトンボ属（オオシオカラトンボも含む）や，アカネ属（ノシメトンボ・アキアカネ）が比較的多かった（梅田1993）．また，三重県津市において，初夏に多数の小・中学校のプールで調べられた例では，13種のトンボ幼虫が見つかり，中でもシオカラトンボ・ショウジョウトンボ・ノシメトンボの3種が多く捕獲されている（渡辺1999）．インターネットのホームページを検索したところ，種名までくわしく同定できていないケースが多いものの，傾向としてはこれらの報告と大差なかった．

　筆者らのグループが京都市内の小学校プールを調べる以前には，タイリクアカネは京都府内に分布しないとされていた（近畿のトンボ編集委員会1984）．また，1960年代当初の大阪府八尾市内の中学校プールにはタイリクアカネ幼虫はいなかったが（六山1964），その後周辺の地域では多数のヤゴが見つかっている（津田1997）．これらのことは，タイリクアカネがしだいに分布域を拡大しつつあることを示唆している．昨今，小学校現場において初夏のプール掃除の際，「ヤゴ救出作戦」と称する学習活動がさかんに取り組まれてはいるが，ヤゴの同定はさほど容易でないためか，非常に大雑把な分類しかなされていない．もしきっちりした調査が日本各地のプールで調べられるなら，タイリクアカネの地理的分布の現状が浮かび上がってこよう．

　以上のようにタイリクアカネの生活史は，秋に産卵，越冬前の孵化，その後の急速な成長を経て6月に羽化，というものであり，プールの活動休止期とうまく合致している．彼らは他種に先駆けて孵化し，他種のヤゴが出現する頃にはそれらを捕食できるほどに成長しているといういわゆる「先行優先

効果」が，本種のプールにおける繁栄のキーポイントとなっているのではなかろうか．さらに，プールの水が毎年排出され，永続的にたまった水ではないことがこの効果を発現させる条件となる．もしプールの水が永続的にためられているならば，ギンヤンマやシオカラトンボなどの，タイリクアカネより大形のヤゴによって圧迫を受けるに違いない．この水管理の差違が，いかなる種のヤゴが優占的になりうるかを大きく支配している．そのことは次項でも触れたい．

3 ある貯水池の場合

　屋外プールはある種のトンボにとって，ため池に代わるハビタットとして利用可能であることを以上に示したが，水泳プールほどの広さはないけれども，都市域に多数存在するコンクリート製貯水池といった人工水域ではどうであろうか．筆者らは京都市伏見区にある京都教育大学キャンパスのひとつの貯水池に着目し，そこにすむヤゴの調査を6年間行ってきた．

(1) 貯水池に飛来したトンボ

　京都教育大学のキャンパスは京都市南部に位置し，市街地の中にある．周囲には住宅や商店などが建ち並び，交通量の多い道路が密に走っている．しかし大学キャンパス内には樹木が多く，大小さまざまな草地もところどころに分布する．市街地の中においてこのようにまとまりのある緑地は，いわば海原に浮かぶ「島」と類似する生態学的諸特徴をもっているように思われる．たとえば鳥たちは，採餌や繁殖のため本学キャンパスに一定期間滞在しては去ってゆく．学内において30年以上にわたって野鳥を観察してきた四方義宏

人工水域を利用するトンボ・ヤゴ　3-3

写真3　トンボの羽化殻を定期的に採取したキャンパス内の貯水池.

氏によれば，延べ41種の野鳥が目撃されたとのことである（四方 2001）．このように多種類の野鳥が観察されたのは，近隣に稲荷山や桃山御陵などの緑地域が存在し，鳥たちが島から島へと海上を移動するように，これら緑地域を飛び石として利用しているからであろう．トンボも，鳥ほどではないものの，飛翔力の強い昆虫である．いったいどういった種が町中の小緑地に出現するのであろうか．

　トンボの捕獲を行った場所は，建物に囲まれたほぼ方形の芝地(30m × 35m)においてであった．この芝地の南東隅に，直径 7m，水深約 50cm の円形の貯水池があり（写真3），トンボのメスは主として産卵のためにそこを訪れ，オスはそのメスと交尾するために貯水池に縄張りを形成していた．捕獲対象は，主として貯水池周辺部に飛来したトンボに限定したが，ときには芝地の上を

表3 大学キャンパスの貯水池周辺において2年間で捕獲された
トンボの種類と捕獲数（松良ほか 2003 より）

科	種 名	捕獲数 オス	捕獲数 メス	合 計
トンボ科	シオカラトンボ*	122	65	187
	オオシオカラトンボ*	33	3	36
	シオヤトンボ	0	1	1
	ノシメトンボ*	254	211	465
	アキアカネ*	179	110	289
	ナツアカネ*	53	70	123
	タイリクアカネ*	1	2	3
	マイコアカネ	2	0	2
	マユタテアカネ	1	0	1
	ネキトンボ	1	0	1
	ウスバキトンボ*	113	133	246
	コシアキトンボ*	14	3	17
	ショウジョウトンボ*	11	0	11
	ハラビロトンボ*	0	1	1
	チョウトンボ	1	1	2
ヤンマ科	クロスジギンヤンマ*	11	2	13
	ギンヤンマ*	0	2	2
オニヤンマ科	オニヤンマ	1	0	1
エゾトンボ科	タカネトンボ	0	1	1
サナエトンボ科	オオサカサナエ	0	1	1
	オナガサナエ	0	1	1
アオイトトンボ科	オオアオイトトンボ*	9	4	13
イトトンボ科	クロイトトンボ	1	0	1
合 計		807	611	1,418

飛ぶ個体も捕らえた．

　2年間で延べ7科14属23種のトンボが捕獲された（表3）．総捕獲数は1,418匹で，そのうちオスが807匹，メスが611匹とややオスの方が多かった．もっとも捕獲数の多かったトンボはノシメトンボ（465匹）で，以下100匹以上捕

獲された種を順に述べると，アキアカネ・ウスバキトンボ・シオカラトンボ・ナツアカネとなる．

23種の捕獲総種数のうち，星印をつけられた13種は，貯水池に産卵したトンボである．全捕獲種数23種のうち9種は，2年間の間に1匹だけ捕獲された種であり，偶然通りかかった個体が捕獲されたものと思われる．そのうちオニヤンマやサナエトンボ類は丘陵地や低山の川に産卵することから，餌捕獲のため立ち寄ったところを偶然採取されたのであろう．クロイトトンボは普通種であるにもかかわらず2年間で1匹しか採れなかった．これは本種がイトトンボ亜目に属し，水草の茎や葉などに卵を産み込む「植物組織内産卵」の習性をもつため，貯水池のような水草がまったくない水域に興味を示さなかったのであろう．ところが一方，同じイトトンボ亜目に属するオオアオイトトンボが，少数ながら毎年捕獲されている．本種は大形の美しいイトトンボであるが，水面上に張り出した木の枝や幹の樹皮に卵を産み込むため，本貯水池のような樹木に囲まれた水域を求めて飛来したものと思われる．

いずれの年も最大の捕獲数を示したノシメトンボについて言及しておきたい．本種はアカネ属のトンボであるが，元来，密度の高さという点で日本を代表する種は，同じアカネ属のアキアカネであった．これは，アキアカネの「打泥産卵」という産卵習性と関係していよう．稲の刈り取られた田んぼのあちこちには水が浅く残っていたり，ぬかるみができていたりするものであるが，アキアカネのメスはそういった場所を見つけ，尾端を泥水に打ちつけるようにして産卵する．つまりアキアカネは水田に適応してきたトンボであり，水田は日本の代表的な景観のひとつであるから，たいへんポピュラーなトンボとして君臨してきたのである．しかしながら昨今，このアキアカネの衰退とは逆に，ノシメトンボが全国的に増加していることが指摘されている．上田(1997)は，近畿地方における過去30年間ほどの採集データをまとめ，本種が増加傾向にあることを実証し，その理由として，1960年代以降，農林水産

第3章 | 野生生物と都市 —— 水辺

省によって押し広められた圃場整備事業にともなう水田の極度な乾燥化が，ノシメトンボの全国的な増加を生み出したのではないかと推察している．つまりコンクリート溝や塩ビ管埋設などによる排水管理の強化により，収穫後に降る雨も田んぼの泥に水分を供給することなく干上がってしまった結果，アキアカネの産卵場所を奪い，その孵化幼虫の生存もおびやかされているというのである．この大規模圃場整備はトンボへの影響のみならず，カエルや魚，またそれらを捕食するサギ類などにも多大な影響を与え，これらのなじみ深い動物が水田から消滅しつつあることが指摘されている（江崎・田中 1998）．

　2年間で100匹以上捕獲できた種（ノシメトンボ・アキアカネ・ウスバキトンボ・シオカラトンボ・ナツアカネ）は，いずれも都市部で普通に見られるトンボ類であるといえるかもしれない（他の地方でもそれほど大差はないだろう）．いずれの種も，比較的浅い水深を持つ止水域で打水産卵もしくは空中産卵をするタイプである．都市部からため池が減少してきた現代において，かれらは人工貯水池や噴水池のような代替水域を利用することで，市街地でもその幼虫の生息を可能にしている．

　京都市伏見区から真東に目をやると向日市がある．ここは大阪や京都のベッドタウンとして開発が進んできた区域であり，「東山」に対して「西山」と呼称される低山地を背後にもつ．この向日市のため池や水田地帯から合計18地点においてトンボの飛来が8月から10月にかけて調べられている（森・森 1989）．それによると，合計10種のトンボが確認されたとのことである．おそらく実際はもっと多数のトンボが生息していたと思われるが，いずれの種も今回の種リストに含まれていることは興味深い．1989年当時は，まだ向日市には池や林や水田が比較的多く残っていたが，そこにおいてすら10種にすぎないのに，市街地に位置する本学キャンパスで23種見られたことは，意外な気がするのである．

(2) 羽化したトンボの種構成とその年次変化

　この貯水池は毎年春先に水が抜かれ，それと同時に底にたまっていたデトリタスも流失した．当然デトリタス内のヤゴもほとんど流されていったことだろう．しかし予備調査を行った1994年の5月以降は，われわれの水抜き中止の要請が受け入れられ，水は放置されたままであった．なお満たされた水は地下水であった．この水管理のありかたが，後述するように，貯水池内のヤゴの種構成に大きく作用した．

　本貯水池は地面から掘り下げて造ったものでなく，地面から垂直に立つコンクリート壁で囲んだ構造になっている．水深はおよそ50cmで，渇水期が長期間に及んだ夏期に水の補充をしたことはあるが，それ以外いっさいの水位調節がなされていない．水面とコンクリート壁上端の間隔は狭く，ヤゴの羽化は不可能であったので，羽化場所として幅2m，高さ1mのナイロン製防虫網を水中に3面，垂直に立て，1995年の春から2000年の秋まで休日を除くほぼ毎日，ネットに付着していた羽化殻を採取した．ときどき池周縁の樹木や草で羽化殻を探したが，一匹も観察されなかった．

　表4に採取された羽化殻の6年間におよぶデータをまとめた．延べ7属12種のトンボがこの小さい池から羽化した．調査開始からの3年間は，一様に羽化数が減少していったが，これは最初の2年間において貯水池周辺でトンボ採集を頻繁に行ったこと，また1997年までの3年間は，池の中に2名の調査者が入ってヤゴの採集を定期的に行うという人為的攪乱が加えられたためであろう．その後はなんの手も加えずにただ羽化殻を採集するのみであった．

　6年間の合計羽化数を種ごとでみれば，クロスジギンヤンマ・ウスバキトンボ・オオアオイトトンボ・シオカラトンボといった順で多数を占めていた．この合計羽化数は，貯水池周辺で捕獲された雌トンボの個体数（表3）とほとんど比例していないことは注目に値する．いくら多数が飛来しても，産卵様

第3章　野生生物と都市 —— 水辺

表4　貯水池から羽化したトンボの種構成の年次変化（松良ほか 2003 より）

種　名	年						合計	平均	変動係数(%)
	1995	1996	1997	1998	1999	2000			
シオカラトンボ	142	73	5	2	3	20	245	40.8	138.2
オオシオカラトンボ	12	12	0	0	3	10	37	6.2	94.2
ギンヤンマ	1	0	19	28	12	16	76	48.8	85.3
クロスジギンヤンマ	59	49	64	173	96	44	485	32.8	60.2
ショウジョウトンボ	2	25	0	0	17	153	197	0.8	182.0
ノシメトンボ	3	2	0	0	1	0	6	6	126.5
アキアカネ	46	3	0	3	0	0	52	8.7	211.7
ナツアカネ	35	0	0	1	0	0	36	1	236.9
タイリクアカネ	0	4	0	0	0	0	4	0.7	244.9
ウスバキトンボ	33	53	14	41	33	119	293	80.8	75.1
コシアキトンボ	0	0	0	3	1	1	5	12.7	140.3
オオアオイトトンボ	0	0	0	73	0	194	267	44.5	177.2
羽化殻総数	333	221	102	324	166	557	1703	283.8	—
羽化種合計	9	8	4	8	8	8	12	7.4	—

式という点から貯水池での産卵が不能であるケースや，池にいる他種のヤゴによって幼虫期間中にほとんど食われてしまうというヤゴどうしの種間関係が，飛来数と羽化数との間に相関が認められないことの主原因となっているのだろう．

　プールと同様貯水池内にも水草はまったく存在しなかった．にもかかわらず，なぜオオアオイトトンボは 1998 年と 2000 年に多数が羽化したのであろうか．植物組織内産卵を行うイトトンボ亜目の中でも，本種の産卵様式は他のイトトンボ類と少し異なる．先に触れたように，水草内部に産みつけるのではなく，池の上に張り出した木の枝の樹皮下に彼らは産卵するのだ．貯水池の周りにはさほど大きくはない樹木（オガタマ・クスノキ幼木・ユキヤナギなど）が池と接するように立っている．羽化殻採取を容易にするため，たま

に樹木の梢を筆者らの手により切除した．オオアオイトトンボの羽化がまったくない年があったことは，この操作の影響によるのかもしれない．

　もっとも羽化数の多かったクロスジギンヤンマは，先の学校プールの調査ではまったくそのヤゴが採集されていない．これは，同じギンヤンマ属であっても，ギンヤンマは産卵場所として明るい開水面を好むのに対し，クロスジギンヤンマは半日陰の比較的狭い池を選好することによる（石田ほか1988）．ギンヤンマ属もイトトンボ同様植物組織内産卵を行うが，彼らはときとしてその代替物を利用することもあるようだ．たとえばプールに浮かべた発泡スチロール製トレーに卵を産み込むという報告がある（高田1995）．筆者らは，クロスジギンヤンマが本貯水池の内壁上端に生えたコケの群落に産卵しているのを目撃している．池の底にはデトリタスが分厚いシート状に堆積していたが，それらはツヅミモ属の付着藻類などから成り，光合成の結果排出された酸素ガスを含んで水面にしばしば浮かび上がった．この浮上したシートに，本来植物体に産卵するタイプのトンボが産卵した可能性もある．

　貯水池からの年間羽化種数は，人為的攪乱の蓄積結果だと思われる1997年の4種を除けば，ほぼ毎年8種であった．ただしその構成種の割合は年とともに変化した（図2）．調査を開始した1995年はシオカラトンボや各種のアカネ属が羽化種の多数を占めていたが，その後クロスジギンヤンマに優占的地位を取って代わられ，調査最終年の2000年はオオアオイトトンボ・ショウジョウトンボ・ウスバキトンボが大部分を占めていた．シオカラトンボやアカネ属の羽化数が年の経過とともに激減したのは，貯水池の水が抜かれずに放置されたことが大きいと考える．そのことにより，クロスジギンヤンマ幼虫が除去されずに済み，貯水池内の最大サイズの捕食者となりえた．池底のデトリタスをすくってみれば，その中に常にもっとも多かったのはシオカラトンボのヤゴであったが，同じ空間に生息するクロスジギンヤンマに食われたためか，羽化することができたヤゴはごく少数であった．

第3章 　野生生物と都市 ―― 水辺

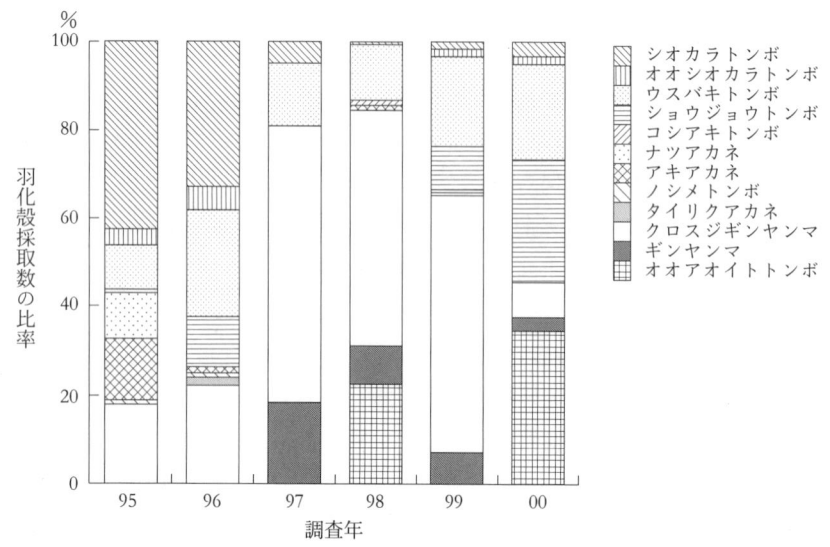

図2　貯水池から羽化したトンボの種構成比率の年次変化．(松良ほか2003より)

　このような狭く単純な水域で，コンスタントに多種類のトンボが羽化できた理由のひとつに，羽化時期の種間差をあげることができよう．図3に，羽化個体数の季節的変化の一例を示した．羽化個体数および羽化種数とも6月がピークを示し，夏期はほとんど羽化してこなかった．9月にも小さいピークがあったので，羽化数の変動を年間をとおしてみれば，きれいな二山型となった．1995年の場合，6月から7月に羽化したのは主としてシオカラトンボ，アキアカネ，ナツアカネであったが，秋に羽化した代表種はクロスジギンヤンマとウスバキトンボであった．つまりトンボ幼虫は，この水域において成長時期を時間的に相互に違えることによって有効利用していたといえる．だが毎年同じ種が初夏に多数羽化してくるというのではなく，羽化曲線の構成種は年とともに変化したのであった．1998年はクロスジギンヤンマや

図3 1995年において貯水池から羽化したトンボの個体数の季節的変化(1週間当たりの羽化殻採取数で表した.(松良ほか2003より)

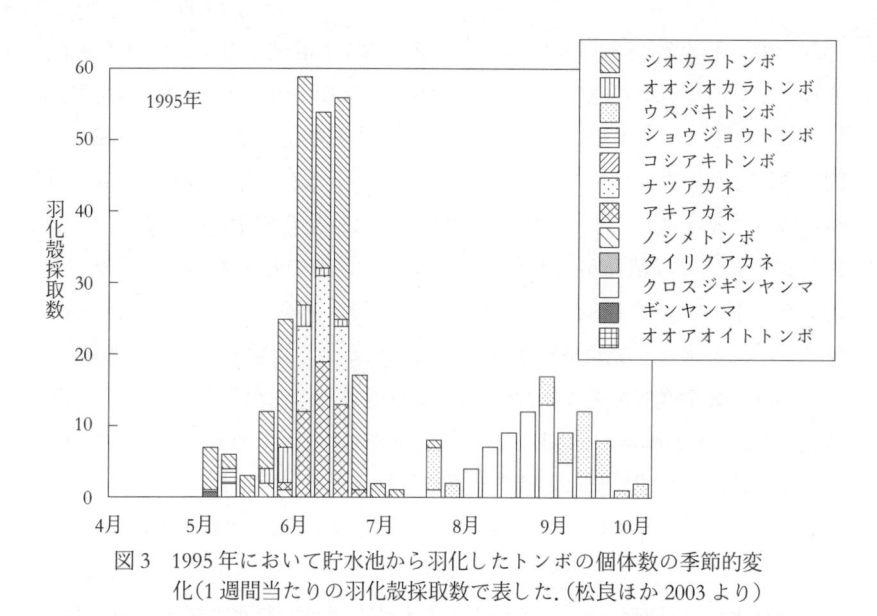

ギンヤンマあるいはウスバキトンボが初夏羽化型の主要種となっていた.ところが,初夏羽化型の優占種が年とともに変化したのと対照的に,秋羽化型の優占種は,クロスジギンヤンマとウスバキトンボという組み合わせが6年間ほぼ安定的に続いたのであった.

(3) なぜ多種類のヤゴが共存できたか

大学キャンパスにはコンクリート製貯水池が他に6か所存在するが,本貯水池だけが多種類のトンボ幼虫を育んでいた.その理由について考えてみたい.

私は貯水池の水深が約50 cmという浅さであったこと,および周囲の植栽木が池面に枝を密度濃く張り出すのでなく,ほどほどの茂り具合であったこ

とが大きいと考える．一般に，ヤゴは水深の深い場所を好まず，せいぜい1mくらいまでの地点に生息していることが多い（上田1998）．池や湖沼の面積がいくら広くとも，ヤゴのいる場所は沿岸の抽水植物帯が主であり，面積の大部分を占める中央部のエリアにはヤゴはいない．本貯水池の底には付着藻類から成るデトリタスが広く堆積し，晴れた日には光合成産物の酸素ガスを含んだシート状の堆積物が，大小さまざまな大きさでもって水面に浮かび上がったことをすでに述べた．水深が浅いことで，太陽光が底まで達し，植物プランクトンによる光合成がさかんに行われたものと思われる．その結果，水中の溶存酸素濃度が上昇したのであろう．貯水池の水の年間をとおしたpH変化は8.2～9.2でほぼ安定し，常に弱アルカリ性を示したが，これは水中の炭酸イオンが光合成の際に消費されたことによろう．

　これらのデトリタスはユスリカ幼虫などの餌であり，事実，高密度のユスリカ幼虫が年間をとおして観察されたが，もう一方でデトリタスは空間構造の多様化という機能も提供している．きわめて単純な貯水池であるが，厚みをもつ柔らかいデトリタスが底にたまることによって，ヤゴなどの水生動物にとっての環境構造が複雑化される．デトリタスのたまりかたも，平面的にみてけっして一様でなく，厚い箇所やほとんどたまってない箇所があるというふうに，ムラがあった．このように基質の構造が複雑になるにつれ，ヤゴ間の捕食率も低下し，多種共存へとつながる．なお，本貯水池内のヤゴはどの種もデトリタスを主な棲み場所としていたわけではない．コーベット（Corbet 1999）はヤゴを，行動や形態また微小生息場所の利用法をもとに，「しがみつき型」「腹ばい型」「潜伏型」「穴掘り型」の4タイプに大別している．このうち「しがみつき型」に属するオオアオイトトンボやギンヤンマ属幼虫は，貯水池縁の垂直な壁につかまって定位していることが多かった．彼らは，デトリタス内にじっと潜んでいるシオカラトンボ属やアカネ属幼虫と異なり，貯水池内をより立体的に利用していた．異種ヤゴ間のこのような行動タ

イプの違いが，多種共存の一因ともなっていよう．

　次に池周辺の樹木についてであるが，落葉を多量に供給する木々の有無が，池底のデトリタスの質を決定する重要な環境要素である．落葉は池水への有機物の供給，腐食性水生昆虫の餌，またヤゴの隠れ家や定位場所として必要なものである．しかし，落葉供給量が多すぎれば葉の腐敗がすすみ，水の富栄養化へとつながる．たも網で他の貯水池の底をさぐると，悪臭を放つ黒いヘドロが網に捕らわれていたことがあり，当然そこにはヤゴのみならずユスリカ幼虫すらいなかった．本貯水池の場合，ほどほどに植栽木が存在していたと推論される．木々は日陰を提供することにより，夏期の水温上昇を抑えることができたであろうし，トンボの休息場所や餌供給場ともなっていた．すでに述べたように，半日陰がつくられたことにより，ギンヤンマのみならずクロスジギンヤンマも産卵のため飛来したのである．また池の上に張り出した枝は，オオアオイトトンボに産卵場所を供給したであろう．このように植栽木の量と配置は，池水管理やトンボを誘引するための仕掛けとして重要な位置を占めているので，十分な目配りを要する．

4 町中の造成池から羽化したトンボ

　最後に，京都市梅小路公園内「いのちの森」の造成池に生息していたヤゴについて述べる（本公園の立地条件や造成の意義については他章を参照）．「生息していた」と過去形になっているのは，この調査の数年後にヤゴが全滅に近い状態になったためである．またこの造成池はたしかに人工的な池ではあるが，自然のため池に近似させて造られていること，水生植物の管理以外はほとんど放置されたままであることから，ここでその調査結果を述べることは，本節の本旨から微妙にずれているかもしれない．しかし，市街地において新

たに造成された池の初期状況は，人工的水域そのものであるともいえよう．

ビオトープ内には，幅の狭い水路で結ばれた6つの池と1つの「湿地」が存在している．これらの水域のうち，「命の泉」と称せられる池だけは，地下水を常時大量に供給されているため，低水温の澄んだ水が貯えられ，底に敷き詰められた玉石には付着藻類もほとんどついていなかった．そのためヤゴやヤゴの餌となる水生昆虫もこの池にはまったくいなかった．

造成池に水が張られたのは1996年3月であった．筆者は同年秋（10月19日）に，各池の底をたも網ですくい，果たしてヤゴが定着しているかどうかを定性的ではあるが調査した．その結果，どの池にもすでにクロスジギンヤンマ幼虫が生息していることを確認できた．ショウジョウトンボやシオカラトンボの幼虫も複数の池で見られた．イトトンボ類も生息していたが，種の同定はできなかった．またヤゴ以外には，ミズカマキリ，アメンボ，フタバカゲロウ幼虫なども採取できた．

続いて開園1年後（1997年）の4月から10月にかけ，池や湿地からどのような種のトンボが羽化したかを知るため，羽化殻の採集を週1回の頻度で行った．実際の作業をしてくれたのは卒論生の川上由弥子さんである．前年秋の調査時でも，池面にはウキクサやアオミドロがすでに繁茂していたが，抽水植物の成長ともどもそれら水生植物の繁殖状況はたった1年とはいえ相当なものであった（写真4）．

彼女は池周辺の草についていた羽化殻を丁寧に見て回り，回収した．羽化殻は草だけでなく，池面から突き出た木杭や，排水口の金網にもついていることがあった．調査の結果，合計376個体の羽化殻が回収され，これらの水域から5科9属15種のトンボが羽化したことがわかった（表5）．ただしイトトンボ科については羽化殻では種の同定が不可能ゆえ回収せず，ヤゴを直接採集することでそれらの生存を確認した．

羽化数のもっとも多かったのはシオカラトンボとショウジョウトンボで

写真4　梅小路公園「いのちの森」に造成されて2年経った池(「池2」)の様子．池の水面は湿地植物に広く覆われてしまった．

あった．つづいてノシメトンボ・ギンヤンマ・マルタンヤンマといったところである．前節の大学キャンパスの貯水池で優占していたクロスジギンヤンマは，池の環境条件がその産卵選好性と合致しなかったためか，池5以外ではほとんど発生しなかった．丘陵地や平地の池沼に生息するマルタンヤンマが多数羽化したことは，予想外のうれしいできごとであった．また池によって羽化数にかなりの差違があった．池4と池5が個体数・種数ともももっとも多いことがわかった．両池とも面積が最大であったことと関連していよう．

　このように開園2年目はトンボ幼虫の順調な定着を確認することができた．しかし，開設4年後（2000年）の6月に調べたところ，どの池も底には

表5 ビオトープで発生したトンボの種と，のべ羽化殻数およびその比率（川上・松良 1998より）

科	種名	羽化殻採集数	比率(%)
トンボ科	クロスジギンヤンマ	21	5.6
	ギンヤンマ	47	12.5
	シオカラトンボ	98	26.1
	オオシオカラトンボ	3	0.8
	ショウジョウトンボ	97	25.8
	アキアカネ	6	1.6
	マユタテアカネ	2	0.5
	ノシメトンボ	49	13
	ナニワトンボ	6	1.6
ヤンマ科	マルタンヤンマ	45	12
サナエトンボ科	アオサナエ	1	0.3
アオイトトンボ科	アオイトトンボ	1	0.3
イトトンボ科*	ホソミイトトンボ	―	―
	アオモンイトトンボ	―	―
	アジアイトトンボ	―	―
合計		376	100

＊イトトンボ科の種については，羽化殻での同定が困難なため，羽化殻の採集は行わなかった．

　異臭を放つヘドロが堆積し，ヤゴはまったくいなかった．いたのはウシガエルのオタマジャクシのみであった．池にはアオミドロやウキクサなどが異常繁殖し，その大量の枯死体による水の富栄養化がすすみ，またそれらの有機性腐食物を餌とするウシガエルの幼生の異常繁殖の誘発というふうに，悪循環が進行したものと思われる．ウシガエルの幼生はヤゴを積極的に摂食するわけではないが，ヤゴと同一空間で採食するため，トンボ卵や小形ヤゴを非選択的に食べてしまったであろう．またウシガエル成体はトンボの強力な捕食者であり，産卵に飛来したトンボをさかんに攻撃したことだろう．そのため，ウシガエルの進入は池の生物相の保持のために絶対阻止しなければなら

ないと，ビオトープの計画段階から考えていたが，彼らの進入をくい止めることはできなかった．

「いのちの森」と名づけられたビオトープは，できるだけ人為を加えずに自然に任せようというコンセプトで造成されまた管理されてきた．いのちの森の周囲にも，コンクリートで固められた水路や噴水池が存在する．それらの完全に人工的な水域で，薄くたまったデトリタスをすくってみたら，たくさんのヤゴが捕獲された．

ビオトープ内の造成池は面積が小さいため，周囲からの有機物の移入による池生態系への影響力は大きく，平衡を保つことがむずかしいようだ．池にすむヤゴの密度を回復させるためには，底にたまったヘドロを除去するとともに，アオミドロやウキクサなどの水生植物そしてオタマジャクシの間引きといった管理が適当な間隔で実施される必要があろう．

5 まとめ

小学校のプール，大学キャンパス内の貯水池，新規に造成したビオトープ池といった，市街地に存在する止水域において，どのような種のトンボが発生するかを述べてきた．水域の広さや水深，排水の頻度，周縁に植栽された樹木の密度などがそれぞれで異なり，発生したトンボ種も微妙に違っていた．それら諸条件の違いに配慮しつつ，比較的普遍的に出現した種をあげれば，シオカラトンボ・ノシメトンボ・タイリクアカネ・ウスバキトンボ・ショウジョウトンボ・ギンヤンマ・クロスジギンヤンマとなろう．これらは「都会のトンボ」とよぶのにふさわしいトンボたちである．この7種のうちヤンマ類を除く5種は，いずれも打水産卵型のトンボである．またギンヤンマとクロスジギンヤンマは植物組織内産卵を行うが，発泡スチロール製トレーなど

人工的浮遊物などにも産卵できる柔軟な産卵習性をもっているようだ．しかしながら，このような産卵習性はなにもこの7種に限るわけではない．なぜこれらの種が都会に進出できているかをつきとめるためには，産卵数・餌条件・幼虫の死亡要因など検討すべき課題が多数存在する．この小論では，とりあえず都会の人工水域で成育できる種を提示したにすぎない．これらのトンボは，都会の水域といえども，とにかく利用してしまう逞しいパイオニア種である．都会に暮らすわれわれが知らないだけで，思わぬ人工水域にしぶとく生きているヤゴたちも多数いることに違いない．

いのちの森

▶ ....引用・参考文献

Corbet, P.S.（1980）Biology of Odonata. *Ann. Rev. Entomol.* 25:189-217.
Corbet, P.S.（1999）*Dragonflies: Behavior and Ecology of Odonata.* Cornell University Press.
江崎保男・田中徹夫編（1998）『水辺環境の保全——生物群集の視点から』朝倉書店
石田昇三・石田勝義・小島圭三・杉村光俊（1988）『日本産トンボ幼虫・成虫図説』東海大学出版会．
川上由弥子・松良俊明（1998）「ビオトープ〈命の森〉に発生したトンボ目幼虫の生態学的研究」『いのちの森2』16-23．
近畿のトンボ編集委員会（1984）『近畿のトンボ』 関西トンボ談話会発行．
松良俊明・野村一眞・小松清弘（1998）「都市の人工水域に生息するトンボ目幼虫の生態学的研究：小学校プールにおけるタイリクアカネ幼虫の発生状況およびその生活史」『日本生態学会誌』48:27-36．
松良俊明・足立明子・神先雅巳・田中嘉和・西川智裕・野々下徳之・松井茂洋・渡辺貢司（2003）「都市の人工水域に生息するトンボ目幼虫の生態学的研究：貯水池から羽化したトンボ類の種構成とその年次変動」『環動昆』14:19-29．
みどりと生き物のマップづくり会議（1993）『大阪のみどりと生き物1993』
森豊彦・森正恵（1989）『向日市の自然観察調査報告書 （1）トンボ』
尾花茂（1969）「大阪におけるタイリクアカネの生態」『TOMBO』12:17-23．

六山正孝（1964）「プールの生態学」『科学の実験』16:247-254.
四方義宏（2001）「構内の野鳥観察 30 年」『京都教育大学広報』107:15-18.
田口圭介・中川美智代・合田佐恵子・吉田和史・桂野龍太郎・下元健二（2000）「水泳プールの水生動物によるビオトープとしての評価」『大阪府公害監視センター所報』21 号.
高田昌慶（1995）「プールにおけるトンボの産卵とヤゴの羽化」『遺伝』49:71-75.
ため池の自然談話会（1994）『身近な水辺——ため池の自然学入門』合同出版.
津田滋（1997）「大阪府南河内郡の小学校プールのトンボの幼虫」『Gracile』58:14-18.
上田哲行（1996）「アカトンボ類の多様な繁殖行動をどう理解するか」『昆虫と自然』31:2-7.
上田哲行（1997）「ノシメトンボの増加傾向についての考察」『Symnet』6:6-7.
上田哲行（1998）「ため池のトンボ群集」『水辺環境の保全——生物群集の視点から』朝倉書店，17-33 頁.
梅田孝（1993）「小学校プールおよび市営プールのヤゴを中心とした生物調査」『横浜市環境科学研究所所報』17:215-218.
渡辺守（1999）「学校プールに出現する蜻蛉目昆虫の教材化に関する基礎的研究」『生物科学』39:65-76.

渡辺茂樹
shigeki watanabe

Section
3–4

都市のイタチ，田舎のイタチ

1 シベリアイタチとニホンイタチ

西日本の都市にイタチが出る．学名を *Mustela sibirica* というイタチである．
　このイタチは外来種であり（長崎県対馬以外では），元々はユーラシア大陸に広く分布する．日本に渡来した個体群は Korea 原産であるとする説が有力で，現地個体群は 20 世紀初に亜種登録されている．学名は三名法で *Mustela sibirica coreana* で，和名はチョウセンイタチである．「なぜカンコクイタチではないのだ？」というのはまあさておき，亜種 *M.s. coreana* を亜種たらしめる根拠はきわめて薄弱だ．わずか 2 個体の剖検結果たる「吻端の黒色が頭頂部にまで伸びていない」で，それが新亜種記載の根拠とされたのだが，いかに 20 世紀初の学問レベルとはいえこれだけではあまりにもお粗末だろう．その標徴があてはまらない「在日朝鮮鼬（いたち）」を私はたくさん見ているし，韓国旅行時にかの国でも見た．ゆえに私はそのような亜種は存在しないものとみなし，以下，和名チョウセンイタチは用いず，シベリアイタチを使う．二名法の *M.sibirica* の種小名 *sibirica* は，地名のシベリアが語源である．

で，そのシベリアイタチだが，日本ではなぜか都市を好む．「農村や山林にもいないわけではないのだが，どちらかといえばそこは在来種ニホンイタチ *Mustela itatsi* の領域である」……という意のことを，10年前に私は書いた（渡辺 1994）．最近は「必ずしもそうでもないかも？」と思うのだが，まずはとりあえず，10年前の知見に拠って記す．

　韓国ではシベリアイタチはとりたてて都市動物ではなしで，ソウルや釜山等で目撃されることはないようだ（韓尚勲 私信）．おそらく，外来種シベリアイタチは「不本意」なる環境に押し込められたのだろう．巷には「外来種が在来種を駆逐した」という俗説があるのだが，私は（みずからの知見の範囲では）「話が逆」と思う．シベリアイタチは，本来の棲息地たる山林に行きたくとも行けないのだ（種間競争において劣勢のゆえ）．ニホンイタチが都市から消えたのは外来種に負けたからではなくて，「人間のせい」と思われる．それが証拠に，東日本（シベリアイタチ分布せず）の都市にはニホンイタチもいないのだ．で，新宿や銀座からニホンイタチが消えた因が人間であるならば，大阪の梅田や心斎橋にニホンイタチがいない（シベリアイタチはいる）理由も，同じように考えるのが合理的ではあるまいか．西日本の都市におけるシベリアイタチの隆盛は，「ニホンイタチが人間に追われ，その結果空地ができ，そこにシベリアイタチが漂着した」結果なのではないかと思う．だが，「いわば住めばなんとやらであり，シベリアイタチにとっての都市は思わぬ拾い物だったのだ」……と10年前に私は思い（渡辺 1994），いまでも近畿ではそうであると思っている．最近「必ずしも」と思うにいたったのはここ数年の九州での知見が因だが，そのことはとりあえず措く（後述する）．以下には，「シベリアイタチはなぜ西日本限定なのか」と「西と東の境界はどこにあるのか」について述べる．さらに，「近畿の都市におけるシベリアイタチの棲息状況」について言及する．

　シベリアイタチの渡来の経路には，二波があったとされている．最初は

第3章　野生生物と都市 ―― 水辺

「強制連行」(毛皮目的移入)で昭和初で，近畿限定だ．後者は「密航」で昭和20年代で，大陸からの船が着く港には北九州も含まれた．最初の波は小さく広がりも少なかったのだが，第二波の後は東への進撃がはじまる．現在する当時の資料は少なく，確かなことはわからぬが，静岡県中部まで達してそこで進撃は止まったようだ．理由はよくわからない．イタチはむろん泳げるが，その親戚たるカワウソほどには達者でない．大河の横断は好まぬはずであり，その一方で，川は細くなる上流域にはニホンイタチが蟠踞する．だが「江戸時代ではあるまいに」で，大井川にも天竜川にも橋がある．「都市を好む」性質の在日シベリアイタチであるならば，橋のある大河は分布拡大の障壁にはなり難いように思えるのだが……（?）．

　なんにせよ，知見が古すぎる．静岡県中部に達したというのは約半世紀前の状況であり，その後は「箱根の坂は越していない」程度のことしか知られていなかった．「イタチにおける東と西」が調査されたのは，つい最近のことである（太田ほか 2001）．この調査の結果は「境界は美濃国関ケ原」であったのだが，その後，濃尾平野の濃の側には居ることが判明した（太田恭子 私信）．要するに木曽三川が東と西の境界ということであり，「源頼朝の時代と同じだ」（命令に従わない御家人への「墨俣より東には入国禁止」通達）となる．たとえ橋がかかっていても，「大河は分布拡大の障壁になる」のであろう．ただ，「昭和20年代には越えたのに」である（前記の「西より進撃」説が正しければ）．そして，分布縮小の理由は不明だ．

2 都市はシベリアイタチ，田舎(農村・山林)はニホンイタチ

　ところで，岐阜県下には残存するシベリアイタチだが，その勢威はさかんでない．大阪・京都・神戸のように，住民からの「イタチ公害」の苦情が行

政に寄せられることもない．一方，前記3都市（ならびにその周辺）の状況は相当に悩ましいものであり，行政は対応に苦慮している．シベリアイタチは，「生物親和都市」の対象として不適当だ．民家や商店が受ける被害が続出しているのである（中島1994）．

たとえば大阪市中央区谷町での，「天井裏でイタチが子をかえしてしもたんですわ」の例（中島1994）．家主ははじめ天井裏を走り回る音を，「ずっとネズミかと思ってました」とのことである．なにか変だと気づいたのは，チイチイという赤ん坊の鳴声がきこえはじめたことと，異様な臭いが漂いはじめたことのゆえだ．天井板を開けて中を調べたところ，「イタチがドタドタ音立てて逃げてったんですわ」であった．そして，天井裏に敷き詰められた断熱材マットには出産寝床として使われていた形跡があり，「その周りにべちゃーっとしたネバイ糞，それにネズミの死体が3つ転がってましてん．それに虫がわいて……押入れの中まで虫がうようよ．目もあてられませんでした」の惨状だったのだ．

中島はこの年（1994年）に，大阪市内で類似の事例が他にもたくさんあることを取材で知る．あるいは，「イタチが座敷に上がり込み，卓袱台の食事を食べてしもたりする」等々もだ．スーパーの商品が狙われることもしばしばで，この場合は必ずしもイタチが現行犯として確認されているのではないのだが，状況からして疑いはきわめて濃い．これらの「イタチ公害」の因が外来種のシベリアイタチであることは，私が罠捕獲で確認している（渡辺1994）．京都（おもに1980年代）と大阪（1990年代以降）で総計30頭を越える「街イタチ」を捕えたが，それらはすべてシベリアイタチであった．

食料品が盗られる事例はまだしも（面倒だが対処の仕様あり），天井裏に住みつかれてしまった場合の対応は難しい．出入口を塞げばよさそうなものだがそれはなかなか発見できずで，追い出そうとしてバルサンを焚いてもまたすぐ戻って来てしまう．ただ，罠に対する警戒心は未ださほどでもないので（こ

れからどうなるかわからぬが），捕獲は比較的容易だ．で，行政は「特例」として罠を貸し出すことになった．法律的には許可なくイタチを捕えることは禁じられているのだが（在来種も外来種も），大目に見ることにしたのである．野生動物に対する捕獲の是非は実はやや微妙で，「個人の敷地内に侵入し，その所有者に迷惑をかける場合には法の網を被せない」という解釈がありうることでもある（法の不備を補う判例が未だ出ていない）．そして，罠の貸し出しの件数は平成4年に304件で平成5年は271件であり（大阪府農林部鳥獣課のまとめ），京都でも年間50件に及ぶ．ここ数年の状況は不明だが（行政に資料はあるはず），おそらくさして変わりなしと思われる．昨年（2003年）夏，日本テレビのイタチ番組取材に同行して市内（西成区）を歩き，その感触を得た．このあたり，イタチはあちこちに頻繁に出没する．

　貸し出し件数と捕獲数は必ずしも一致しないはずだが，「捕獲は比較的容易」である．で，捕えたイタチをどうするかだが，これが大いに問題だ．捕獲行為自体が「実は違法」なのだから（そうではないとする考えもありうるが），「殺すのは論外」と大阪府は考えた．で，「山に持って行って放すように」という指導が施行された．この方針を打ち出したのは当時の行政の担当者の鈴木宏介氏で，氏はいま故人のゆえあまり悪しざまにはいいたくないのだが……正直，最善のものとはいいがたい．なぜならば，山はニホンイタチの領地だからである．

　行政もそのことに気づいていないはずはなしで，異なる対応を採るケースも出現した．たとえば兵庫県阪神南県民局（尼崎等を担当）では，狩猟免許を持つ者が正式な有害獣駆除申請を出すことを条件に，殺処理・焼却処分を行うようにと指導している．この方針は非道のようにも思えるが，「やむなし」と私は考える．少なくとも，山で放すよりははるかにましである．山で放たれたシベリアイタチは町に下りて別の家に入る可能性が濃厚であり，一方でもし山から下りない場合には，ニホンイタチとの軋轢が予想される．その結果

が敗北であるならよいのだが,勝ってしまうのはまずい．いま現在は「シベリアイタチは山に行きたくとも行けない」のだが（少なくとも近畿では），今後そのバランスが崩れるとも限らぬのだ．

　九州では，必ずしもシベリアイタチが山に行けないわけではないのでもある．とりわけ北九州ではそのようで，福岡・佐賀ではニホンイタチは準絶滅危惧種だ．私ははじめそれを「嘘だろう？」と思ったのだが，その後この2県をみずからも踏査した結果,「絶滅危惧であるかどうかはさておき，シベリアイタチがかなり山奥に入っていることは認めざるをえない」の認識に至った．重ねて近畿（ならびにそれ以東）では「ニホンイタチ強し」なのだが，植生等がさして変わらぬ九州での「なぜ？」が不明である以上，用心するに越したことはないのである．

3 珍獣ニホンイタチ

　以上は,前おきである．以降は,「近畿の農村におけるシベリアイタチとニホンイタチの種間関係」について述べる．ただその前に前おきとして，ニホンイタチという動物のプロフィールを紹介する．

　ニホンイタチは日本固有種で（種小名の *itatsi* は日本人のこの動物への慣用語をシーボルトが転用したもの），サイズはシベリアイタチより平均的に小さめであり，尾が短い．色は（変異が大のゆえ一概にはいえないが），シベリアイタチに比べて濃色だ．吻端が黒であることはシベリアイタチに共通し，それゆえに一時はシベリアイタチの亜種とみなされたこともあるが，現在はこの説はほぼ否定されている．遺伝的に近縁ではあるのだが，同一種とはみなしがたい距離があるのだ (Kurose, et. al. 2000)．分布は日本列島のほぼ全域だが，元来はブラキストン線の南から渡瀬線の北までに限られていた．北海道への

進出は明治以降の「密航」によるもので（「開拓」の船に便乗しての），琉球への分布拡大は「強制連行」（ネズミ駆除目的）によるものだ．なお，琉球への強制連行はシベリアイタチにおいても行われていて，いずれも地元貴重動物への食害が問題視されている．

　北九州ではあるいは少なめなのかもしれないが（そして「都市は嫌い」なのだが），上記の分布地域内には割合普通にいる動物である．だが実は，ニホンイタチは「珍獣」である．数の少なさではなくて，その形態の珍しさにおいてである．どのように珍しいかというと，1頭を見ただけではわからない．数多く見ても，雄のみないしは雌のみだけではわからない．雌雄を見比べて，はじめて「雌が異様に小さい」ことが判明する．体重で比較すると雄は500gを超える個体が普通であるのに対し，雌は150g前後で（100gを切ることもあり），200gを超える個体は私は未だ捕獲したことがない．すなわち，ニホンイタチの雌の体重は雄の1/4〜1/3程しかないのである．対してシベリアイタチでは約1/2であり（雌はおおむね300g台で雄は変異大だが平均的に），オコジョやイイズナもまあその程度だ．それでなお（体重性比1：2でも）「イタチ類は性差が大」とされるのだから，ニホンイタチのこの数値は異様である．類似事例はセイウチやゾウアザラシ等で認められるが，これらの海獣はハーレムを作ることが知られていて，性淘汰の理論で説明できる．ニホンイタチの配偶形式は不明だが（育児は雌のみで行う，渡辺1994），雄どうしの闘争が目撃されることが稀であることからして，ハーレムの図式は考えがたい．阿部永がいうように（伝聞私信），「食い分け」が因である可能性が大と思われる．だがその実証的裏づけは，未だほとんど得られていない．

　生態的特異性として，ニホンイタチは「雌はめったに罠にかからない」ということもある．私の捕獲実績では，雄100に対して雌はせいぜい3〜5である．この事象と前記の雌の小ささは関連ありと思うのだが，そのことはここでは言及しない．

写真1　日置川町田野井全景．北の土手からのぞむ．手前は在来種独占エリア，奥（人家が多い）は外来種との混棲エリア．

　ニホンイタチはかように「珍獣」であり，また日本固有種であることもあって，どうしてもそちらに贔屓したくなる．だがシベリアイタチはいまやこの国に完全に定着し（駆除は至難），生態系の一員になっている．妙に国粋主義的になることなく，「共存の途」（人間を含めての）を探るのが賢明であろう．

4　2種の種間関係，和歌山県日置川町における調査より

　そして，その認識のもとに，私と北海道大学（当時）の青井俊樹が調査のための場所探しを開始したのは，約10年前だ．「2種の共存地域（ないしは分布境界）」が条件である．青井はこの頃紀伊半島における2種の分布概略を調

第3章　野生生物と都市 —— 水辺

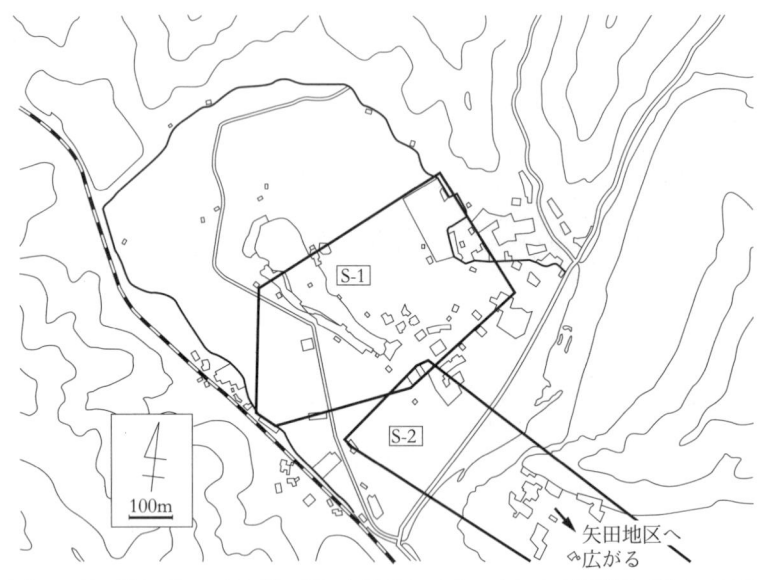

図1　1998年12月～1999年1月におけるシベリアイタチの行動圏（岸本 2000）

査中で(青井・前田 1997)，情報を多く有していた．そして選ばれた地は，和歌山西牟婁郡日置川町だ．この町を縦断する日置川の下流域の，田野井という面積80ha程の小集落（農村景観）をベースとした．予備調査の段階で，この集落の近傍で2種おのおのの轢死体が発見されたからである．

　調査は1996年1月より1999年9月まで3年余に及んだが，私自身は1999年1月を限りに身を引いた．そして，1998年12月から合流した奈良教育大学(当時)の岸本佳子が以後は1人で現場を担当し，その成果を卒業論文にまとめ上げた（岸本 2000）．だがこの論文は雑誌未掲載であり，余人の目には触れ難い．彼女はその後イタチ（のみならず野生動物全般）の研究から足を洗い，卒業論文を改めて雑誌に投稿する気もないようだ．で，私がこの場で引用紹介することにする．

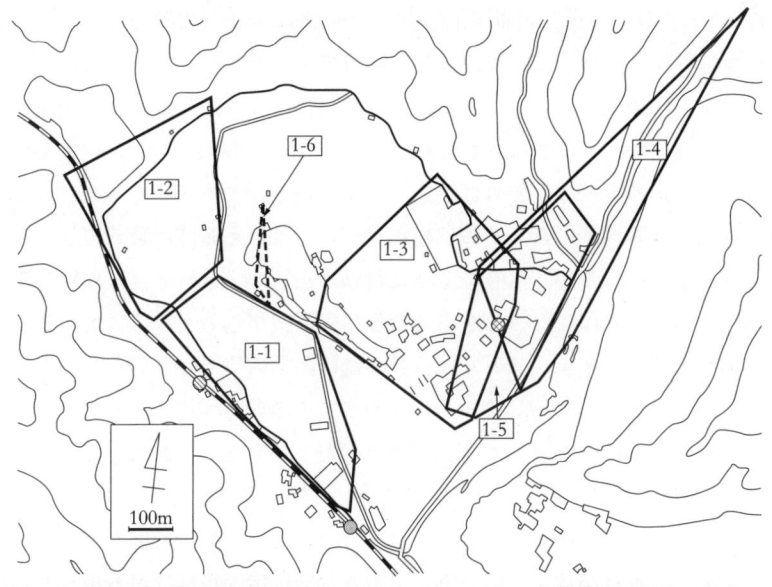

図2　1998年12月～1999年1月におけるニホンイタチの行動圏（岸本 2000）
　　---は行動圏面積が飽和していないことを示す
　　◎は1998.12.13 I-F1（雌）の捕獲地点
　　◉は1999.1.15発信器を装着せずに放逐したI-7の捕獲地点
　　◍は1999.1.18民家の屋根裏でネズミ捕りにより死亡した雄の死体回収地点

　岸本が調査に合流して以降に田野井で捕獲されたイタチは計19頭で，内訳はシベリアイタチが9頭，ニホンイタチは10頭だ．すなわち，2種の勢力は（数において）拮抗する．性別はシベリアイタチがすべて雄で，ニホンイタチは雄9頭・雌1頭だが，この結果はやや意外である．前記の如く，雌の捕獲はシベリアイタチの方が容易だからだ．この地でも，岸本の合流以前にはシベリアの雌が捕れていた（後述）．彼女の合流以降，なぜ雄しか捕れなくなったのかかなり不思議である．
　ともあれ，岸本は（私も）はじめにまずイタチを箱罠で捕獲し，麻酔（ケ

タラール) 処理下で外部計測を行って, その後に電波発信機を装着した. 発信機は首輪に貼りつけて, さらに防水物質でコーティングし, 首輪のベルトでイタチを絞め上げた. この作業はいうは易し行うは難しであり, 現実的にはかなり難しい. イタチは (ニホンもシベリアも) 首が太いので, 首輪をはめづらいのである. 絞めすぎれば絶息し (おそらく摂食にも差し支える), 絞めが足らなければ脱け落ちる. その塩梅が難しい. たとえ適度に装着できたとしても, 発信機の厚みがかなりあるゆえ行動に障害が出る. イタチは狭い隙間に潜行するのがおはこなのだが, その際に発信機がじゃまするのである. 私はかねがね「ラジオテレメトリー行動追跡は動物虐待ではないか?」という疑いを持っているのだが, このことで改めてその意を強くした. まあ, 動物の種類にもよるのであり, たとえばカメ類ではさほどの支障はなかろう (甲羅に貼りつけるだけでよいので), クマ類やシカ類も「さほどには」である. だがイタチは……前記の事項の他に,「体が小さい割に, 行動範囲が大」ということがある. それが故に「体の割に, 大きな発信機」をつけざるをえないのだ. そんなこんなで,「飛躍的技術革新がない限り, イタチにはラジオテレメトリー法は使わない方がよいのでは?」と思えた. ただともかく, 敢えて強行することで一応の成果は得られたのである (以下に記述).

図1は, 1998年12月から1999年1月におけるシベリアイタチ雄2個体 (S-1およびS-2) の行動圏だ. S-1は田野井の集落の東部地域を占めており, S-2はS-1の行動圏の南側 (ほとんど重複しない) より, 下流の矢田地区のJR紀伊日置駅付近にまで及ぶ地域を占めている.

図2は, 上記と同一期間におけるニホンイタチ雄6個体 (I-1, I-2, I-3, I-4, I-5およびI-6) の行動圏である. さらに加えて, 発信機不足のゆえそれを装着しなかった雄2個体 (I-7およびNo.なし) の捕獲 (ならびに放逐) 地点と, 装着はおろか計測もできずに逃げられてしまった雌1個体 (I-F1) の捕獲 (ならびに逃亡) 地点が示してある. I-3, I-4, I-5間には行動圏の重複が認められ

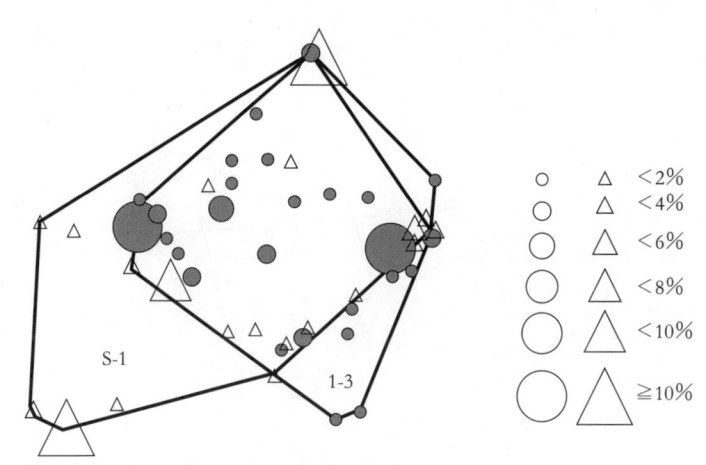

図3 1998年12月～1999年1月におけるS-1（シベリアイタチ）とI-3（ニホンイタチ）の行動圏とその内部の利用状況（岸本 2000）△はS-1の，●はI-3の定位点の位置と割合を表す

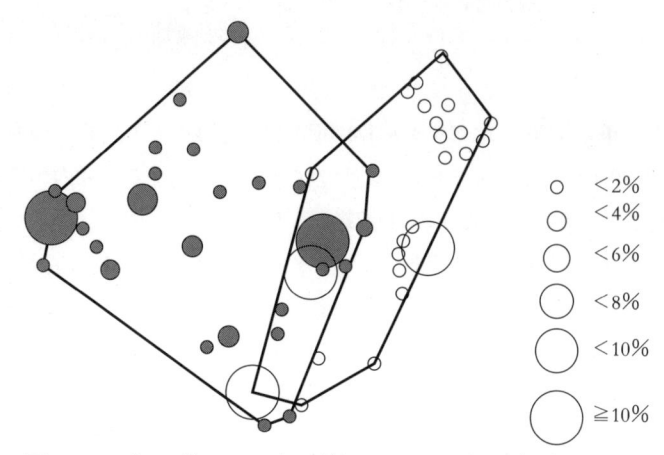

図4 1998年12月～1999年1月におけるI-3とI-5（ともにニホンイタチ）の行動圏とその内部の利用状況（岸本 2000）●はI-3の，○はI-5の定位点の位置と割合を表す

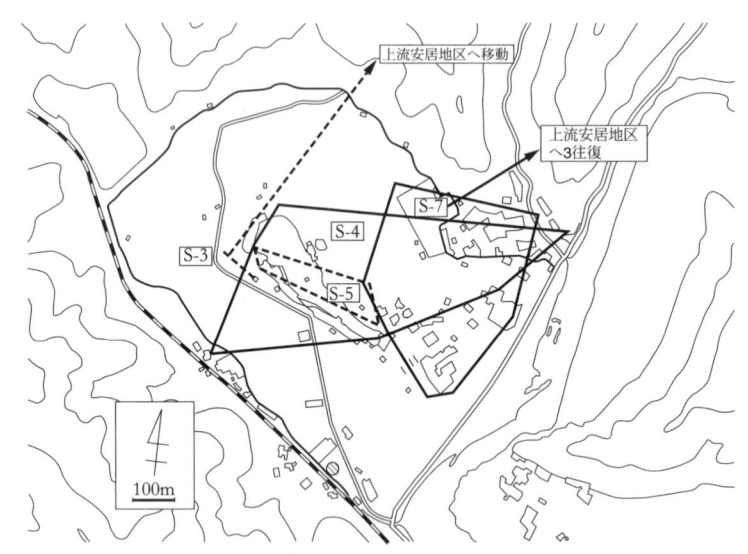

図5　1999年2〜5月におけるシベリアイタチの行動圏(岸本 2000)
　　　---は行動圏面積が飽和していないことを示す
　　　◎は1999.4.17罠内で死亡していたS-8の捕獲地点

たが，その重複率を岸本はI-3とI-4間で5.7％，I-3とI-5間で14.5％，I-4とI-5間で29.4％と算出している．シベリアイタチに比べると種内の重複の度合いが大きいように思えるが，月が変わると事情は逆転する（後述）．

　特筆すべきは，シベリアイタチのS-1とニホンイタチのI-3の行動圏の重複だろう（重複率59.5％）．S-1とI-1の行動圏もかなり重なる（重複率14.7％）．いずれも集落の東部地域においてで，その重複はとりわけ住宅の多い地域に集中した．後者の組み合わせにおいては同じ時刻に物置を共同利用したことや，同一の空家を時間差利用したこともあったと岸本は報告している．とりあえずこの結果に見る限り，「種内よりも種間の方が親和的」といえる．行動圏内部利用状況は一致しないのだが（図3），これは「排他の結果ではなくて

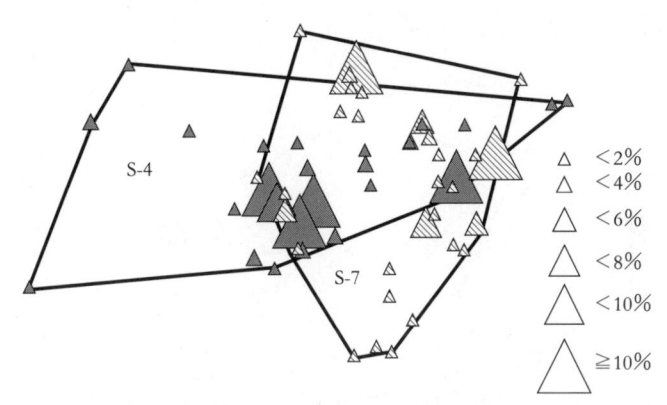

図6　1999年2〜5月におけるS-4とS-7（ともにシベリアイタチ）の行動圏とその内部の利用状況（岸本 2000）
▲はS-4の，△はS-7の定位点の位置と割合を表す

好みの差」である可能性がある．

　図4は，行動圏が重複するニホンイタチ雄（I-3とI-5）間の内部利用状況の比較だ．この結果に見る限り，ニホンイタチ雄個体間では行動圏は重複しても主要定位点（行動圏内で位置確認が数多く重複した地点）は重ならない．独断偏見的に「同種個体は好みが類似」であるとするならば，この非重複は排他の結果ということになる．

　シベリアイタチ雄個体間の排他性（ないしは親和性）はどうだろうか？　その密度が上昇した1999年の2〜5月の状況が図5である．S-3，S-4，S-5およびS-7のすべての個体の行動圏が民家の多い集落東部地域と集落中心部に偏り（中心部は小丘陵だがその周囲は民家が巻く），すべての個体の行動圏が重複する．主要定位点は異なるが，前記のニホンイタチどうしの場合と違っておのおのの個体のそれはおおむね重複地域内に含まれる（図6）．データの量が少ないので確言はできないが，とりあえず，シベリアイタチの方が雄どうしの親和性が高いことが読みとれる．

第3章 │ 野生生物と都市 —— 水辺

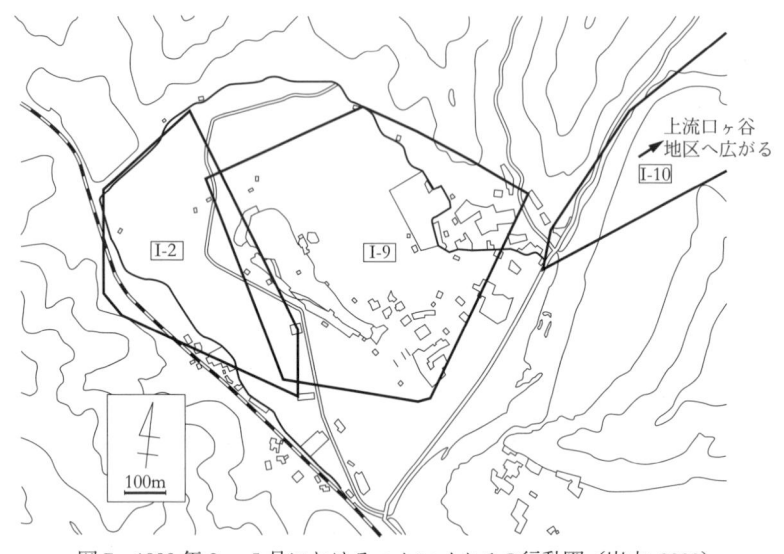

図7　1999年2〜5月におけるニホンイタチの行動圏（岸本 2000）

　同時期（1999年の2〜5月）に，行動が追跡されたニホンイタチ雄は3頭だ（図7）．I-2, I-9, I-10がそれだが，この中でI-9は同時期のすべてのシベリアイタチと行動圏が重複した．たとえばS-4との重複率は40.6％である．ただし，この時期のこの組み合わせでも主要定位点は重ならない（図の引用は省略）．

　主要定位点だけでは，環境との関係がわからない．で，岸本は，「活動中」と「休息中」に分けて両種の環境利用割合を比較した（図8ならびに図9）．これらの図だけからでは，「シベリアイタチの方が建造物をより多く利用」という程度のことしか読みとれない．だが岸本は考察において「シベリアイタチは，ニホンイタチとの混在地域では自然環境の利用を避けているのではないか」という仮説を述べていて，私もこの説に同意する．シベリアイタチは，対ニホンイタチとの関係でけっして強者ではないということなのだ（少なく

都市のイタチ，田舎のイタチ　3-4

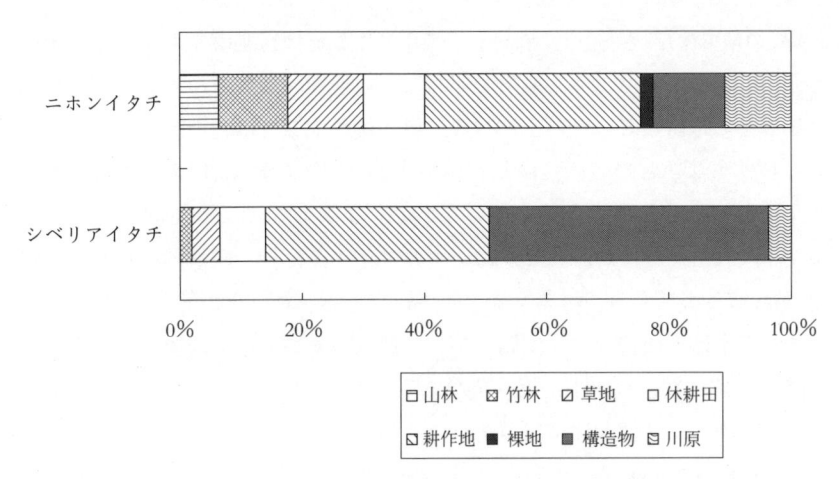

図8　シベリアイタチとニホンイタチの活動中における環境の割合（岸本 2000）

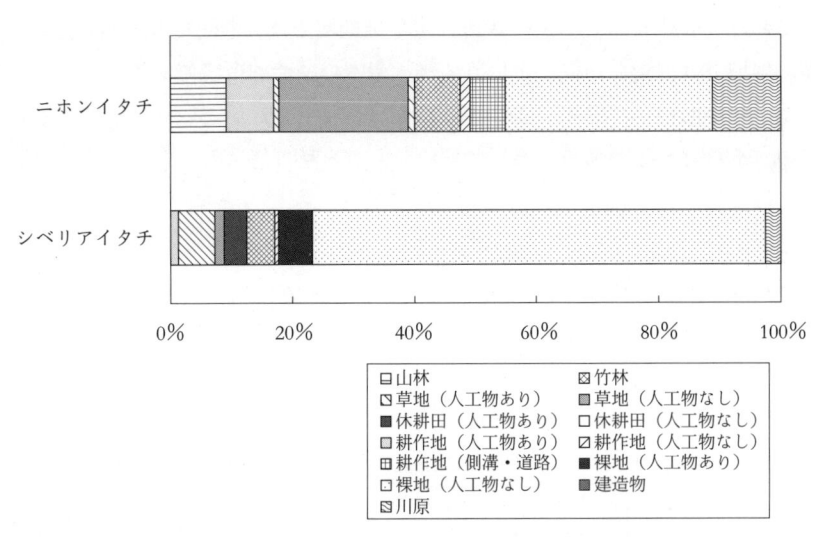

凡例：山林　竹林　草地　休耕田　耕作地　裸地　構造物　川原

図9　シベリアイタチとニホンイタチの休息中における環境の割合（岸本 2000）

凡例：山林　竹林　草地（人工物あり）　草地（人工物なし）　休耕田（人工物あり）　休耕田（人工物なし）　耕作地（人工物あり）　耕作地（人工物なし）　耕作地（側溝・道路）　裸地（人工物あり）　裸地（人工物なし）　建造物　川原

ともこの地では).さらに岸本は,「シベリアイタチは行動圏をニホンイタチのように広げるのではなく,危険を伴いながら他地域の民家の多い地域へ移動することで維持していた」と述べる.単独棲息地域では建造物依存の度が必ずしも高くないという,長崎県対馬の事例(琉球大学・古川泰人の卒業論文)と比較してのことだ.「危険を伴いながら」なる言には「なにを証拠に?」と茶々を入れたくなるが,たしかにシベリアイタチは長距離移動のパターンが「家から家へ」であり,ニホンイタチとは異なる(この地では).

また岸本は,異種間の「同居」が主に民家の多い地域で認められることに着目し,「建造物には床下や天井裏がある」ゆえ「身を隠しやすい構造」であること,ゆえに「他個体に気づかれにくい」ことがそれを可能にしているのではないかと推論する.あるいは,「気づいていないわけではない」かもしれない.思うに,同室にカーテンを張ることでなにがしかのプライバシーを得る人間たちと類似の心性が,イタチにもあるのかもしれない.という憶測はさておき(根拠はなし)……「民家の少ない地域では排他的であるが,民家の多い地域では混棲が可能」というのが,岸本の結論的仮説である.

なかなか面白い.雌のことがまったくわかっていないという欠陥はあるものの,それは今後の調査の進展で解決しうると私は思った.が,既述の如くに,彼女は「足を洗ってしまった」のである.そのことを「もったいない」と私は思いつつ,でも「野生動物研究なんてものはある意味『極道』だから,まっとうな人生を送るためにはその方が正解なのかもしれない」とも思う.

それはさておき,以下には岸本の合流以前のことを若干述べる.私自身はこの地でシベリアイタチの雌を捕獲していることはすでに述べた.ただし調査の初期はラジオテレメトリー追跡技術が未熟で(発信機装着も手探り),行動圏についての十分なデータは取るに至っていない.ともあれ,1996年2月から同年の3月まで(最初の調査期間)に得たのはシベリアイタチが雌雄共に3頭(計6頭)で,ニホンイタチは雄のみ5頭であり,勢力はほぼ拮抗する.

ただ，もしニホンイタチも雌が「実は同じ数いる」とするならば（そうであるとする根拠はないが），在来種の側がやや優勢ということになる．とはいえ根拠のないことを前提にしてもはじまらないゆえ，捕獲実数をもって密度を算出するならば，シベリアイタチが約0.08頭／ha，ニホンイタチが約0.06頭／haがこの地に同所的に分布していることになる．

ただしニホンイタチは捕獲地点が集落の周辺部分（山麓）に集中していて，行動圏をある程度描けた1個体も，その域は集落の中央にまでは及んでいなかった．すなわち，岸本の調査時のI-2の行動圏とほぼ一致する．追跡に失敗した（装着はしたが電波をすぐに見失う）ニホンイタチ他個体は，行動圏の主体が山林内（すなわち集落の外）である可能性があり，わずかにだがそのような動きを追えた個体もあった．このあたりの山林は地形が急峻で道がほとんどなく，追跡が難しい．尾根を越えて山の反対側に行かれると（そういう動きは確認できなかったが），お手上げである．ともあれ，もし「行動圏の主体は集落外」であるならば（そうであるという保証はないが），前記の数値は過大ということになる．なおこの時期は，シベリアイタチの行動圏把握はできなかった．

1996年12月より1997年4月までは，シベリアイタチの雄3頭・雌2頭，ニホンイタチの雄4頭を得た．前回調査（9か月前）より引続き滞在が確認された個体はない．密度をやはり捕獲実数で単純算出すると，シベリアイタチは約0.06頭／ha，ニホンイタチが約0.05頭／haで，9か月前とさして変わりない．

ただ，この二期だけで「密度は安定」とするのは早計である．以後も含めた3年余の密度の推移を図10に示すが，ニホンイタチは密度が倍近くまで増えた時期がある（1998年12月から1999年1月まで）．この時はそれまで約0.06頭／haと安定していたシベリアイタチの密度が約0.03頭／haに半減したので，競争的種間関係（ニホンイタチが優勢）も想定され得よう．ただ，この時

第3章　野生生物と都市 —— 水辺

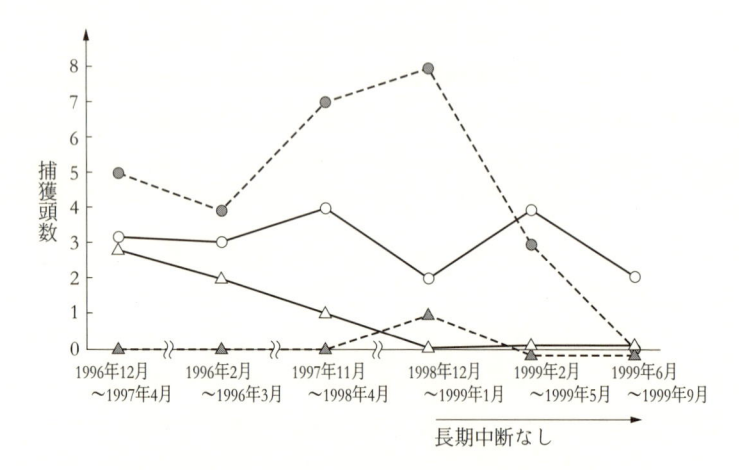

図10　田野井におけるイタチ類2種の捕獲数変動状況
　　　シベリアイタチ，雄　　○───
　　　シベリアイタチ，雌　　△───
　　　ニホンイタチ，雄　　　●-----
　　　ニホンイタチ，雌　　　▲-----
　　　⧽は夏期の長期調査中断を意味する

期はシベリアイタチも雄しか捕れなかったのであり，雌も実際には存在するとするならば（その根拠はないが），イタチ類全体の収容能力が上がったとも解釈できる．あるいは，調査者の「腕」が上がって，「居るのだが，罠にはかからない」個体が捕えられるようになったのかもしれない．逆にシベリアイタチでは「下がった」ことになるのだが，いずれにせよこのあたりのことは罠に頼る調査方法の限界で，いわくいい難しだ．もし糞中（腸壁剝離細胞）DNAで個体識別ができればと思うのだが，現時点ではそこまでの技術は確立していない．ただ，種の判別は可能である（黒瀬奈緒子　私信）．将来の，個体識別技術開発に期待したい．

　なお，1997年4月から同年11月まで（中断7か月）と，1998年4月から同

年11月まで（中断8か月）も，夏季をはさんで引き続き滞在が確認された個体はない．死亡によるものか移動によるものかは不明だが，入れ替わりの激しい動物である．

　夏季の調査中断は，好ましいことではない．「繁殖」という重要事を行うこの時期のデータの欠落は，この調査の大いなる欠陥である．実のところをいえば，1年目（1996年）は夏も罠かけを行ったのであり，6月にシベリアイタチの雌1頭を捕獲できたのだ．だがこの個体のラジオテレメトリー追跡は失敗し（放逐後すぐに発信源の動きが停止した），そもそも成果が1頭のみではお粗末なので，図からは省略した．妊娠個体であったがゆえに残念で（育児行動の観察を期待した），また，悲しい（死亡の可能性大のゆえ）．それがトラウマになってというわけでもないのだが，以後，私は夏の捕獲はのっけから断念し（岸本は若干試行：後述），繁殖巣の探索のみを試みた．たとえば口絵写真のような育児行動の直接観察を志向していたが，その試みも結局挫折した．

5　2種の種間関係，その補足

　私はいまイタチ調査は休業中なのだけれども，今後もし機会があってそれを再開するならば，「夏をどうするか」が課題となる．ともかく，「夏は捕れない」という状況を打破せねばならない．
　岸本の調査参加以前の「行動圏をある程度描けた個体」について補足する（彼女は自分の参加以前のことはまったく言及せず）．それが比較的多かったのは1998年の1〜4月で，シベリアイタチの雌雄各1頭ずつと，ニホンイタチ雄4頭の計6頭を同時追跡できた．
　雌のシベリアイタチの行動圏は安定していて，多少の伸縮はあるものの常に集落の東部地域（民家を多く含む）を占めていた．岸本の調査時の個体では，

第3章 野生生物と都市 —— 水辺

S-4の行動圏とほぼ一致する．雄のシベリアイタチの行動圏（雌よりやや広い）は，1〜2月は雌とあまり重ならず，3〜4月はかなり重複した．ただし，雌は常に集落内に定住していたのに対し，オスは4km下流の「日置川町の最繁華街」内にあるスーパーとの間を数日おきに往復した．岸本がいうところの「シベリアイタチは家から家へと……」のパターンであり，通過経路と思われる河川敷は瞬時に駆け抜けた（定位できず）．雌との行動圏重複の如何にかかわりなく（すなわち2月も3月も）である．そして，4月になると田野井における雌雄の行動圏はさらに重なり，雄の方が面積大のゆえ雄が雌を包み込む形となった．そして，この月は前記の「遠出往復」は行われなかった．私と青井は「ふたまた恋愛の結果，地元の雌を選んだのでは？」と笑ったが，むろんこれは冗談である．

　同時期（1998年1〜4月）のニホンイタチ雄4頭（捕獲総数は7：その中の行動追跡できた個体のみ）の中の1頭は，その行動圏が集落東部地域であり，すなわち前記のシベリアイタチ雌の行動圏とかなり重複した．その面積はシベリアイタチ雌より幾分小さめで，2月には完全にその中に包み込まれていた．

　ここで，行動圏の面積について少し述べる．私が（おおむね1人で）調査していた時期は，その値が「飽和」（定位点数を増やしても面積不変）に達していることが少なかった．だが，岸本は頑張って飽和になるように努め，その値を算出している．個体差があり一概にはいえないが，シベリアイタチ雄は約20ha，ニホンイタチは雄は約10haが平均であろうか（ただし長距離移動の分は含まない）．雌は岸本は未調査で，私もシベリアイタチで一例を得たのみだが，約15haといったところである．

　異種2個体の行動圏重複のことに話を戻す．主要定位点はずれていたことが多い．だが，2月の約24時間は「まったく同じ定位点」(同一の民家)であったことがある．むろん，カーテン（ないしは壁）1枚で隔てられていた可能性もあり，その如何はチェックできていない．

このシベリアイタチ雌はこの民家（空家ではない）が気に入ったようで，昼間の定位点は大半がここであり，その時間帯はおおむね「休息中」と判断された．すなわち，この個体は夜行性であり（他個体もシベリアイタチは夜行性の傾向が強いのに対してニホンイタチは昼夜兼行的），日没と共にねぐらを出て休耕田に行って食事をし（たぶん），数時間後にはねぐらに戻ってまた「休息中」となった．民家内ではまったく食事をしないのかどうかは不明だが，電波発信源の動きに見る限り，「1日の大半は寝ている」ということになる（本当にそうだろうか？）．対してニホンイタチはややせわしなく（シベリアイタチと行動圏重複以外の他個体も），前記の如く夜も昼も動き，また，ねぐらが安定していない．民家は活動場所としても休息には用いない傾向が強く，土手・休耕田の畔の土穴や，コンクリート壁の隙間，あるいは竹薮の奥や河川敷などが主な休息地点である．シベリアイタチの場合（前記の雌も雄他個体も），そのような環境は活動場所にはなってもねぐらにはなり難いのだ．このことは，岸本の調査時の結果（図8・9）とも一致する．

　1998年1～4月にシベリアイタチ雌との「同居」を経験しなかった残り3頭のニホンイタチ雄の中で，集落東部（その東北端）で捕えられた1頭の行動圏は河川敷が主だ．すなわち岸本の調査時のI-10に似るが，それよりやや狭い．そして，I-10がやがて上流に行動圏を広げたのに対し，この個体は4月になると電波が消え，消息不明となった．別の1頭は集落の北西部（休耕田が大半）が行動圏であり，すなわち，岸本の調査時のI-2に似る．この個体は3月に入ると下流4kmに移動したが，同じように動いた「ふたまた恋愛」（？）のシベリアイタチ雄とは異なり移動先は河川敷で，そのまま戻って来なかった（やがて電波は消えた）．残り1頭は3月になってはじめて集落南端に出現し，4月には消息不明となった．集落南端は岸本の調査時ではI-1の行動圏の南半分相当だが，完全には一致しない．彼女の調査時には「空地」であった部分が多くを占める．

第3章　野生生物と都市 —— 水辺

写真2　足跡．どちらの種かは不明．掌の部分はあまり刻印されず，指が5本つく．

　空地といえば，この時期（1998年1〜4月）はそれが多かった．岸本の調査時（ところで私も途中までは一緒に居た）に比べてはるかに，である．もしかして，捕獲はされたが行動追跡はできなかった個体（シベリアイタチ雄3頭とニホンイタチ雄3頭）のなにがしかはこの地に居て，それらの行動圏はこの空地だったのかもしれない．前記行動圏平均サイズ（シベリアイタチ雄20ha・ニホンイタチ雄10ha）で田野井集落の面積80haで割り，2種は重複しうるとする（同種内では重複しない）と仮定するならば，シベリアイタチ雄4頭・ニホンイタチ雄8頭がこの集落に収容しうることになる（雌のことはとりあえず無視）．というような仮定はあまり意味のないことかもしれないが，2種のおのおのの同一期間捕獲数最大がニホンイタチ雄で8頭（1998年11月〜1999年

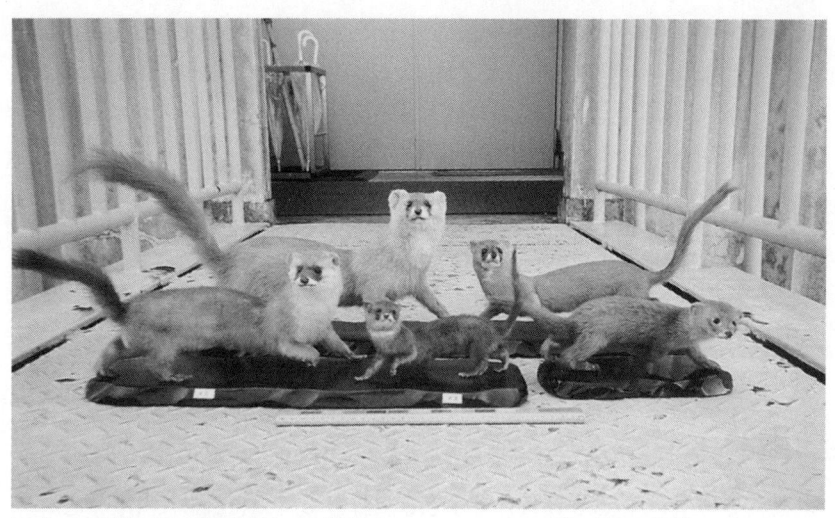

写真3 剥製2種の雌雄比較．上段左よりシベリアイタチ雄，雌．下段左よりニホンイタチ雄，雌，シベリアイタチの子ども．

1月），シベリアイタチ雄で4頭（1997年11月～1998年4月と1999年2～5月）というというのは，偶然と呼ぶにはできすぎである．

　長距離移動についてまとめる．私の現場担当時（青井が時たま参加）においては，前記の「ふたまた？」のシベリアイタチ雄と，河川敷に移り戻って来なかったニホンイタチ雄がいずれも下流4kmへの移動だ．さらに（書き洩らしていたが），1996年2月にはニホンイタチ雄が上流4km（集落の手前の河川敷）に行き，やはり戻って来なかった．岸本（のみ）の現場担当時では，1999年2月にシベリアイタチ雄（S-3）が上流4kmの集落に転居した（戻らなかった）例と，やはりシベリアイタチ雄のS-7が5月に上流4km集落との間を3往復した例（上流と下流の違いはあるが1998年2～3月の「ふたまた？」と似）が存在する．さらに，図の引用はしなかったが，往復の事例はもうひとつある．やはりシベリアイタチの雄で，1999年6月に田野井で捕らえられ，同月

に下流 2km の集落の間を往復し，7 月にも下流 1km の集落との間を往復している（1998 年 2 〜 3 月の往復ではなぜこれら「途中の集落」を駆け抜けたのかは不明）．なお，岸本はこの年の 6 月にもう 1 頭のシベリアイタチ雄を得ているが（なかなか優秀だ！），この個体は田野井から出ていない．

　夏の捕獲実績は私より優秀（1 頭多い）の岸本だが，それらはいずれもシベリアイタチである．ニホンイタチはゼロなので，その時期の 2 種合わせてのイタチ総密度は約 0.03 頭／ha だ．冬季にシベリアイタチが減った時にはその代わりにニホンイタチが増えたので（1998 年 12 月〜 1999 年 1 月），2 種合計の総密度は約 0.14 頭／ha に保たれている．夏季以外で総密度がもっとも減少したのは 1999 年 2 〜 5 月だが，この時もシベリアイタチ 4 頭とニホンイタチ 3 頭（いずれも雄）は存在し，総密度は 0.09 頭／ha である．これらに比べると，0.03 という値はとび抜けて小さい．むろん，「夏は捕りにくい」という事情はあるのだが，シベリアイタチはまがりなりにも捕れているのである．ニホンイタチがゼロなのは「偶然だろうか？」と疑う．もしかしてニホンイタチは垂直的な季節移動を行い，夏には山に登り，集落（川沿いの低地）からは消えているのではあるまいか？

　その可能性はありと，私は思う．石川県（ニホンイタチ単独棲息地域）の猟師で故人の若村進氏は，「イタチは，夏は川沿いの棲息数が減る」と述べていた．というか，夏は分散して山にも谷にも住むのである．そして，冬の石川は山は雪に閉ざされる．雪の下で食物を得るのは，不可能ではないが面倒だ．対して谷にある河川（その岸）は雪が積もりにくく，餌が捕り易い．よって，密度が高くなる……という事情（仮説）は，むろん南国日置川町では異なるが，雪以外のなんらかの要因が垂直的季節移動を催している可能性はありなのではないかと思う．

　だが，われわれのイタチ罠設置地点は大半が集落内であり，山麓ないしは河川敷が精々だ．いつかどこかで調査を再開するのなら，「雌が捕れない

（とりわけニホンイタチの）」ことと「夏は捕れない」ことの克服に加え，山林内（とりわけ高所）へのアプローチが課題になる．

　食性について補足する．田野井における糞内容分析の結果では（入江1998），夏は昆虫の出現頻度がきわめて高く，両生類・爬虫類がそれに混じる．そして，冬になると哺乳類がよく出るようになる．種間の「くいわけ」も想定されるが，当時は糞中DNAによる判別技術が未完成だったこともあり，その検討は行いえていない．

6｜今後の課題について

　反省すべきこと多々ありきの3年（余）だったが，ともかく，「ニホンイタチ強し」の結果が得られた（この地では）．ニホンイタチはどのような環境も利用しうるのだが（都市化がさほど進んでいなければ民家も），シベリアイタチには不可触の地域がある．田野井では北西部の民家過疎域（休耕田が大半）がそれであり，また，河川敷も（休息場所としては）同類だ．まして山林内は（調査はほとんど行いえなかったが）……おそらく"untouchable"だろう．すなわち，岸本がいうように，「シベリアイタチは自然環境の利用を避けている」のであり，それを私流に擬人化すれば，「ニホンイタチに遠慮している」ことになるのだ．

　ただ，いかに「遠慮している」とはいえ，シベリアイタチの存在がなにがしかニホンイタチの環境収容力を減らしている可能性はなくもない．和歌山の日置川町ではその可能性は薄いように思うのだが，たとえば除去実験（シベリアイタチのみは捕獲後にその場所に戻さない）を行ってことの推移をながめるのも面白かろう．荒井(2002)は，「すでに(シベリアイタチが)定着している場合はその場合に限定して根絶し，それ以降の侵入を防止する」ことを試案とし

て述べている．私はこの意見には同意せぬが（ニホンイタチを追っているのはシベリアイタチではなくて人間であると思うゆえ），でも，「実験」としては面白い．このようなことをして（他の環境改変は行わずに），果たしてニホンイタチは戻って来るだろうか？　私は，「戻らない」の予想に一票を投じたい．

　もっとも，荒井の縄張りたる北九州では，既述の如く「シベリアイタチがかなり山奥まで入っていることを認めざるをえない」である．そして，九州の山野が近畿に比べて格段に荒れているようには見えないことでもある．もしかして，北九州での実験では私が負けるかもしれない．でも，負けなら負けでそれなりに面白い（私は往生際が悪い方じゃない）．実験というのは，やることに意義があるのである（できもしないことの能書きをたれるのではなく）．ただ，やるならやるで本格的に行うことが必要だ．罠の数は，1000個は要るだろう（ニホンイタチの雌を捕るための工夫をした型も準備）．それを，数 km^2 の面積内に置く．予備調査として，調査地の近傍にニホンイタチエリアがあることを確認するプロセスも必要だ．期間はとりあえず5年間程を設置し，春・夏・秋・冬の4季におのおの1か月間連続で調査する（むろんより多くの日数を投入するに越したことはなし）．罠にかからない個体がいることを考慮して（絶対いるはず！），補助的手段としての糞調査も行う．既述の如く糞中（腸壁剥離細胞）DNAで種を同定する技術は確立しているので，とりあえずはそれを行う．ただ，現状の技術は金がかかりすぎ（制限酵素が高価），また手間もかかるので，生態学的応用のための簡便化技術改良をする．そして，「罠では捕れない個体が，実は未だいる（あるいは「すでに戻っている」）という可能性をチェックする．以上の次第だが，このプロジェクトを遂行するには膨大な経費と人員が必要だ．それを無視して夢物語を語るのは，私の方こそ「できもしないことをいうただの能書きたれ」であるかもしれない．

　東日本（ニホンイタチ単独棲息地域）の事情も知りたい．とりわけ「もしシベリアイタチが進出してくれば住めるはず」の関東平野のことをだ．私は東

京生まれの千葉育ちなのだが（水質汚染で有名な手賀沼の畔），少年の頃はイタチという動物にまったく関心がなく，いまもこの故郷の情報はほとんど持ち合わせない．それがゆえに，興味がある．

　東京の新宿や六本木にニホンイタチがいないことはさておいて，「ある程度は緑が残る」都市周辺部はどうなのか？　私の故郷の千葉県我孫子では，「随分減ったが，未だ少しはいるはず」というのが地元博物館学芸員の見解である（時田賢一，私信）．ここでは民家に入るのか？　それとも，やはりあまり好まぬか？　密度は？　……等々は不明だ．

　もしシベリアイタチが関東平野に進出してくれば（なぜしないのかかなり不思議），新宿や六本木に独占的に分布するのみならず，我孫子の地にか細く残存するニホンイタチ個体群を消滅させるだろう（人間が環境をすでにニホンイタチ不適のものに変えているゆえ）．それは「移入実験を行うまでもなく」だが，実験はやはり行う方がアカデミックには意味がある．とはいえ（いかに「外来種シベリアイタチに比較的寛容」な私とて），この実験を行うのは望まない．関東平野のニホンイタチには「頑張ってほしい」と思うし，できたら，往時の勢いを取り戻してもらいたいと思う．

　どうすればそれが可能かは，「生物親和都市」のありかたにもかかわってくることだ．ありきたりのいいかただが，私はそれは「緑の復権」以外にありえぬと考える．復権すべき緑の量も問題で，点在する都市緑地のようなものではニホンイタチ個体群の維持は難しい（シベリアイタチが来たら負ける）．たとえば目黒の自然教育園は質の点では良好だが，面積20haというのは狭すぎる．確かな数理生態学的根拠があってのことではないが，私は「少なくとも500haは必要」と考えている（渡辺1999）．質があるレベル以上であり，その上でである．

　「質」という点では，農地も悪くなかろう．農地は（その作物生産形態にもよるが）昆虫・カエル等が多く，イタチにとっての食物生産性が高い．また，

第 3 章　野生生物と都市 ── 水辺

シェルターも多い．民家の中に農地が点在するような景観（おそらく税金対策のために都市近郊でしばしば見られるような）ではなくて，農地の中に民家が点在するような環境がニホンイタチには望ましい．そして，広背地として人間が足を踏み入れがたい急峻山林を持つ……あ，これはまさに，和歌山県日置川町がそうなのではあるまいか？　この町は，とりあえず「生物親和都市」である（町民は自分の住む町を「都市」とは思っていないだろうけれども）．

だれもが都市と認める都市＝アスファルトジャングルでは，人間とイタチはいかに親和するか？　冒頭で述べたように，いま，西日本の都市では到底親和しているとはいいがたい．ニホンイタチは逃げ出して，その空地に入った（と私は思う）シベリアイタチが暴れ回っているからである．さりとて，大阪や京都のどまん中に面積 500 ha の緑地を創設するのは困難だ（仮に創ってもシベリアイタチと人間の軋轢は減るまい）．妙案はないのだが……とりあえずシベリアイタチとの関係においては，人間の側がある程度「我慢」をすることが必要だろう．あまりカリカリしないことである……というのは他人事だからいえるのかもしれないが（幸か不幸か私のアパートはイタチのねぐらではない），私が昨夏に出会った大阪の西成の住民は，ある程度その心境に至っているように思われた．人間の側も（その精神に）「適応」が必要である．

それと同時に，イタチの側も人間との摩擦が比較的少なく済むような生活変革を行うことが望ましい．と，望んでもイタチに聞く耳はないだろうから，そのためには都市の形態をある程度ゆとりのあるものに変える工夫が必要だろう．農村には空家や物おきが点在するが，そのような建造物ならば（たとえねぐらが作られても）摩擦は少ない．日置川町のシベリアイタチは「空地があっても，そちらを選ぶとは限らない（むしろ人が住む方を好む傾向あり）」のだが，でも，空家はないよりあるがましだ．

空き家の価値は，「イタチのためのみならず」である．部屋代が払えずアパートを追い出された人間の一時的待避所にもなりうる．私自身，その必要性を

感じる昨今である……（！？）

いのちの森

▶ ……………………………………………………………… 引用・参考文献

青井俊樹・前田喜四雄（1997）「チョウセンイタチ進出地域におけるニホンイタチの生息分布とその保全に関する研究」『第 6 期プロ・ナトゥーラ・ファンド助成成果報告書』7-11 頁.

荒井秋晴（2002）「チョウセンイタチ＝追われるニホンイタチ」日本生態学会編『外来種ハンドブック』73:390.

入江一彦（1998）「混棲地域におけるチョウセンイタチとニホンイタチの食性」『1998年度奈良教育大学卒業論文』15 頁.

太田恭子・佐々木浩・青井俊樹・渡辺茂樹・横畑泰志（2001）シベリアイタチ Mustela sibirica の東への分布拡大の現況『日本哺乳類学会大会講演要旨』.

岸本佳子（2000）同所的に棲息するシベリアイタチとニホンイタチの行動圏と環境選択『1999 年度奈良教育大学卒業論文』46 頁.

Kurose, N., R.Masuda,T.Aoi and S.Watanabe (2000) Karyological differentiation between two closely related mustelids, the Japanese weasel *Mustela itatsi* and the Siberian weasel *Mustela sibirica*. *Caryologia,* 53:269-275.

Kurose, N., A.V.Abramov and R.Masuda (2000) Intragenetic diversity of the cytochrome b gene and phylogeny of Eurasian species of the genus *Mustela* (Mustelidae, Carnivora), *Zool. Soc.,* 17:673-679.

中島るみ子（1994）「シベリアイタチ仁義なき戦い大阪死闘編」文芸春秋『マルコポーロ』9 月号, 152-155 頁.

渡辺茂樹（1994）「身近な夜行性動物（4）イタチ」天王寺動物園協会『なきごえ』30: 4-5.

渡辺茂樹（1999）「イタチにはどれだけの土地が必要か」京都ビオトープ研究会『いのちの森 3』45-46 頁.

第 4 章
共生の管理と計画

森本幸裕
Yukihiro Morimoto

Section 4-1

万国博記念公園の森 ── 郷土の森の再生

1 はじめに＝森の再生

　日本は高山帯を除いて気候的極相が森林である．だから，自然の保護や回復の際には，森林が目標となることが多い．緑化といえば，草原よりも「森林」を目標とする方が志が高いと，一般に見られる．炭酸ガスの固定機能についても「森林」がベストと見られることも多い．動物のハビタットとしての機能も「森林」は潅木原や草原より意義深いと見られることも多い．しかし，これらはすべて，ある種の前提がなければ成り立たない．これまでは，緑化といえばとにかく裸地を緑に，草本緑化から木本緑化に，潅木から森林に，森林は手つかずがベストという概念があった．

　もちろん，原生自然の森林が貴重なのはいうまでもない．そのような森は大事に保護しなければ豊かな生物多様性はまもれないのは事実である．だが，これは人手の入った里山とか，人工林，あるいはここで取り上げるような緑化によって成立した森では，かなり様相が異なる．近年の保全生態学や景観生態学の進歩は，森がベストという安易な考えに再考を迫っている．

第4章 | 共生の管理と計画

　本節では，紙幅の都合で自然的な森林のかかえるシカによる食害やオーバーユースなどからの保全の問題，里山管理の課題は省き，都市とその周辺での森林の保全と再生の歴史をふり返り，単なる「森林」をめざした緑化や保全技術から，意義深い「森林」の保全再生の技術への展開のアウトラインを考えたい．

2　日本における森林の保全再生の変遷

　20世紀の日本はすさまじい変貌を遂げたが，環境修復のための緑化もその主たる目的の変遷により，4つの時代に分類することができる．

(1)　禿げ山緑化の時代

　日本においては戦後の混乱期まで，とくに西日本を中心に過度の収奪に伴う禿げ山が多数分布していた．そのため，山地の保水力不足と河川整備が十分でないことなどによる土砂災害が頻発し，禿げ山緑化は国家的に重要な事業として位置づけられていた．治山と砂防のための緑化は階段工や痩せ地に耐える早生樹やマツ類の植栽，積苗工などのくふうや「植生盤」などの技術開発を生んだ．禿げ山が克服の課題であった時代である．
　かつては白っぽい花崗岩の地肌が露出していたため，黒船のアメリカ使節団によって「氷山」とまちがわれたこともあるという六甲山も，山腹工によって緑を回復した．たとえば，その一角の再度山は凄まじい禿げ山の状態であった記録が残っているが，明治期より森林の再生が計られ，その記録が克明に取られていることで有名である．瀬戸内海地方の花崗岩地帯をはじめ，西日本にはこうした禿げ山が広く分布したが，テラス造成や積み苗工，マツとヤ

マハンノキの植林などが効を奏した．一方，こうした禿げ山緑化技術でも，成果が上がりにくかった滋賀県田上山でも，化学肥料の導入を契機に安定した成果を生むようになったといわれる．

　こうした事実は，劣化した森林の生産力の回復，というテーマに対する技術はとりもなおさず，土壌層を確保し，その初期養分特性を改良し，貧栄養の立地に適切な樹種を植栽する，ということに要約できる．

(2) 急速緑化の時代

　比叡山ドライブウェイ（1958年開通），香里団地（1958年）などを皮切りに大規模な土地造成が行われ，人工的に作り出される裸地斜面を急速緑化によって浸食から保護するという緑化が行われるようになった．高度経済成長にともない，大規模な自然改変がなされる一方，こうした場所の緑化による環境修復法が開発されていった．ハイドロシーディング（芝草の種子などをセメントガンなどで吹付ける工法）や浸食防止の手法，各種植生用資材と工法が開発され，東名・中央高速道路，山陽新幹線，大規模住宅団地造成の現場に適用されるようになった．60年代から70年代には人工芝資材と厚層基材吹付けの開発によって，特殊な条件の場合を除けば岩盤でも緑化が可能となった．技術的にはこうした芝草と早生の半木本類を中心とした急速緑化が主流を占めるようになった．

　しかし，この急速緑化だけでは，その土地本来の生態系の回復という目的達成に支障がある場合や，植生によるのり面保護機能の課題が明らかになりはじめたのが1980年頃である．

　森林の再生から見れば，この急速緑化の時代は芝草による緑化のあとは遷移に任せて森の再生を期待していた．一見，無責任であったが，しかし，この時代にすでに生物多様性からみて重要な知見がすでにいくつか明らかに

なっていることを強調したい．

　つまり，のり裾の土壌資源や水資源が豊かなところほど，草本による緑化が成功して繁茂するため，周辺からの樹林構成種の侵入は遅れて，むしろのり肩の乾燥気味で草本の成立が不良なところほど，木本植物の侵入が速やかで遷移が早い，ということがひとつ．つぎに，初期に草本による緑化が不成績なところほど森林再生が良好であるという皮肉な事実で，これは京都の東山で先駆的な芝草吹付け工の試験施工を長年にわたって，吉田らが追跡調査した結果を報告している．（小橋ほか 1982）

(3)　樹林化の時代

　1970〜80年代にかけて，外来芝草を用いた急速緑化工法が初期緑化に成功すればするほど，芝草過繁茂による木本種の成立不良が発生する事例がでてきた．また，芝草よりも実生木本種がのり面安定に貢献することなどが明らかとなるにつれ，その土地本来の植生，つまり樹林をいかに成立させるか，ということが大きな課題となっていったのである．

　しかしながら樹林化と称して，マメ科低木を繁茂させる技術開発は，過繁茂になって植生遷移が停滞して森林化が抑制されたり，後述のように植物材料としてのマメ科植物の遺伝子攪乱の課題が発生するなど，いまとなってはかなり問題をはらんでいた（日本緑化工学会 2002）といわねばならない．

　大規模な工場緑地でも郷土の樹林を造成するというテーマが普及し，客土による土壌層の確保とともに郷土種のポット苗密植植栽（いわゆるエコロジー緑化）がさかんとなった．造成地のり面でも，植生による防災機能の期待のためには木本の播種による導入がもっとも望ましいとする見地から，多くの研究と実践が進められることとなった．

　芝草よりは木本，先駆種よりは遷移後期種，草本群落よりは森林，陽地性

の二次林よりは極相構成種による照葉樹林，という価値の序列が存在していたが，これの元になったのは古典的な植生遷移の理論である．これは環境省の「植生自然度」評価も後押ししたと思える．つまり自然度は「価値の順番でない」と断りがあるものの，いわゆる「エコロジー緑化」，つまり郷土の極相林構成種（多くの場合シイ，カシ，タブ）を主とする実生ポット苗の密植という手法の流行を誘導したものと思える．

しかしこの単純な手法の生物多様性から見た課題が，後述するように徐々に顕在化し，1990年代から地球環境問題を踏まえた緑化目標の必要性が認められるようになってきたのである．

暖温帯での郷土樹種，常緑広葉樹の苗木の高密度植栽「エコロジー緑化」は森林造成に一定の成果はあげつつも，本来の森林の復元や生物多様性の保全という立場から再検討がせまられることになった．

(4) 生物多様性保全の時代

さて現代，森林の復元と保全は地球環境問題の顕在化とともに，その意義を問い直されるようになった．まず，炭酸ガス排出削減の計算に森林の吸収機能が組み込まれるようになった現在，荒廃地や造成裸地の樹林化は温暖化対策の面からの意義も認められるようになった．ただし，政治的な計算はともかく，もし本気で炭酸ガス固定に役立てる森林造成を考えるなら，ライフサイクルのエネルギー収支を計算し，省エネで，播種からの造林を行う手法の開発が必要だろう．

さらに，もうひとつの地球環境問題である生物多様性の危機への対応を考えたとき，これまでの緑化事業は全般的に見直しさねばならないことに気づく．たとえば郷土種による緑化材料の国内での調達の困難性から，海外産の「郷土種」や近縁種も導入されているが，かえって在来種の遺伝子構成を攪乱

する危険性も懸念されている．

 たとえば，トウネズミモチは在来種のネズミモチより耐乾性に富む優秀な緑化材料として各地で用いられ成功をおさめた．しかし旺盛に繁殖して分布をひろげ，本来の森林の回復を意図する道路のり面にも侵入がさかんで，在来種のハビタットを奪う危険性が指摘されている．もともと郷土種による緑化を目的に導入された中国産のコマツナギもきわめて繁殖力が旺盛で，偏向遷移を招いているが，在来種より明らかに大型であって，郷土種とはいいがたい．

 日本道路公団では切取りのり面も樹林化する方針を打ち出したが，こうした懸念への対応として，自生種（郷土産郷土種）の苗の育成試験も開始している．さらに，道路緑化において，絶滅危惧種の生息することの多い湿地を移設する事業が日本緑化工学会賞を受賞するなど，樹林化とともに生物多様性の保全が緑化目標の二本柱と位置づけられる時代に入った．

3 森林の復元

 上記のように，森林の保全・復元の主たる目標は時代によって変わってきている．これは社会が変わったとともに，科学的認識も変遷してきたことが背景となっている．万国博記念公園自然文化園地区を例に，森の復元計画の考え方，設計技術，その後のモニタリング，新しい管理への展開について紹介しよう．

(1) 「自立した森」の計画

 万国博記念公園自然文化園地区は「密生林」「疎生林」「散開林」で構成さ

写真1　博覧会直前（上）と2000年（下）の森林（写真：（独）日本万国博覧会機構）
右下の芝生地は排水不良による森の生育不良のための再整備による

れ，なかでも「密生林」は，この土地本来の自然植生を再現しようというものであった．とりわけ，照葉樹林が気候的な極相林として取り上げられ，シイ・カシ類を中心とした植栽が行われた．この考えは，気候的な極相林が稀少であるため，常緑広葉樹林がたいへん貴重なものと考えられたことが背景にある．

第4章 | 共生の管理と計画

　1970年大阪万国博覧会の空前の大成功を背景に，会場の跡地は大阪の都市軸の北端において，都市の緑の拠点として位置づけられた．閣議決定で跡地を森と湖の文化公園とすることが決まり，その跡地全体の基本計画は高山英華氏の都市計画研究所にゆだねられた．その計画において，日本庭園を含む中心部を自然文化園と位置づけ，すり鉢状の地形造成を行い，そのまわりの部分を郷土の「自立した森」で覆い，すり鉢の中の湖とその近辺の施設群を取り囲むという，構造が設計された．森の構成などの内実は，吉村元男氏の環境事業計画研究所による基本設計で詰められた．それらの特徴は以下のようなものである．

「自立した森」が包み込む文化施設：物質循環が成立しており，人為的な維持管理を必要としない森をめざす．密生林（照葉樹林），疎生林（クヌギ・コナラなどの二次林），散開林（芝生に樹木が点在）の3つの森で構成する．この3つめは日本にもともと自然には存在しないが，公園利用の要請上，熱帯サバンナをモチーフとしている．

「森の育成プログラム」：1972年から造成工事期間を創成期とし，その後の育成期を経て2000年を目標とした「自立した森」づくりを行い，2000年以降を成熟期とする．

「群落を単位とした植栽計画」：密生林を主要な造成目標としたが，この背景には植生遷移の理論と植物社会学が時代のブームとなっていたことがある．また，暖温帯の極相林がきわめて稀少で，鎮守の森にその断片しか残っていない現実があった．自然環境基礎調査において，当時の環境庁が植生自然度を10段階に区分したことも，貴重性を示すものではないという但し書きと裏腹に，極相林指向を生み出したと考えられる．

　こうした時代の流れのもと，シイ林，カシ林，タブ林などを単位として，そうした群落の構成種による植栽が試みられた．

　疎生林は園内にいくつか設けられた利用上のスポットを中心に修景も意図

してヤマザクラやモクレン類などの野生の花木も用いられている．

「**植栽による導入**」：苗木からの導入が旨とされたが，開園時の景観も配慮して園路沿いを中心として成木も植栽された．土壌条件が未熟であることに配慮して，肥料木混植，常緑樹と落葉樹の混植のほか，一部でギンドロなど早生樹の導入，小苗をまとめ植えして初期の環境圧の緩和を計る巣植えの試みなども行われた．

「**保護林**」：当時は大阪市内では大気汚染でキンモクセイが開花しないなどの現象も発生していたため，最外周には幅20m程度でウバメガシを中心とした海岸林タイプの森の造成を図った．とくにこの保護林で行われた照葉樹林苗木の密植は，この後，70年代から80年代にかけて日本国内で広く行われるようになった「エコロジー緑化」のさきがけともいえる．なお「エコロジー緑化」とは適切な土壌改良の元に，その土地の極相構成種，多くの場合，多様な常緑広葉樹の苗木を高密度植栽して早期に林冠の閉鎖を意図するものである．

　気候的極相林である照葉樹林を造成初期から導入することについては当初からかなり懸念が多かった．つまり土壌条件が未熟な段階ではそうした樹種が十分活着し，成長しがたいことが予想されるので，まず先駆植生植栽を行い，成林してから極相種の導入を図るべきであるという指摘である．しかし，建設時にはそれなりの予算はついても，一たび開園した緑地に再度建設予算がつけられることは容易なことではないことと，開園時から一定の「森」のような景観も必要であるという観点から，極相林構成種とその成木も，当初からの導入を図ることになった．

(2) 10年後のモニタリングと管理

　密生林，疎生林はいわば郷土の森の復元をめざすものである．こうした大

規模に土地造成を行ったところでの大規模な森の復元は，日本で初めてだ．これまで明治神宮外苑，橿原神宮という規模の大きな緑化事例はあるが，このような大規模土地造成は伴わなかった．この土地造成が，森の復元に対して及ぼす影響はたいへん大きなものであることに，当初あまり認識がなかったため，ほとんどの樹木の成育不良という大きな問題が発生することになった．これまで，庭に植えた樹木は大きくなりすぎるので，どのように制御するか，が植木職人の課題であったのは，沖積平野や扇状地，やわらかいローム層などに発達した町の庭での経験しかなかったからであろう．

樹木にとって固すぎる大阪層群の地層や，その海成粘土層はこれまで経験がなかったのである．とくに海成粘土層にはパイライトが含まれていることが多く，これが造成で地表に現れると酸化して硫酸を生成し，酸性硫酸塩土壌となる．このような現象は大規模土地造成が行われるまでは，まったく発生しなかったのである．なお，その後の高度経済成長にともなう全国各地の開発では，あちこちで強酸性や固結土壌の事例が頻発し，万博での経験が大いに生かされることになった．

一方，巣植えや肥料木混植といった技術は森林の生育状況にはほとんど影響を与えないこと，ひとえに表層50cm程度までの土壌の排水性，固結度が森林の生育に多大の影響を与えることが，約10年後の集中的なモニタリング（森本・小橋1985, 1986, 森本1987）によって判明した．

このモニタリング結果では，大阪層群の海成粘土層という劣悪な条件や，マサ土の盛土の重機による締固めなどによる植栽樹木の生育不良が目立ち，樹林地のうち，およそ3分の1は樹冠の閉鎖が見られたが，あとは疎林であり，明らかな生育不良も全体の3分の1をしめていたのである．

成長過程の検討から，目標とされた2000年のときに「自立した森」がうまく成立しているだろうとは思えないところも多く，もっとも成績のよくなかったところ，すなわちもっとも大きな照葉樹林の拠点となるはずであった

ところは再造成，再整備で芝山となってしまった．また，地域を定めて深い開渠を肋骨状に掘削し，表面排水を完全にとるような改良工事も行われた．

なお，このモニタリングでは航空機 MSS や赤外カラー空中写真による診断も行われ，全体の状況把握に威力を発揮した．

(3) 20年後のモニタリング

樹林の生育と基盤条件

その後，造成から約 20 年後から数年かけて 10 年後と同様のモニタリング（Njoroge, J. B .and Y. Morimoto 2000，ジョロゲ，J. ほか 1997）を行った．その結果，樹木の成長だけでなく，植栽基盤の排水不良にともなう枯れ戻り，萌芽，更新，自己間引きや虫害などによる枯死など，かなりダイナミックな林分状況の変動があったが，概して群落としては一定の成長途上にあることがわかった．

しかし，クス以外の照葉樹種に樹高成長不良（30 年経過して 10m 以下）が多い．樹林の活力は，10 年前の時点ではマサ土盛土地区のすべてでほぼ正常または正常と判断され，大阪層群盛土地区で不良地が多かったが，極端な不良地を除き，大阪層群盛土地区での樹林の形成状況がこの 10 年間で大幅に改善されている傾向にあることがわかった．とくに約 10 年後に深い開渠を肋骨状に掘削して表面排水への配慮がなされたところでは目覚ましい成長が見られた．

つまり，大阪層群分布域での樹林造成においては，海成粘土層でないかぎり，排水条件に配慮があれば，現地土壌を改良して用いる方が，マサ土客土よりも森林の成立からみて，良好な結果をもたらすという興味深い結果が得られたのである．

自然文化園を保護する目的で設計された外周のウバメガシ林（海岸林タイ

プ）では小苗密植手法が成功しているが，相対成長率は低下してきている．また，自己間引きによって，優勢なウバメガシ以外の樹種が少なくなる，つまり種多様性は低下する傾向も指摘された．

　小型貫入試験器による土壌硬度プロファイルおよび，土壌物理性に関しては目覚ましい変化はなく，樹林成立に伴う反作用つまり土壌層発達は地中深くには及びにくいと考えられた．

　土壌中の有機物量は最初の10年に比べて増加は頭打ちとなってきていることがわかった．有機物集積の頭打ち傾向はOlsonの土壌有機物集積モデル（毎年，一定の落葉枝量と分解率のもとで，土壌有機物量は次第に平衡に近づくという説で，寒冷地で遅く，熱帯では速く平衡に達することを示す）と矛盾しない．また，この理論に従って「自立した森」を目標に造成されたこの樹林の成熟の度合いを，物質循環の観点からは定量化することも可能となる．つまりどれだけ平衡に近づいたかが，平衡量の95％レベルまであと何年だとか，あるいは何割回復したかという風に評価できる．

森林のハビタット機能

　森林が成熟するということは，森林をハビタットとする生物の侵入と定着がおこり，生物多様性の維持発展に寄与するということである．ほとんど人為的に導入を図っていないシダ類，鳥，アリなどにも，森の成熟に対応したようすがうかがえた．

　まず，シダ類については，自然文化園地区全体で34種出現し，そこそこの多様性を示すが，通常の二次林でふつうに見られる乾性のコシダ，ウラジロや逆に湿性のリョウメンシダ，イノデなどが出現しない，あるいはごく稀という興味深い結果が得られた．つまり，造園設計で山や谷の地形造成を図ったものの，現実にはほとんど立地条件としては中間的な地形条件が卓越していることを示している．これは，森林の復元において，地形の多様性に対応した群落を持続的に成立させるための配慮が，見かけ上の山や谷では不十分

表 1 万国博記念公園自然文化園地区の森づくりの考え方と育成経過

基本計画(モデル)	基本設計	施工	約10年後のモニタリング	管理	約20〜25年後のモニタリング	管理
密生林(照葉樹林)	・保護林(外周ウバメガシ林による内部の保護) ・シイ、カシ、タブ林、混交林の群落単位のデザイン ・苗木と成木植栽、一部に早生樹	1972-76 整備完了 98.6ha 樹林地の植栽密度：650-22800 本/ha	・マサ土盛土のところで樹冠はほぼうっ閉するが大阪層群土壌のところで特に生育不良、排水不良、土壌固結 ・外周のウバメガシ低木密植区、ギンドロは概して良好	一部再造成整備(盛土)と芝生地化、拠点の開渠排水網整備、一部暗渠設置	・密生林の過密化と単純化、林床植生欠如 ・北摂山系と比べて構成樹種が単純(孤立)しており、移入が困難 ・シダ類は貧栄養立地型と湿生型の双方が欠如 ・鳥類、アリ、は樹林の状態に依存(パッチ状に高木が枯れて藪となったところが貴重な野鳥のハビタット) ・林縁種が林縁で欠除(林縁ヘビタットに欠ける)	・第二世代の森づくりり、パッチ状間伐、巨木林育成、埋土種子導入など多様な森づくり ・順応的管理
疎生林(二次林など)	クヌギ、コナラ、ヤマザクラ、などの成木植栽		・排水不良による樹林の生育不良 ・踏圧などによる林床植生の消失			
散開林(芝生と木陰)	緑陰樹の成木植栽		概して生育不良			

*自然文化園地区の森：大阪、千里丘陵を造成して開かれたEXPO'70の敷地約300haの中央に位置し、西暦2000年を目標に「自立した森」をテーマに計画された。

であるということを示している．

　鳥やアリ（Yui, A. et al. 2000, Njoroge, J.B., W. Fukui, and Y. Morimoto 2000, Njoroge, J.B., Y. Morimoto, and Y. Natuhara 2000）のモニタリングでは，それなりの種多様性が確認できたが，アリは樹林や地表状態などのマイクロハビタットが重要であること，鳥は常緑や落葉という樹林のタイプと草地などのモザイク構造が影響していることなどがわかった．

　そのほか，排水改良に貢献した排水溝はシダ類にとって立地の多様性確保に有効に働いているとみられ，この溝の壁でのみ湿性の種が分布していること，密生林の高木群がたまたまパッチ状に枯れて藪となったところは藪を好む野鳥の貴重なハビタットとなっていること，落葉灌木やツル性植物などの林縁種が園地的管理によって林縁で欠除しており，林縁種の生活リソースに欠けること，10年目には排水不良で森林の成立不良であったところが，キジの生息地として機能していたが，そのようなところはなくなったことなど，興味深い事実が明らかとなった．

　さらに，森林のこうしたハビタット機能の評価には，航空機リモートセンシングが有効であり，通常用いられるNDVI（正規化差植生指数）より，2回のセンシングで評価する熱慣性特性が有効（Njoroge, J.B. and Y. Morimoto 1999, Njoroge, J.B., A. Nakamura, and Y .Morimoto 1999）であった．今後の森林の育成モニタリング手法として，さらに検討を進めるべきであろう（表1，口絵）．

4 「エコロジー緑化」の課題

　日本各地におけるいわゆる「エコロジー緑化」とくに常緑広葉樹の高密度植栽事例は，その後の研究によると，健全な生態系とはいいがたい特徴を持っていることが判明してきた．以下にその課題を整理する．

a) 一斉林の「モヤシ林」となり，階層構造が形成されない

　高密度のため，鬱閉しており，林冠上部にのみ葉層が形成され，単層の林分となり，亜高木，低木，草本の各層に葉層が形成されない．

b)「モヤシ林」は種多様性に欠ける

　林床が暗いため林床植生の種多様度が貧困化し，葉群高多様度（林分階層多様度）に欠けるため鳥相が貧困化する．（Wilson,M.F. 1974, 石田 1987, 由井 1988 など）

c) 共倒れ型となりやすい

　鬱閉度が高いため，幹の形状比（樹高／直径）が異常に大きくなり，将来の台風時に共倒れの危険がある．（「共倒れ」を予定された攪乱とすることも不可能ではないが，森林のどこでどの程度クラッシュするかの予測がなければ無責任である）

d) 最初に生育のよいものが優占して種多様性が失われる

　最初に多種が導入されても，初期の成長が遅いものが淘汰されやすく，林相は単純となる．（前中 1989）

e) 同時期の林分ばかりではランドスケープレベルの多様性に欠ける．

　いろいろなステージの林分がモザイク的に存在すること，ランドスケープのレベルの多様性が必要である．一時に苗木を高密度植栽した同令林ではこの多様性は得られない．

f) 動物相が貧困

　孤立しているエコロジー緑地は樹木の現存量は大きくとも，昆虫，アリ，鳥，哺乳類などの種多様性に欠ける（今井ほか 1996, Natuhara,Y. et. al. 1999, Yui, et. al 2000 など）．上記，e）ほかの要因も動物相の多様性に欠ける一要因となろう．

第4章　共生の管理と計画

5　郷土の生物多様性を保全する森づくり

(1)　保全のための管理手法

　常緑樹の苗を高密度に植えても，すぐには自然的な照葉樹林にならず，かえって種多様性に欠ける森となることがわかってきたため，いま新しい森づくりの造成手法や管理手法が研究開発の途上にある．「エコロジー緑化」されたところも，間伐管理（姫路LNG緩衝緑地など）が行われるようになりつつある．また，生物多様性保全をめざした，より自然的な森づくり手法の確立が求められているといえよう．これまでにたとえば，以下のような手法が提案されている．

a）埋土種子の利用

　本来の郷土の自然植生の復元の有力方法として各地で検討され，箕面ダムなどで実績がある．

b）モザイク状林分管理

　大面積の森をすべておなじような林分構成，階層構造にするのでなく，いくつかのステージの林分でモザイク状に構成されているのが望ましい．たとえば，森を永久にさわらないコアを含む10区画にわけ，9区画をランダムに35年ごとに更新していく方法が，生物多様性にとって好ましい（Harris, L.D. 1984）．

c）多様な間伐管理

　林業で材木生産のための間伐と異なって，生物多様性保全のための間伐管理手法の確立が，エコロジー緑化地だけでなく，里山の保全のテーマとなっている．薪炭林の低林管理（伐期7年程度）や高林管理（伐期15〜20年程度），パッチ状更新（群状択伐）などの応用が考えられている．屋久島（Kohyama,

T. et.al. 1997)の照葉樹原生林では，毎年，2％の幹が枯れ（すなわち平均寿命50年），ギャップの面積は森林全体の10％程度である．こうした自立的な更新が発生するようになるまで（100年程度か）手を入れる必要がある．

(2) 管理手法の適用

　万国博記念公園自然文化園地区では，当初の計画の目標年である2000年を迎えたが，当初の目標であった「密生林」の「自立した森」これまでに述べたような意味でまだまだ実現できていないといえる．しかし，実は計画当時は，「生物多様性」という概念も，極相林のパッチダイナミクスやランドスケープレベルのシフティングモザイクというような概念も成立していなかった．目標として意図していた森林が本来そなえている，こうした攪乱現象に起因する生物多様性維持機構まで設計や管理に取り入れる段階にはなかったのである．

　また，対象地は道路をはじめとする都市的構造によって自然性の高い山地から完全に孤立した状態であって，野生生物の自然侵入が発生しにくいため，時間がたてば，照葉樹林の本来の構成種がそろうとは限らない．

　さらに，河川というもっとも大きな攪乱機構と，動物相も含めた多様性を維持するかなめともなる水辺のエコトーンに欠けている，などの制約をどのように克服するか，ということが課題である．

　したがって，当初の意図を真に実現するためには，全体の構造に配慮しつつ，さまざまな管理が必要となる．私は以下のような方針を提案している．

a) モザイク構造化

　自然的攪乱の代償として，ランドスケープレベルで，異令林をモザイク状に配置するような構造を目標とし，30年を経た現在，数年かけて第二世代の森を以下のように整備する．対象面積は照葉樹林の自然的攪乱のデータを参

考に10％以下とする．今後，全体がモザイク構造を維持するように，モニタリングを行いつつ，2025年をめどに第三世代の森づくりを検討する．

b) パッチ更新，ギャップの造成（直径15〜20mの円形）

　第二世代の森づくりの主要な手法であり，現在の常緑樹の実生更新も期待できるが，北摂からシードソースを導入して，本来の植生復元も計る．里山表層土蒔きだしと，林縁植生（バリアー植生，野鳥や昆虫のリソースともなる種）の導入を計る．

c) 園路沿いの林縁環境化（幅5〜10mずつ）

　パッチ状更新の簡易版であって，ある程度生態系が回復すれば自然観察園路として適当である．林縁植生の導入も計る．

d) 階層構造多様化間伐

　林業のための小さい木を切る間伐でなく，また，個体でなく幹を単位に葉群の階層構造を多様にするための間伐（個体サイズの分布が偏らない）を行う．

e) 郷土植生化

　早期緑化の役目を終えたギンドロ林は2〜3分割して数年ごとに更新を計り，灌木林へ導く（伐採するだけでは根絶は困難で，むしろ遷移初期のパッチとするのがよい）．湿潤地はギンドロ林からハンノキ林に誘導する．

f) 巨木育成

　巨木の環境形成作用を発揮させるため，成長のよいクスノキ林などでは，間伐をして，巨木林へ誘導する．

　これまでに，管理主体である万博記念機構（かつての協会）と検討を，基本設計を行った吉村元男（現，鳥取環境大学教授）を交えて重ね，パッチ状間伐と北摂山系からの埋土種子導入の試行を行い，一定の成果（中村ほか2002，近松ほか2002）をおさめつつある．この経過については，次節でくわしく述べる．

6 おわりに

　森林の保全・再生について，本項では都市およびその周辺の緑化事例をもとに論じた．これまで，生態学的には価値の低いものとされてきた二次的自然が生物多様性の視点から脚光をあびだしたのは古いことではない．ここで述べたような，ひとたび自然が消失したあとの森林をはじめとする自然の再生は，さらに価値の低いものと見られてきた．しかし，三次的自然とでもいえばいいのだろうか，すでに自然が大幅に劣化した都市とその周辺の立地，つまり沖積平野や低い丘陵地にかつて存在した野生動植物のハビタットの再生と保全を差別する理由は，生物多様性保全の視点からはなにもない．さらに，自然のプロセスから完全に独立した都市がありえないのと同様に，原生的な自然でも人間社会とこれまでの歴史的な経緯の結果として，大台ヶ原でのシカの異常繁殖によるトウヒ林の壊滅のような事態も発生している．本来の森林の保全・再生にむけて，順応的な対応が望まれる．

　（本稿は森本幸裕（2002）「森林―その保全・再生の手法・技術」『緑の読本』64:43-53を加筆修正したものである）

引用・参考文献

小橋澄治・吉田博宣・森本幸裕（1982）『斜面緑化』四手井綱英監修・鹿島出版会.
日本緑化工学会（2002）生物多様性保全のための緑化植物の取りあつかい方に関する提言〈http://wwwsoc.nii.ac.jp/jsrt/index.html〉
森本幸裕・小橋澄治（1985）「万国博記念公園樹林地の土壌発達過程について」『造園雑誌』48（5）：115-120.

第4章　共生の管理と計画

森本幸裕・小橋澄治・吉田博宣（1986）「大規模造成緑地の土壌回復診断における土壌呼吸速度の利用について」『造園雑誌』49（5）:108-113.

森本幸裕（1987）「緑地土壌の経年変化」京都大学造園学研究室編『造園の歴史と文化』養賢堂.

Njoroge, J.B. and Morimoto, Y. (2000) Studies on soil development as influenced by the method of large scale reclamation of a sub-urban forest, *J. of Jpn.Soc.Rev. Tech.*, 25:184-195.

ジョロゲ, J. ほか（1997）「造成地における郷土樹種による緑化の植栽約20年後のモニタリング」『日本緑化工学会研究発表会要旨集』.

Yui, A., Njoroge, J.B., Natuhara, Y. and Morimoto, Y. (2000) An evaluation of the recovery conditions for reclaimed land using ant diversity, *10th IFLA Eastern Regional Conference '00 Proceeding Book*, 281-288 (Awaji).

Njoroge, J. B., Fukui, W. and Morimoto , Y. (2000) The habitat usage of vegetattion types by avifauna community in the reclaimed site of EXPO'70 Commemoration Park, *J. of Jpn. Inst. of Landscape Architecture*, 63:501-504.

Njoroge, J.B., Morimoto, Y. and Natuhara, Y. (2000) Using remotely sensed surface attributes to assess avian community composition in a reclaimed urban park, *10th IFLA Eastern Regional Conference '00 Proceeding Book*, 179-187 (Awaji)

Njoroge, J.B. and Morimoto, Y. (1999) Surface heat energy balance in relation to growth condition of urban park vegetation, *Papers on Environmental Information Sciences*, 13, 61-66.

Njoroge, J. B.Nakamura, A. and Morimoto,Y. (1999) Thermal based functional evaluation of urban park vegetation., *J.Environmental Sciences* (ISSN 1001-0742), 11 (2), 252-256.

石田弘明・服部保・武田義明・小館誓治（1998）「兵庫県南東部における照葉樹林の樹林面積と種多様性，種組成の関係」『日本生態学会誌』48:1-16.

加藤和弘（1996）「都市緑地内の樹林地における越冬期の鳥類と植生の構造の関係」『ランドスケープ研究』59（5）:77-80.

夏原由博・今井長兵衛・田中真一（1997）「大阪南港発電所（関西電力）の環境保全林（エコロジー緑化）における樹林の発達とアリ群集の特徴（1993-4年）」『大阪市環境科学研究所報告』59：68-82.

橋本佳明・上甫木明春・服部保（1984）「アリ相をとおしてみたニュータウン内孤立林の節足動物相の現状と孤立林の保全について」『造園雑誌』57：223-228.

夏原由博（1998）「都市における生息場所：アリの目，トリの目，チョウチョの目」『国際景観生態学会日本支部会報』3（2）:32-35.

中村彰宏・森本幸裕・水谷康子・安井祥二・中井和成（2002）「多様性増加のための施

工後30年経過した万博記念公園人工照葉樹林の管理手法」『日本緑化工学会誌』28 (1) :283-285.

近松美奈子・夏原由博・水谷康子・中村彰宏 (2002)「都市林に造成された人工ギャップがチョウ類の種組成に及ぼす影響」『日本緑化工学会誌』28 (1) :97-102.

Wilson, M.F. (1974) Avian community organization and structure. *Ecology* 55:1017-1029.

石田　健 (1987)「植生断面図によって評価した森林の空間構造と鳥類の多様性」『東京大学遠州林報告』76:267-278.

由井正敏 (1988)『森に棲む野鳥の生態学』創文.

前中久行 (1989)「エコロジー緑化」『最先端の緑化技術』ソフトサイエンス社.

今井長兵衛, 夏原由博 (1996)「大阪市とその周辺の緑地のチョウ相の比較と島の生物学の適用」『環動昆』8:23-34.

Natuhara, Y. and Imai, C. (1999) Prediction of species richness of breeding birds by landscape-level factors of urban woods in Osaka Prefecture, Japan. *Biodiversity and Conservation* 8 (2) :239-253.

Harris, L.D. (1984) *The Fragmented Forest.* University of Chicago Press, Chicago.

Kohyama, T. and Aiba, S. (1997) Dynamics of primary and secondary warm-temperate rain forests in Yakushima Islands. *Tropics*, 6: 383-392.

中村彰宏 Akihiro Nakamura
夏原由博 Yosihiro Natuhara

Section 4-2

万国博記念公園の森 ── 人工ギャップによる再生

1 植物の種多様性を高めるための森林管理

(1) 万博公園の森づくりの目標

　大阪府吹田市にある万国博記念公園は，1970年にわが国ではじめて開催された万国博跡地につくられた公園である．この公園の自然文化園地区では，博覧会時にあったパビリオンなどが取り壊され，造成された裸地面に人工的に森がつくられた．当時は，開発などによる自然環境の劣化が大きく，自然保護の社会的な思想とともに，エコロジー緑化が行われた．エコロジー緑化とは，発電所などの緩衝樹林帯を地域の気候的極相林，何百年も経過したときにできている森の構成種を植栽して，短期に森をつくる手法である．

　万博公園でも「自立した森」という目標で，極相林である照葉樹林を目指してエコロジー緑化と同じような手法で森がつくられた．「自立した森」の解釈はむずかしいが，多様で世代交代のある天然の森林と考えてよいだろう．また万博公園は，「自然生態復活の実験」の場と設定され，「成果の発表」まで

もが基本理念に掲げられ，まさに現在の課題が30年も前に提起された点で大いに評価できる．現在でも森林の遷移，更新などのメカニズムは完全に解明されたとはいえない．万博の森の計画時も未解明点は多かったが，当時の知識でなんとか森をつくり，わからない部分は科学的に探求し，それを現場の管理に活かすという順応的管理の方針が30年以上も前にすでに計画されていたのだ．

発電所での照葉樹林づくりと同様に，万博公園の森の多くは比較的短時間で樹冠におおわれて「森」とよべる状態になった．しかし，施工からおよそ10年で林床が暗く，アラカシなどの数種の種構成の偏った林床植生であることが明らかになっていた（坂本1985）．

(2) 万博の森の林床環境は？

森づくりから10年で暗くなった林床は，その後どのように変化したであろうか？　植物の成長は，さまざまな環境要因に影響される．たとえば，降水量と土壌水分，大気の湿度などの水分状態，気温や地温などの温度環境，光合成に重要な光量，土壌の栄養塩類やpH，物理特性などの土壌環境などのさまざまな要因が関連する．

ここでは，林床の樹木が十分に生育できる環境かどうかを，林冠の閉鎖状況に大きく影響される光環境で評価する．太陽から放射される光の量である日射量（光量子量）は，季節および時間で大きく変化する．また雲の有無で短時間に変化するため，林床だけで光量を測定しても，天候の変化と樹冠の状態の影響を分離できず正しく光環境を評価できない．「陽斑」とよばれる木漏れ日が当たる場所とそうでない場所との空間的な相違，時間的な陽斑のあたる時間とそうでない時間で測定結果が大きく異なり，光環境評価というのは実はむずかしいものである．

第 4 章 | 共生の管理と計画

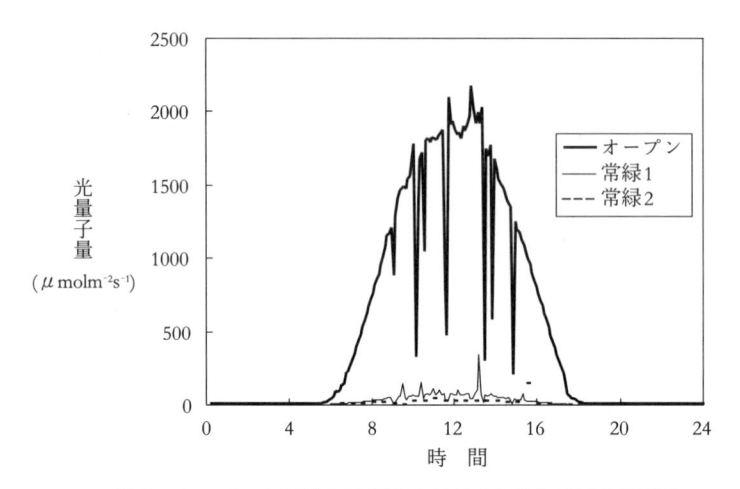

図1 オープンと万博の森林床2か所での光量子量の日変化

そこで,時間的なばらつきをおさえるために,データロガー(センサーからのデータを自動的に記憶してくれる装置)で光量子計によって10分または30分ごとに測定した光の変化を図1に示す.オープンな遮るもののない場所の光量子量は,雲などによる多少のばらつきを除けば,日中大きくなる日変化を取る.一方,落葉樹がわずかに存在する常緑樹林1での林床の光量は,オープンのおよそ4％と暗い環境であることがわかる.測定データの中に数か所の4％よりも大きな値が,陽斑となった時間のものである.一時的には20％以上の光量が透過する時間もあるが,ほとんどの時間帯では4％程度と暗い.もう一か所の常緑樹のみの調査地点2では,日平均の相対光量子量は2.3％とさらに暗い環境で,多くの植物の生育には困難なことがわかった.

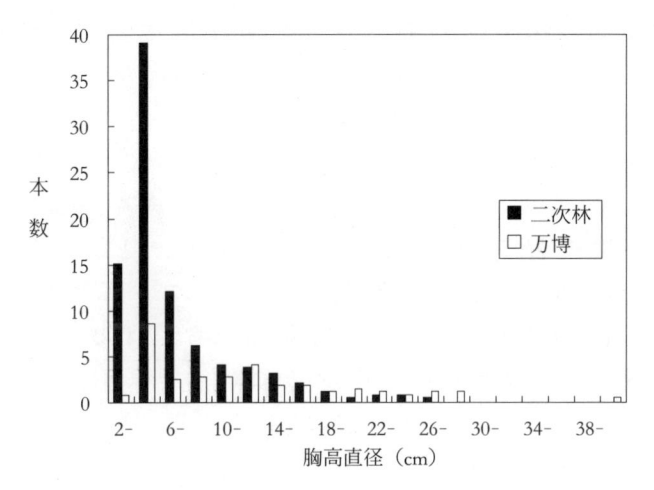

図2　二次林と万博の森の2cmごとの胸高直径の頻度分布（塩田ほか2004から作成）

(3) 万博の森林床の木本層

　つぎに，現状の林床の植物相を評価する．街中の公園や緑地では，高木や花のきれいな低木が多く植えられるが，種類はそれほど多くない．ところが，二次林や深い山へいくと，低木層が増え，同定に困る植物がたくさん出現する．

　自然林と万博の森を比較するために，万博からおよそ5kmしか離れていない北摂の二次林（アベマキが優占）と万博の林分構成を比較した（図2）．万博では二次林に比べて太さ（胸高直径）18cm以上の個体は多いが，8cm以下の小さな木が少ない．一方，二次林では，直径6cm以下の小径木，つまり低木が75％にものぼるとの相違がある．さらに小さな個体，発芽したばかりの当年生実生の個体数は，万博で4.6個体/m^{2}で二次林の2.7個体/m^{2}よりも多い．しかし，種数は万博の16種/300m^{2}よりも二次林で47種/300m^{2}と圧倒的に

多い（塩田ほか2004）．万博の林床では，全個体数の75％がネズミモチであり，暗い環境でも生きることのできる耐陰性をもつわずかな種のみと組成が偏っていた．一方，二次林では個体密度は大きくないが，さまざまな種が出現して多様性が大きかった．

これらの結果から，万博公園では植栽から30年の経過で外観的には森となったが，林床の種多様性が小さく，その要因のひとつとして常緑の樹冠で閉鎖された影響による暗い光環境が考えられた．このように環境面と林床の木本相から判断すると，「自立した森」は未完成と考えられる．種の多様性に富み，多様な実生の更新が行われる森へと誘導するために，光環境を改善することが必要な管理のひとつと考えられた．

(4) 森林の更新，再生を制限する要因は？

森林の更新，再生を制限する要因として，種子があるかないか（seed availability）と微環境（microsite）が考えられ，多くの研究がなされている（たとえばEriksson, O. and J. Ehlen 1992）．前者は，種子が散布されているかどうか，また散布されていても，昆虫などによって捕食されずに発芽適期の環境まで生存できるかどうかといったことが関連する．対象とする場所が街中で周囲の森林から孤立化している場合は，種子の供給が減少すると考えられ，前者に関連する．一方，後者は，光や温度といった環境，落葉落枝（リター）に地表面が覆われているかどうか，コケがあって湿った場所か，微細な土壌表面の凹凸なども含まれ，発芽，定着への適性が関連している．

これらの生態学での研究課題を，万博の森に適用して考えてみると，まず樹冠を形成する高木を伐採して，林床への透過光量を増加させることが重要である．森林の中にギャップ（林冠のなかで明るく空いた部分）をつくって光環境を改善し，種の多様性を増加させる試みは世界でも多く行われている（た

とえば Coates, K.D. and P.J. Burton 1997). というのも，森林の遷移が進んで極相林となっても，安定した状態は永遠には継続せず，ある一部分が攪乱によってギャップとなり，そこから多くの新しい個体が再生されるギャップダイナミクス（山本 1981）が明らかになっているからである．

　万博公園でもこのギャップダイナミクスを応用して，森林の一部を伐採する光環境の改善，明るい微環境の創造を図ることとした．これは，既存の研究成果を参考にするだけでなく，万博の常緑樹林で，たまたま枯死した樹木を伐採してできた小さなギャップに落葉樹が多く出現したとの裏づけからにもよる．

　多様な植物からなる森を簡便につくるには，導入したい種，個体を植栽すればよい．万博の林床に欠落している近郊の二次林に生育する種の苗を植栽することである．とはいえ，山に生えている低木の苗はほとんど生産されていない．また，植える地域以外から苗を調達すると，よその遺伝子が周辺の在来の個体と交雑して遺伝子攪乱が生じる懸念がある．それゆえ，二次林構成種を安易に導入することは慎まなければならない．

　次に考えられるのは万博周辺の森林から低木を採取して，植栽することである．もちろん，周辺の山を攪乱するので，山からむやみに個体を導入することもできない．となると，苗よりも前段階である種子からの導入が考えられる．

　秋に山を歩けば，さまざまな熟した果実が見られる．しかし，いざ特定の植物の種子を採取しようとすると，容易に種子が集まるものもあれば，なかなか見つからないものもある．それゆえ，導入したい多様な低木種の種子を大量に集めることもまたむずかしい．そこで埋土種子の利用が考えられる．埋土種子とは，発芽適期を迎えても，休眠したままの発芽可能な生存種子とされ，森林の更新において重要な役割を果たしている．先駆種の多くは，散布された林床で，発芽できる明るい環境が訪れるまで土壌中で埋土種子とし

て眠り続ける．日本に自生する先駆種では，アカメガシワ，ネムノキ，ヌルデ，イヌザンショウの種子が20年以上の寿命を持つことが埋土実験で確認されている（小澤1950）．またヨーロッパのラズベリー（エゾイチゴの仲間）の種子は87年以上の寿命をもつと考えられている．

　このように森林表土中には長い寿命を持つ先駆種の埋土種子集団が形成され，これらを利用した緑化が近年さかんに行われている．そして，万博から約5km程度離れた前述の北摂の森林，国際文化公園都市の法面緑化にも，開発で消失する森林表土中の埋土種子が用いられ，調査した75m^{2}で48種もの木本が出現した（中村ほか2002）．このように北摂の二次林の表土には，多くの種からなる群落づくりを可能とする埋土種子のポテンシャルがある．そこで，万博の林床に埋土種子が多く含まれる北摂の森林表土を撒き出し，出現する実生によって種の多様性を増加させることとした．なお，表土は，国際文化公園都市の開発地の消失予定の森林から分けていただいた．これは，開発によって失われる森林表土を，他の場所に移して再生するという，オフサイトのミティゲーションともいえる．

(5) ギャップ形成による環境の変化

　光環境の改善のため，常緑樹で閉鎖した林冠の一部を伐採して林床に光を到達させることとなった．しかし，どれだけの面積で，一面にまたは選んだ樹木を部分的に伐採すればよいのかわからない．そのため対象地を15m×15mと決め，その中の全部，または一部というように伐採強度を変えた施業区を設け，後の調査で最適な伐採強度が評価できるように設定し，光環境と出現する実生の調査を行った．

　図3に，伐採していない林内，伐採後の林床で撮影した全天写真を示す．伐採していない林内（図3a）は，樹冠層の枝葉で天空部分がほとんど遮蔽さ

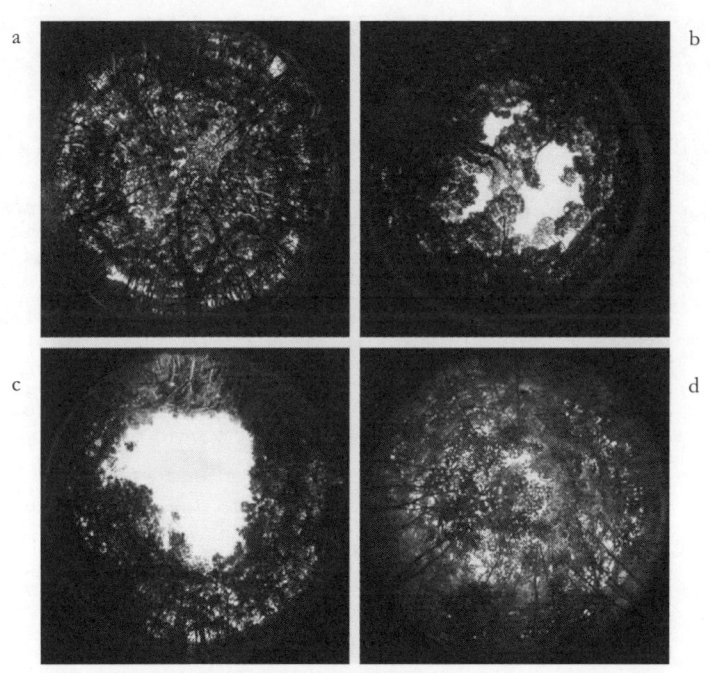

図3　林内と森林管理施業後の全天写真
　　a：伐採していない林内，b：間伐区，c：100％伐採区，d：4年目の100％伐採区（cの3年後）

れているが，100％伐採するとかなり明るくなる（図3c）．また本数で75％伐採しても，ある程度は明るくなる（図3b）．この明るくなった割合の定量的評価として，天空率（gap fraction：開空度ともいう）が用いられる．正射影魚眼レンズで撮影した写真において，全天空である円の部分に対する空の割合が天空率となる．写真のように等距離射影の魚眼レンズで撮影した場合には，投影法を変換すれば天空率を求められる（戸田・中村 2001）．算出した天空率は，伐採していない林内（図3a）が 0.09，本数で75％伐採した間伐区（図3b）

写真1　森林管理施業状況と出現した木本植物とチョウの幼虫
　　　a：ギャップ形成と表土撒き出し状況，b：ソヨゴの実生，c：クマイチゴの果実，d：伐採後のタブノキ萌芽枝に寄主したアオスジアゲハの幼虫，e：出現したネムノキ実生に寄主したキチョウの幼虫．

が0.15，100％伐採した区（図3c）が0.35であった．なお，100％伐採した区の3年後は，アカメガシワで群落が閉鎖し（図3d），天空率は再び低下し，暗い環境となってしまった．

(6) ギャップ形成による出現種

　2001年3月に4か所で行ったギャップ形成と二次林表土を撒き出し，1年目の秋までの調査結果を以下に紹介する．2001年には，本数で約25％を残した間伐区と，本数で90％以上伐採した3か所で施業を行った．撒き出しの影響を評価するために，写真1aのように，伐採した区画中央10m×10mを，2.5m×2.5mに16分割し，半分に二次林表土を撒き出し，なにもしない半分を対照区と設定した．出現種調査の結果，アカメガシワやエノキ，クスノキなど8種はすべての調査地点および処理区で出現した．これらは，二次林の表土を撒き出さなくても出現したため，すでに万博の森の表土中に埋土種子として存在していたと考えられる．対照区で出現せずに，撒き出し区でのみ出

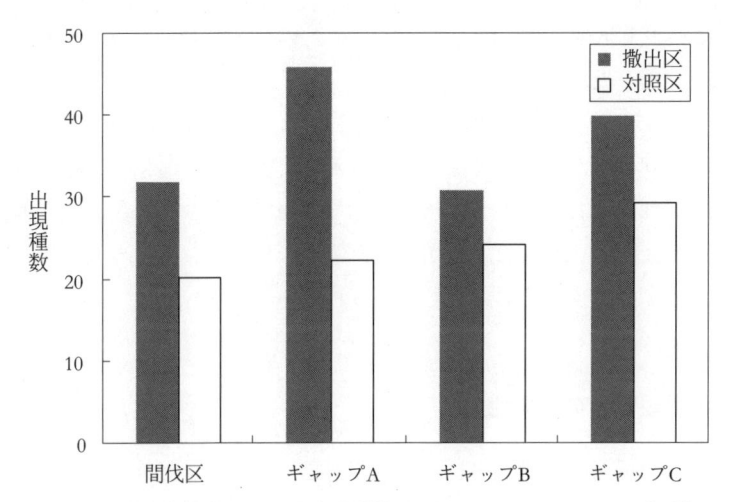

図4 森林管理施業区ごとの出現種数（Nakamura et al. 2005 から作成）

現した種には，アオツヅラフジ，ソヨゴ（写真1b），ツルウメモドキなどが含まれた．これらは万博の森への植栽の記録もないことから，表土中に存在した種子からの出現と考えられる．つまり，表土の撒き出しで万博の森へ導入できた種と考えられる．図4には，4か所の処理区毎の出現種数を示す．撒き出しを行っていない場所では20〜29種出現した．これは，万博の森林床の現状16種/300m^{2}よりも多い．ギャップをつくり，林床を明るくするだけで多くの種が出現することがわかった．そして，撒き出し区では，31〜45種が出現しており，各地点の対照区よりも種数が増加した．つまり，林床の光環境改善と二次林の表土撒き出しで，さらに多様な種から構成する群落をつくれる可能性が示唆された．

このようなギャップ形成と表土撒き出し施業と調査はその後も継続している．2001年に伐採を行った地点のひとつでは，アカメガシワによって樹冠が閉鎖し，再び林床が暗くなる場所もあった．また他の撒き出しプロットでは

3年目に，表土から出芽したと考えられるクマイチゴ（写真1c），ヒメコウゾが開花，結実した．

このようにギャップ形成と表土撒き出しによって，多様な種で構成される群落形成の可能性が明らかとなった．導入した表土から出芽した個体が結実し，鳥類の餌となる可能性があり，多様な生物で構成される森となる可能性もある．ただし，先駆種による樹冠が再閉鎖した場所もあり，さらなる間伐などの人間の手を入れる必要性も考えられている．

(7) 長距離散布の可能性

ギャップ形成と表土撒き出しの結果を中心に述べてきたが，万博の森で調査しているとおもしろい現象にもでくわす．2002年に間伐だけを行った調査地点ではカラスザンショウの実生が確認された．2001年に100％伐採した場所の表土を撒き出していない区で常緑のサクラの仲間であるリンボクの実生が確認された．どちらの種とも万博での植栽記録のない鳥散布種であり，大阪府の植物目録（桑島1990）で山地に分布し，やや稀，稀に出現すると記載されている．これらを考えると，万博周辺の都市域の小規模緑地に両種の母樹が存在することもまた稀と考えられる．万博周辺の小規模緑地に両種の母樹が存在しなければ，母樹は万博周辺の緑地か4km以上離れている北摂の森林にあることになり，種子は鳥によって長距離運ばれたこととなる．ただし，長距離散布と結論づけるには，両種の種子の寿命以上の期間にわたって，周辺の緑地に母樹がなかったことを証明しなければならない．これは，周囲の小さな緑地に両種の母樹が存在して種子が近距離に散布され，埋土種子として万博の表土で生存し続け，周辺の緑地の母樹が枯死した後に万博内で実生が出現し，見かけ上，長距離散布とまちがえてしまうからである．リンボクの種子の寿命の研究はないが，カラスザンショウの種子は10年以上生存する

という (小澤1950). それゆえ, 長距離散布を証明することは非常にむずかしいことであり, 研究例は少ない. しかし, コロンビアの熱帯林でほとんど飛ばない観察に慣れた鳥を追跡して糞を採取し, アカネ科の果実が歩行距離で1228m (直線距離では633m) 散布されることを直接示した貴重な研究がある (Yumoto, T. 1999). これに比べて長い距離ではあるが, 4km以上の距離を鳥によって長距離散布された可能性がないともいい切れない.

多くの種子は, 通常, 数十m以内に散布され, 100m以上運ばれることが長距離散布と定義 (Cain, M.L. et al. 2000) されることがある. 長距離散布は, C・ダーウィンが約150年前にその重要性を指摘しており, 稀にしか生じないが, 植物の個体の数の増減, 新たな新天地への移住を説明するための研究がすすめられ, 注目されている研究テーマである.

アリ散布植物 (スミレ属のように種子にエライオゾームという物質がついており, アリがその物質目当てで種子を巣に持ち帰る) のカンアオイの仲間 (*Asarum canadense*) は, 通常2m以下, 最大で35m散布との報告がある. これらの散布速度や個体数の増減を考えたモデルでは16000年で53kmしか移住できない計算結果となった. しかし, 実際には450〜1900kmも移住しており, アリ散布以外の要因が影響したと考察されている (Cain, M.L. et al. 2000). これらの結果から, 長期的な林床植物の移住には長距離散布が関与し, ひとつのメカニズム (たとえばアリ散布のみ) だけでなく, 他のメカニズム (たとえば偶発的に運ばれること) を組み込んだ長距離散布を考えたモデルが必要と結論づけられている (Cain, M.L. et al. 2000).

遺伝子を用いた研究の有用性が説かれてはいるものの, 直接的に長距離散布を測定することは非常に困難であるが (Cain, M.L. et al. 2000), 長距離散布は現実の植物の分布の拡大を説明するために重要でかつ非常に興味深い研究対象である.

2 チョウにとっての人工ギャップ

　人工ギャップは動物の多様性にどのような影響を与えるだろうか．学部4年生だった近松美奈子さんはチョウ類を指標としてギャップ造成が種組成や多様性に及ぼす影響を調べた（近松ほか2002）．チョウを選んだのは，チョウの種はそれぞれ食性，化性，生息環境などが異なるため，確認されたチョウの種構成と個体数から調査地の環境の状態が推測できること，一般に移動能力が高いため，短期間の環境変化に対応して飛来できること，生息のために鳥などと比べて小さな面積で十分だと考えたためである．

(1) 調査方法

　2001年4月から10月の月2回，雨や強風のない日を選び，計13回調査を行った．①〜⑥の6か所のギャップ，それらから15m離れた6か所の林内，陽地としてのギャップと比較するために畑と芝生各1か所においてそれぞれ15m×15mの調査区を設定し，その中で連続した10分間に高さ5m以下で目撃されたチョウの種と個体数を記録した．
　ギャップをつくった林の優占種と樹高は，①アラカシ（12.1m），②アラカシ・クスノキ（12.9m），③アラカシ・ウバメガシ（8.6m），④ギンドロ（17.1m），⑤アラカシ・クスノキ（17.3m），⑥タブノキ・シイ（15.0m）であった．すでに述べたように皆伐した区と一部残した区があり，ギャップの天空率はずいぶん幅があった．畑は学習用で，ヤナギ，クヌギ，ミカンなどの樹林が隣接している．おもにジャガイモ，ナス，キュウリが植えられ，雑草としてハルジョオンなどが見られた．
　調査開始時刻は毎回午前9時30分とし，午前中に全調査を終えるようにし

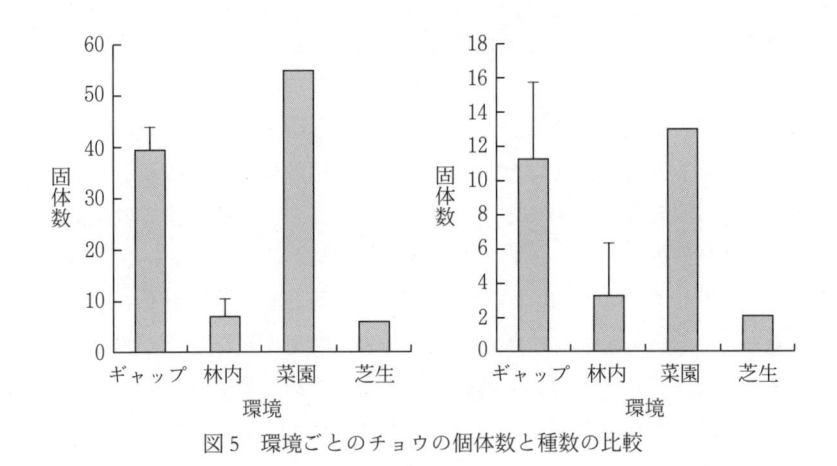

図5 環境ごとのチョウの個体数と種数の比較

た．ミドリシジミ類など強い日周性を持つ種を除いて，この時間の範囲で，個体数の大きな変化はないと考えられる．調査は毎回，ギャップおよび林内1，2，畑，ギャップおよび林内3〜6，芝生の順に行った．同じ調査区内で同一個体を複数回計数しないようにしたが，視界から消えて再び飛来した場合には区別できていない．

(2) 種数と個体数

年間で5科23種342個体のチョウが確認された．6か所のギャップ内で見られた個体数は計238個体，これに対し6か所の林内では計43個体と大きな差がみられた．また，畑内では55個体，芝生内では6個体が確認された．1か所の平均個体数を比較すると，多いものから，畑（55個体）＞ギャップ（40）＞林内（7）＞芝生（6）であった（図5）．また，6か所のギャップ内で確認された種数は20種，これに対し6か所の林内では10種と，種数においてもギャップ内と林内では差が見られた．また，畑では13種，芝生では2種

が観察された．1か所の平均種数を比較すると，多いものから，畑（13種）＞ギャップ（11.3）＞林内（3.2）＞芝生（2）であった．

この結果は，森林から都市まで環境が変化する中で，チョウの種数や個体数は中程度の自然度で高くなり，そのピークは種数では二次林あるいは里山的環境，個体数は農地にあるといったランドスケープスケールでの傾向（夏原2000）とほぼ対応しているものの，林内の種数が非常に少ないなど相違点もある．これは今回の調査区が④ギンドロ林を除いて照葉樹の密生した林であるためと，今回の調査が小さなスケールの環境を比較したためと考えられる．チョウは一部の種を除いて行動範囲が広いため，ギャップや林内，畑を複合的に利用しているだろう．

(3) 出現した種の特徴

出現個体数の多い優占種も環境によって異なり，上位3位はギャップでは，アオスジアゲハ，ヒメウラナミジャノメ，ムラサキシジミ，林内では，ヒメウラナミジャノメ，アオスジアゲハ，ムラサキシジミ，サトキマダラヒカゲ，畑は，モンシロチョウ，ヤマトシジミ，ツバメシジミ，芝生ではモンシロチョウであった（2位はウラギンシジミであったが，1個体のみであった）．また，ギャップのみで観察された種はクロアゲハ，カラスアゲハ，コミスジ，ホシミスジ，ヒメジャノメの5種，林内でのみで観察された種はキマダラセセリの1種，畑のみで観察された種はコムラサキであった．

それぞれの種に与えられた，自然性の指数を用いて，各地点のチョウにとっての環境を評価した．服部らの指数（IH）（服部ほか1997）ではランク数は5で，5: 自然植生に限定され，二次植生まで広がっていてもそこでの個体数がきわめて少ない種，4: 自然植生から二次林や二次草原などに生息する種，3: 自然植生，二次林，二次草原から平地にある農耕地の各種雑草群落や小規模

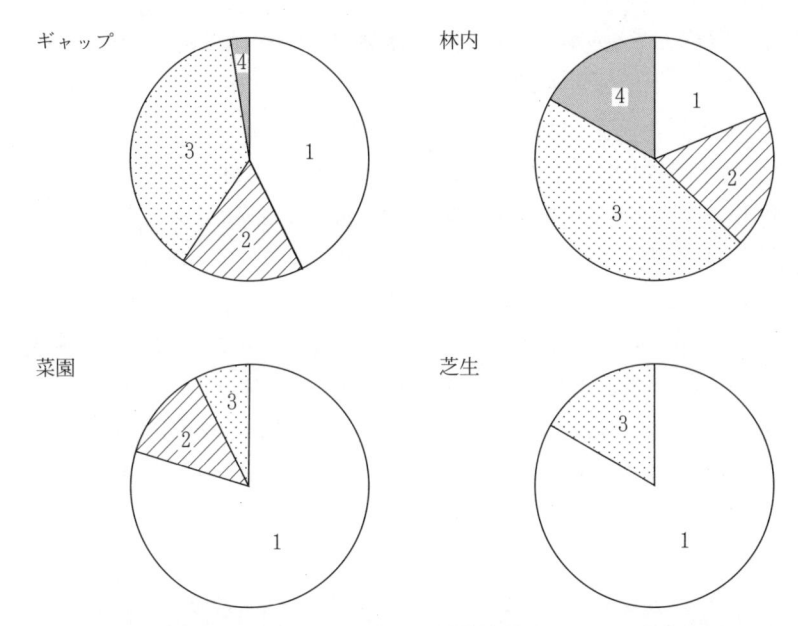

図6 自然性指数別のチョウの組成（自然性指数については本文参照）

の樹林まで分布する種，2: 自然植生，二次林，二次草原，農耕地から都市近郊の低密度住宅域や大規模な植栽植物群のある都市公園まで分布する種，1: 上述の全領域から都心部のわずかな植栽群落や小規模な雑草群落などにまで分布する種および飛翔力があるため都心部でしばしば見られる種，巣瀬の指数（IS）（巣瀬 1998）では，種ごとの個体数が最大になる環境によって 3 から 1 までのランクに分けている．両者では表現が異なるが，自然度によって出現する種が異なるという点は共通している．

各地点で確認された種の服部の指数別の個体数割合を図 6 に示す．IH ＝ 5 である原生段階の環境の指標となる種は，本調査において確認されなかった．各指数の個体数の割合は，畑と芝生において 1（都心まで見られる種）の割合

が高く，林内とギャップ内において3（農耕地まで見られる種）の割合が高かった．また，林内は総個体数は少ないものの，4（二次林まで見られる種）の比率が比較的高かった．巣瀬の指数（巣瀬1998）にチョウの種数をかけて重みづけた環境指数 EIS はギャップ（20.2）＞畑（19.0）＞林内（5.3）＞芝生（3.0）の順であった．ギャップの環境指数は，他の環境と比較してもっとも高くなったが，これは種数によって重みづけられた結果であって，自然性が高いチョウの比率は林内で高かった．

　ギャップ内で観察された種と，ギャップ造成によって出現した林床植物との対応を検討すると，ギャップ内の植生の中には，観察されたチョウの種の寄主植物が多くみられた．それらは，アオスジアゲハ（クスノキ・タブノキ），ヒメウラナミジャノメ（イネ科），ムラサキシジミ（アラカシ），キチョウ（ネム・ハギ類），テングチョウ（エノキ），コミスジ（フジ・ネムノキ・ハギ類），ヒメジャノメ（イネ科），クロアゲハ（カラスザンショウ），カラスアゲハ（サンショウ），ウラナミシジミ（ハギ・クズ）などであった．

　チョウの種数は，その環境に存在する幼虫および成虫の必要とする植物など資源の多様性に依存する．とくに幼虫の寄主草本の種数および成虫の餌である花などの多様性と相関が高く，寄主草本の種数は林縁で多く，成虫の餌資源もソデ群落の発達した林縁やギャップに多いとされている（北原2000）．

　木本はギャップ造成前の林の中にもみられるが，木本を寄主とするチョウの中にはアゲハのように幼木を好んで産卵する種もあり，ギャップに発生した実生が，より好適な餌植物としてチョウを誘致するものと考えられる．

　また，石井ら（1995）によると，林縁部は，草本類や木本類などが多種多様な花をつけ訪花性のチョウ類の吸蜜源となるだけでなく，太陽光と空間に恵まれた環境であり日光浴をしたりなわばりを張ったりするのに適している．したがって，林内とくらべてギャップでチョウが多かったことは，林上部を飛翔するチョウがギャップで吸蜜源や寄主植物，陽だまりなどを求めて

地表近くに降下するものと考えられる．したがって間伐したギャップの領域そのものだけでなく，そのギャップと周囲の林が作り出す林縁環境が多様性に大きな影響を与えたと考えられる．

　ギャップで見られる種が同じく陽地である芝生や畑と異なっていたのはその植生の違いからであると考えられる．芝生や畑は植生が単純であり，見られたチョウの種はモンシロチョウやヤマトシジミといった草地や裸地などの陽地を好む，都市的自然段階に区分される種がほとんどを占めた．畑で個体数が多かったのは，畑で優占種であったモンシロチョウが多化で繁殖力が大きいためであると考えられる．ただし，この畑の周囲には，林があったために，畑を横切った種も含まれ，種数も多かったと考えられる．一方，ギャップでは，林床植物の出現，林縁環境の出現により，植生が芝生や畑ほど単純ではない．

（4）　どんなギャップがよいか

　ギャップ4地点におけるチョウの種数と個体数は，天空率が30〜40％以下では差がなく，それ以上で増加した（図6）．もっとも天空率の高い③は樹高8.6mで，ギャップの一辺の長さは最大樹高の1.7倍である．他の3ギャップでは記録されずここで記録された種は，ベニシジミ，ウラナミシジミ，ヒメアカタテハで，いずれも草地性で，IH＝2（都市近郊までみられる種）であった．種数ではもっとも天空率の低い区画②とその次に低い①で逆転しているが，1種の差であり，生態学的な意味はない．

　本研究で天空率を計測した4つのギャップの中では，ギャップの1辺が，最大樹高の1.7倍で天空率の高い調査区③のギャップでチョウの種数と個体数が多く，チョウを増加させるためには，十分な天空率とすることが望ましいことが示唆された．しかし，クロアゲハやコミスジなど，ギャップのみに

出現した種は，1辺/樹高比がより小さいギャップでも出現したことから，目標とする種に応じた比率を設定するべきであろう．イギリスでは，林内の空地や馬道の広さについてマニュアルも作成されているが，わが国でもいくつかのスタイルを提案していくべきである．さらに，林の面積に対して全体としてどの程度の面積のギャップがもっとも多様な種を生息させうるかを調べていくことが，公園管理としてのギャップ造成のチョウ類に与える影響を解明していくうえでは必要となるであろう．

(5) 都市緑地にチョウの住み場所を

　チョウの生息にとって重要な要素は，幼虫の食草・食樹，成虫の吸蜜源，成虫の飛翔場所や求愛場所である．これらの組み合わせによって，種ごとの生息場所が決まっている．緑地の面積や種の供給源としての山からの距離も種数に影響している．

　樹木を食べる場合は，木の大きさにも好みがあり，アゲハ，アオスジアゲハなどは若くて背の低い木を好む．成虫の吸蜜源は花だけでなく，樹液や水たまり，動物の糞などを好むチョウもいる．都市緑地につくりたい生息場所として以下のような環境が考えられる．

　　1) 落葉広葉樹林：クヌギ，エノキなどを含み，林床には草花が生える程度の低密度であることが必要．10〜15年で萌芽更新を行うことにより，環境を維持する．落葉広葉樹を食樹とするアカシジミやミドリシジミ類，樹液を吸蜜源とするオオムラサキやタテハチョウ類などの生息が可能となる．また，チョウばかりでなく，カブトムシや多くの昆虫の生息が期待できる．
　　2) 照葉樹林：林冠が閉鎖されていない，若木による常緑樹林にはアゲハ，アオスジアゲハ，ムラサキシジミなど常緑樹を食草とし，かつ明るい場所を好むチョウが生息する．チョウを生息させるためには，照葉樹林も一部は萌芽更新によ

る管理を実施する．
3) 林内の草地，林縁：このような場所には潅木やつる植物が茂る．ハギやクズ，ヤブカラシなど林縁植物の多くがチョウの成虫の蜜源となる花をつけ，幼虫の食草となる．
4) 林内の道：クロアゲハなどは比較的暗い林の中の道を飛翔コースとして利用する．
5) 林床にササのある林：ヒカゲチョウ類など，ササやイネ科草本を食草とし，林床の茂みの中で休息する
6) 草地と畑：モンシロチョウ（アブラナ，キャベツ），キアゲハ（ニンジン）など作物に依存し，かつオープンスペースを好む．キタテハ，ツマグロヒョウモン，ベニシジミなど草本を食草とし，広い草地を好む．

　ギャップ造成は，広面積を一様に間伐することとは異なり，環境のモザイクを造りだし，林縁というチョウ類にとって良好な環境を生み出すものであると考えられる．これはサトキマダラヒカゲなど，林内を好む種の生息地を確保するうえでも意味のある方法である．
　都市全体の自然（エコロジカルネットワーク）の視点から人工ギャップ形成の効果を考えた場合，郊外の二次的自然に見られるが都市公園には出現しないか稀な種（巣瀬1998），あるいは，かつて市内に生息していたが現在は消滅してしまった種（今井1993）を増加させることが重要である．そうした種は，カラスアゲハ，サトキマダラヒカゲ，ヒメウラナミジャノメ，ヒメジャノメ，コミスジ，キマダラセセリなどである．これらの種の多くが，ギャップで記録されたことは，ギャップを持つ都市林がこれらの種の供給源となり，都市全体のチョウを豊かにする可能性を示唆するものである．

第4章　共生の管理と計画

▶ ……………………………………………………………………… 引用・参考文献

Cain, M.L., B.G. Milligan, and A.E. Strand (2000) Long-distance seed dispersal in plant populations. *Am. J. Bot.*, 87:1217-1227.

近松美奈子・夏原由博・水谷康子・中村彰宏 (2002)「都市林に造成された人工ギャップがチョウ類の種組成に及ぼす影響」『日本緑化工学会誌』28:97-102.

Coates, K.D. and P.J. Burton (1997) A gap-based approach for development of silvicultural system to address ecosystem management objectives. *For. Ecol. Manage.* 99:337-354.

Eriksson,O. and J. Ehlen (1992) Seed and microsite limitation of recruitment in plant populations, *Oecologia*, 91: 360-364.

服部保・矢倉資喜・武田義明・石田弘明 (1997)「チョウ類群集による自然性評価の一方法」『人と自然』8:41-52.

今井長兵衛 (1993)「大阪市における都市化とチョウ相の変化」『昆虫と自然』28(12):16-19.

石井実・広渡俊哉・藤原新也 (1995)「「三草山ゼフィルスの森」のチョウ類群集の多様性」『日本環境動物昆虫学会誌』7:134-146.

北原正彦 (2000)「富士山麓森林地帯のチョウ類群集における成虫の食物資源利用様式」『日本環境動物昆虫学会誌』11:61-81.

桑島正二 (1990)「大阪府の植物目録」『近畿植物同好会』197頁.

小澤準二郎 (1950)「土中に埋もれた林木種子の発芽力」『林業試験集報』58:25-43.

中村彰宏・衣笠斗基子・陣門泰輔・谷口伸二・佐藤治雄・森本幸裕 (2002)「埋土種子密度，種数，多様度指数——面積曲線による森林表土撒き出し緑化の評価」『日本緑化工学会誌』28:79-84.

Nakamura, A., Y. Morimoto, and Y. Mizutani (2005) Adaptive management approach to increasing the diversity of a 30-year-old planted forest in an urban area of Japan. *Landsc. Urban Plan.* 70:291-300

夏原由博 (2000)「都市近郊の環境傾度にそったチョウ群集の変化」『ランドスケープ研究』63:515-518.

坂本圭児 (1985)「植栽された常緑広葉樹林におけるアラカシ実生個体群の動態——大阪，万博記念公園の更新について」『緑化研究』7:179-190.

塩田麻衣子・中村彰宏・松江那津子 (2004)「植生管理を行った都市内の人工照葉樹林と都市近郊二次林における木本実生の種多様性」『日本緑化工学会誌』30:116-120.

巣瀬司 (1998)「環境指標性を利用した解析」『日本環境動物昆虫学会（編）チョウの調べ方』文教出版，59-69頁.

戸田健太郎・中村彰宏（2001）「全天写真を用いた日射量推定プログラムの開発」『日本緑化工学会誌』27:154-159.
山本進一（1981）「極相林の維持機構——ギャップダイナミクスの視点から」『生物科学』33:8-16.
Yumoto, T. (1999) Seed dispersal by Salvin's curassow, *Mitu salvini* (Cracidae), in a tropical forest of Colombia : direct measurements of dispersal distance. *Biotropica,* 31:654-660.

橋本啓史
Hiroshi Hashimoto

Section 4-3

野鳥からみた都市緑地計画

1 なぜ都市に野鳥からの視点が必要なのか？

都市において野鳥等の生息に配慮する意義として，1）生物多様性保全，2）アメニティの向上，3）自然のプロセスの維持，の3つをあげることができるだろう．

生物多様性の保全は全地球的な問題となっており，都市環境といえども生物の季節移動や分散，地球温暖化による生息適地の高緯度化・高標高化に伴う生物の移動の妨げとならないような配慮が必要である．2-4で紹介したアオバズクのような，近年全国的に生息数が減少しているものの，都市に適応して細々と生息している種や平野部が本来の生息域である生物の保全も担う必要がある．また，人間活動によって著しく改変された環境は外来種の侵入経路となりやすいので，都市内にも本来その地域に分布している生物相・鳥類相に近いものが生息できるような環境を整備し，外来種が入ってきた時に在来種との競合がない状態をつくらないことが望ましい（前田1993）．近年，さまざまな野鳥が人工環境に生態を適応させて「都市鳥」化する興味深い現象

が注目されているが，森に棲む野鳥が都市に戻ってきただけでなく，カラスと人とのあつれきや，東京では本来日本にいなかった帰化鳥のワカケホンセイインコが大きな群れで生息するなどといった問題も起きている．

　最近の環境政策は，アメニティをとり込んで，公害防止から，緑を含めた快適環境の創出へと発展してきた．そして今日では，都市全体をひとつの生態系として再生すべきという発想が生まれ，都市の中に，動物を含めた生物自然を取り戻すべきであるといわれはじめている（武内 1991）．また，「うるおいとゆとりのあるまちづくり」を考える時のひとつのテーマとして小動物との触れ合いがあげられるようになり，なかでも野鳥は都市においてもその美しいさえずりや姿が人目につきやすく，また質の高い緑の指標ともなるので，野鳥等の生息に配慮した都市緑化方策も検討されるようになってきている（井上 1987）．また，環境学習の観点からも 3-1 で提案されている「学区ビオトープ」のような身近に動植物と触れ合う空間が都市にあることは重要である．北国から冬にわたってくるユリカモメやカモ類（3-1），熱帯雨林から夏にわたってくるアオバズク（2-4）のような長距離の渡りをする野鳥を身近に観察することによって，生き物の不思議やいのちのつながり，そして地球環境問題にまで思いを巡らすことになるだろう．

　都市は極度に人手が加わった空間であるが，いかに人工的な場であろうと，そこには熱の移動，化学変化，生物の繁殖といった自然のプロセスが存在し，人がすべてをコントロールすることは不可能である（夏原 2000）．多様な生物が生息し，複雑でバランスの取れた食物網が形成されることは特定の生物の増加を抑え，人間の生活環境の向上にもつながる．森林においては，鳥類による採餌活動が昆虫の個体数をコントロールし，樹木の生長にも間接的に影響を及ぼしていることが実験的に確かめられつつある．都市においても，公園や街路の樹木に発生する昆虫を野鳥が捕食することによって樹木の食害が軽減されていると考えられ，緑地管理上においても薬剤散布量を減らすこと

ができるので，都市に多種多様な野鳥が生息することは好ましいことであるといえる．また，野鳥は都市における植物の重要な種子散布者であり，都市に自然植生をとり込む際に重要な役割を果たすことからも，都市生態系における自然のプロセスに欠くことのできない構成者である．

このように，都市において野鳥を保全する意義はいくつもあげることができ，十数年前から都市緑地計画において野鳥の生息環境に配慮する動きがあるが，どれも抽象的で，現状ではもっぱらアメニティの面から一定程度の人々の支持を得ているように思える．民主主義国家においては，世論が野生生物の生息環境保全の是非をも決定する，というのはある意味しかたのないことであるが，世論形成において，単に抽象的・感情的なものではなく，科学的な根拠にもとづく機能面からの定量的な判断基準あるいは最低目標を共有することが，人類の生存にとっても必要に思われる．文化的な面，たとえばツバメやホトトギス，雁といった渡り鳥の飛来や鳥のさえずりによって季節を感じられること，の価値も大きいが，都市においてそれを保全目標とするか否かについては，そのときどきの住民の判断に委ねるしかないだろう．

本節では，大阪の都市緑地における鳥類相と都市環境との関係を紹介したのち，まだ著者の思い入れが強過ぎるきらいがあるものの，野鳥からみた都市緑地計画におけるひとつの最低目標とその評価方法について提案したい．一般的な指針については，参考になるいくつかのよい総説（前田 1993, Marzluff, J.M. and K. Ewing 2001, 倉本・園田 2001）がある．また，近年東京を中心に問題となっている都会のカラス問題については，関連読書案内でいくつか書名を紹介することとし，本節では触れない．

2 大阪市の都市緑地における鳥類相

(1) はじめに

　都市緑地や孤立林の面積などと鳥類の種数や種組成との関係については，これまでにも国内外で多くの報告がある．しかし標準面積が 0.25ha の街区公園（かつては児童公園とよばれていた）規模の都市緑地は，鳥類の生息地としてあまり重要視されてこなかったため，小規模な都市緑地の鳥類相を決める要因については十分に明らかにされているとはいえない．しかし，新たな大緑地を創出することが困難な市街地において生物相を豊かにするには，街区公園や近隣公園（標準面積 2.0ha）規模の緑地の整備が中心的な役割を果たすことになる．また，緑地周辺の土地利用形態と鳥類相との関係もあまり明らかにされているとはいえない．そこで本項では，大阪の小規模な公園も含めた都市緑地における鳥類相とそれを決める要因をランドスケープレベルで分析した研究（橋本ほか 2003）を紹介する．

　大阪市は全国でも最低レベルの緑が少ない都市であり，1990 年時点でわずか 4.1％の緑被率であった．これには，大部分の土地がかつては大阪湾の水面下にあり，ヨシ原の干拓によって市街地が形成されてきたこと，そして大きな庭園を持った大名屋敷が数多く存在した江戸と違って，大阪が商人の町のために大きな庭園がなかったことが影響している．大阪市には自然的な樹林といえるものは上町台地とよばれる南から大坂城に向かって伸びてきている少し小高い土地にしか存在しておらず，低地の緑のほとんどが人の手によって植えられたものであり，それも古い時代のものはあまり多くない．

表1 繁殖期の樹林性鳥類の出現率

種 名	面 積 (ha) < 1.0	1.0-9.9	10-100	生息地タイプ
ハシブトガラス	ー	5	ー	ジェネラリスト
コゲラ	ー	14	50	ジェネラリスト
シジュウカラ	8	27	100	ジェネラリスト
メジロ	10	32	100	ジェネラリスト
カワラヒワ	26	45	100	林縁
ハシボソガラス	33	86	100	林縁
ムクドリ	51	100	100	林縁
キジバト	62	95	100	林縁
ヒヨドリ	77	100	100	ジェネラリスト
種数合計	7	10	9	
調査地点数	61	22	2	

(2) 大阪の都市緑地の鳥類相

さて，本研究で調査を行った範囲は，淀川以南の大阪市と一部堺市を含む御堂筋沿線の85か所の公園や神社等で，この地域の主な緑地をほぼ網羅している．2000年の繁殖期（5〜7月）に各地点2回ずつ，越冬期に1回ずつ，ラインセンサスによって鳥類相を記録した．越冬期は調査回数が少ないので参考までに結果を示すことにして，繁殖期の鳥類相の分析結果を中心に紹介する．2-4でも触れているように，近畿地方の平野部の樹林では一般的に繁殖期よりも越冬期の方が多くの種類の鳥類が観察される．しかし，繁殖期の樹林性鳥類相は年変動が少なく，また昆虫の発生時期であることから，都市生態系における食物網の健全性の指標となっていると考えられる．

まずは，2-4と比較のために，繁殖期および越冬期の樹林性鳥類の出現率と面積の関係を表に整理した（表1および表2）．大阪では樹林面積が10haを超える都市緑地の数が少ないとはいえ，繁殖期の樹林性鳥類の種数は，京都

表2 越冬期の樹林性鳥類の出現率

種 名	面 積 (ha)			生息地タイプ
	< 1.0	1.0-9.9	10-100	
アトリ	—	—	50	林縁
ビンズイ	—	5	—	ジェネラリスト
ヤマガラ	2	—	—	ジェネラリスト
アオジ	2	5	—	林縁
ジョウビタキ	2	—	—	林縁
ウグイス	—	5	100	ジェネラリスト
コゲラ	—	9	100	ジェネラリスト
イカル	—	18	50	ジェネラリスト
ハシブトガラス	7	9	—	ジェネラリスト
カワラヒワ	2	18	100	林縁
モズ	8	5	50	林縁
シロハラ	—	27	100	ジェネラリスト
シジュウカラ	5	14	100	ジェネラリスト
ツグミ	20	36	100	林縁
メジロ	28	59	100	ジェネラリスト
キジバト	36	68	100	林縁
ハシボソガラス	41	73	100	林縁
ムクドリ	48	73	50	林縁
ヒヨドリ	84	91	100	ジェネラリスト
種数合計	13	15	14	
調査地点数	61	22	2	

では合計18種であったのに対し，9種（スズメとドバトを除く）とかなり少ない．越冬期においても，京都の29種に対し，20種と少なかった．個々の種を見ても，中小規模の緑地における出現率が京都に比べて大阪では若干低い傾向があるように見える．この原因についてはくわしい分析はしていないが，後に述べるように，緑地の孤立度と都市緑地特有の植生構造の違いがかかわっていると思われる．また，大阪ではハシブトガラスが少なく，街中のカ

ラスのほとんどはハシボソガラスであることが，京都や東京などと大きく異なる．

（3） 繁殖期の種数と樹林面積の関係

　上記では樹林性鳥類を対象としたが，スズメとドバトも都市緑地の樹木を利用する重要な構成種である．そこで以下では，この 2 種も含めた 11 種の樹木を利用する繁殖期の鳥類を対象として分析した結果を紹介する．
　まず，樹林性鳥類の種数と緑地内樹冠面積との関係を見た．散布図（図 1）を見ると，種数は樹冠面積 5ha 程度において 10 種に達し，頭打ちとなっていた．また，樹冠面積が小さい緑地ほど，種数と面積の関係が不明瞭になる傾向があった．

（4） 種構成に影響する都市環境の構成要素

　次に，群集を分類する統計手法のひとつである TWINSPAN（二元指標種分析）[1] をもちいて，種と調査地のグループ分けを行った．1 地点のみに出現したハシブトガラスを除いた 10 種の出現頻度をもとに，2 分割を 2 回くり返して，調査地を 4 グループに分類した結果をまとめたのが図 2 である．平均種数は A, B, D, C の順に多かった．ヒヨドリ，ドバト，スズメ，キジバトはすべてのグループに共通して高頻度で出現した．これらの種は都市鳥とよばれているような，都会の生活に適応した種である．ムクドリ，ハシボソガラスは A グループと B グループにおいて高頻度で出現した．この 2 種はどちらかといえば，農地のような開けた土地を好む種である．メジロ，シジュウカラ，コゲラ，カワラヒワは A グループにおいて高頻度で出現した．カワラヒワは疎林や開けた環境を好む種であるが，残りの 3 種は樹木に依存する種で

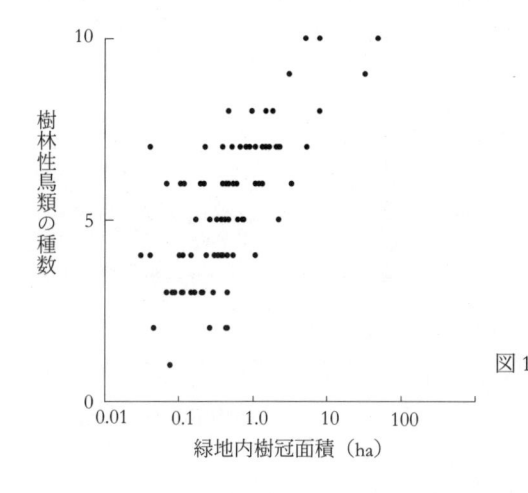

図1 緑地内樹冠面積と樹林性鳥類の種数との関係.（橋本ほか 2003 57頁の図を改変.）

種名	グループ 地点数	A 7	B 20	C 35	D 23
メジロ		100	25	6	4
シジュウカラ		100	10	11	0
コゲラ		43	5	0	0
カワラヒワ		71	65	23	4
ムクドリ		100	90	46	57
ハシボソガラス		100	90	4	61
ヒヨドリ		100	100	63	96
ドバト		86	100	94	83
スズメ		100	100	100	100
キジバト		100	90	49	83
ハシブトガラス		14	0	0	0
平均種数		8.71	6.93	3.97	4.83

分岐指標種：
- メジロ，シジュウカラ
- ムクドリ，ハシボソガラス，カワラヒワ，キジバト，ヒヨドリ
- ヒヨドリ，ハシボソガラス

図2 TWINSPANによる都市緑地の分類結果と各種の出現率（％）（分岐図の脇の種名は分割の際の指標種をしめす）.（橋本ほか 2003 57頁から引用.）

第4章 | 共生の管理と計画

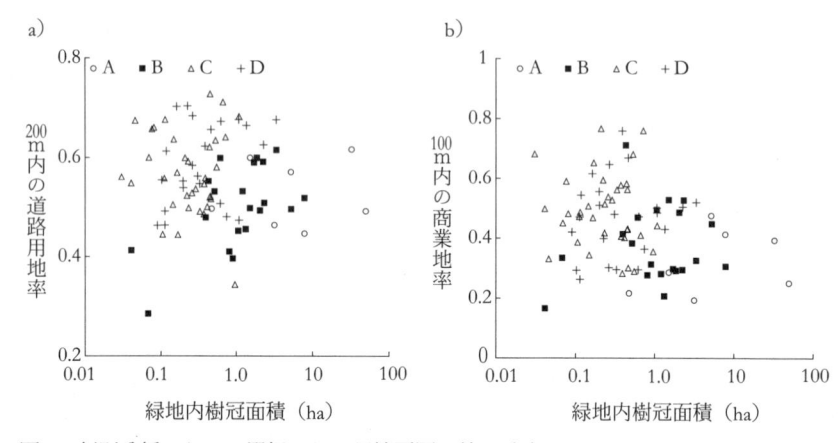

図3 判別分析において選択された環境要因の値の分布
　a) 緑地内樹冠面積－200m内道路用地率, b) 緑地内樹冠面積－100m内商業地率
　（ただし道路用地率および商業地率は逆正弦変換後の値).
　（橋本ほか 2003 57頁から引用.）

ある．DグループはCグループよりも，ハシボソガラスとヒヨドリの出現頻度が高い傾向があった．

AからDの4グループにわかれた調査地群とその環境要因との対応を判別分析[2]によって分析した結果，緑地内の樹冠面積[3]，緑地から200m内に道路用地が占める割合および100m内に商業地が占める割合によって4グループに分けられることがしめされた．緑地内の樹冠面積と200m内に道路用地が占める割合との散布図（図3a）および緑地内の樹冠面積と100m内に商業地が占める割合との散布図（図3b）をしめした．グループA, B, D, Cの順で緑地内樹冠面積が大きい傾向にあったが，CとDグループは似たような値をしめした．CとDグループでは200m内の道路用地率および100m内の商業地率も似た値をしめした．

周囲の道路用地率と商業地率が高いほど，緑地内の樹林性鳥類相が貧弱に

なっているようであった．街路樹のある道路は野鳥の移動経路となることもあるが，野鳥は交通量の多い道路をあまり利用しない（Fernández-Juricic, E. 2000）．大阪の市街地の大通りは交通量が多く，また高架式の自動車専用道路も道路用地の占める割合に含まれている．したがって道路は，野鳥にとって都市緑地を周囲から分断する要素と考えられる．一方の商業地の占める割合が鳥類相を貧弱にする要因となった理由は，高層建築物の多さや人や自動車の通行量の多さと関係があると考えられた．欧州でも市街化が都市緑地内の鳥類種数と負の相関があるという報告がある（Clergeau, P. et al. 2001）．商業地率の高さは市街地化の進んだ地区であることを意味していると考えられるので，今回の結果は，市街地の中心部ほど野鳥の種数が少なくなることをしめしていると考えられた．

　緑地内樹冠面積の増加が鳥類相を豊かにする要因，周辺の道路用地率と商業地率が鳥類相を貧弱にする要因となっていたことから，都市緑地の樹林性鳥類相を豊かにする方策としては，樹木量を増加させるほか，道路や商業地区・オフィスビル群によって阻害されている都市緑地への鳥類の自由な出入りを可能にするため，街路樹緑化やビルの公開空地の緑化を推進することも有効であると考えられる．

　シジュウカラやメジロなどの樹林性鳥類が高頻度で出現したAグループの緑地は，大阪市街地において野鳥にとって良好な緑地といえ，緑地内樹冠面積が大きく，周囲に商業地が少ない緑地であった．このような樹林性鳥類の生息地を新たに市街地内に創出するには，5ha前後の樹林面積が目安といえる．しかし，同じ近畿地方の京都市街地の社寺林では，樹冠面積が5haもあれば，繁殖期にエナガ，ヤマガラ，イカル，ウグイスといった森林性鳥類も高頻度で生息している（2-4参照）．したがって，大阪市街地の鳥類相はかなり貧弱であるといえる．公園では下層植生が貧弱であることから，大阪市街地では，やぶを住処とするウグイスがまったく繁殖していない．三方を山

に囲まれた京都と違って，大阪市街地が樹林性鳥類の豊富な山地から非常に離れていることも関係があるだろう．

(5) 「都市鳥」化する野鳥

　一方で，鳥類相は，環境の変化だけでなく，鳥類の側の人工環境への適応などによっても変化する．ヒヨドリやキジバトはかつて山の鳥であったが，大阪では1970年代に都会に進出した．またシジュウカラ，メジロ，カワラヒワ，ハシブトガラスも大阪では1980年以降に繁殖をはじめた種である（和田1999）．コゲラも近年になって都市域に進出してきた種であり，約10年前の大阪ではコゲラは10ha以下の孤立林では生息していなかったが（夏原2000），2000年の調査ではコゲラは4地点で記録され，その内の2地点は10ha未満の都市緑地であった．コゲラは今後，さらに小さな緑地でも生息するようになる可能性がある．また，2002年繁殖期にはヤマガラが大阪城公園で記録されるなど，大阪の鳥類相も少しずつ変化している．和田（和田1999）が指摘しているように，ひょっとすると現時点ではそれぞれの緑地における種数の環境収容力が飽和しておらず，移入率と絶滅率が平衡に達していない可能性もある．同じ地域における数年おきの鳥類相調査は，都市環境の変化と鳥類の習性の変化を知るうえで，興味深い情報の収集になると考えられる．

3 シジュウカラを指標とする都市緑地計画

(1) 都市におけるシジュウカラの役割

　前節において樹林性鳥類にとって良好な緑地の指標種となっていたシジュ

ウカラは，体長の約 14.5cm の小鳥であるが，幅広い樹林タイプに適応して採餌活動を行い，繁殖期はとくに大量のチョウ目幼虫など葉食性昆虫を食べ，なわばり内の葉食性昆虫の個体数をコントロールする力を持っている（Seki, S. and H. Takano 1998）．また，都市の公園や街路の樹木に大発生するアメリカシロヒトリの重要な捕食者であるとの報告もある（Ito,Y. and K. Miyash-ita 1968）．もちろんシジュウカラのみが都市の食物網において重要なのではなく，大阪の都市緑地における野鳥ではほかにスズメ，ヒヨドリ，キジバト，メジロなどもそれぞれ重要な役割を果たしているだろう．しかし，これらのシジュウカラ以外の野鳥は都市環境に適応して都市内に比較的数多く存在しているのに対し，前項で見たように市街地におけるシジュウカラの生息数はやや少ない．また，シジュウカラのような樹木の幹や枯れ枝の中に生息する昆虫をも餌とする野鳥で都市に生息するものはほかにコゲラくらいしか見当たらず，都市内においてコゲラの生息数はシジュウカラよりもさらに少ない．したがってシジュウカラが生息することによって都市における食物網が複雑になり，健全な生態系に近づくことになると考えられる．このような理由からシジュウカラは都市生態系において生態的指標種（同様の生息場所や環境条件要求性を持つ種群を代表する種）であり，またバランスの取れた食物網を形成するうえで重要な種であるともいえ，筆者は都市における目標種と考えている．

シジュウカラは，森林性の種というよりもジェネラリストあるいは疎林性・林縁性の種といわれ，点状に分布する樹木を利用できるために都市でも生息が可能であるとされている（小河原 1996）．東京の都心における調査（5 例）では，シジュウカラの行動圏は 0.385 から 10.0ha，行動圏に含まれた緑被面積は 0.08 から 0.68ha であり（生態計画研究所 1996），本種は都市域の住宅地などでも生息が可能であると思われる．しかし，東京の下町や大阪のように歴史的にまとまった樹林がなかった地域では生息数が少ない（川内 1991）．本項

では，前項と同じ大阪の都市緑地における鳥類相の調査結果から，とくにシジュウカラが生息している緑地の条件を詳細に分析した結果（Hashimoto, H. et al. 2005）を紹介する．

(2) シジュウカラの生息環境適合度モデル

シジュウカラの分布情報は前項と同じ 2000 年の繁殖期のデータである．本研究では，とくに市街地に点在する樹木の量とその範囲，そして生息地の連続性に注目して分析を行った．シジュウカラの生息確率を推定するロジスティック回帰モデル[4]を作成したところ，シジュウカラの分布を説明する環境要因として，250m 内の樹冠面積と 1km 内の他のシジュウカラ生息地数が選ばれた．シジュウカラの生息確率とこれらの変数との関係をグラフでしめすと図 4 のようになる．樹冠面積が増えるほど生息確率は上昇し，近くに数多くの生息地があるほど同じ樹冠面積でも生息確率が高くなる．なお，シジュウカラは樹洞に卵を産んで繁殖する鳥であるため，樹洞ができるような樹種や大木も必要であるが，都市においてはブロック塀の隙間など，人工物にさまざまな「ウロ」を見つけて繁殖している．

一般的に生息予測確率が 0.5 を超えるかどうかが生息の有無の目安となる．1km 内の他のシジュウカラ生息地数が 0〜3 個の場合に生息確率 0.5 を超える半径 250m 内の樹冠面積は，それぞれ 6.0ha，4.0ha，2.6ha，1.8ha であった．1km 内の他の生息地数が 3 個を超える場合については，今回の調査結果からは区外推定となってしまう．

選択された半径 250m 内（19ha）の樹冠面積というのは，東京の市街地で報告されている最大行動圏 10ha（小河原 1996）より広いが，筆者らは大阪府立大学構内で親鳥が巣から 200m 以上離れた場所まで頻繁に採餌に出かけているのを観察しているので，妥当な距離と考えられる．

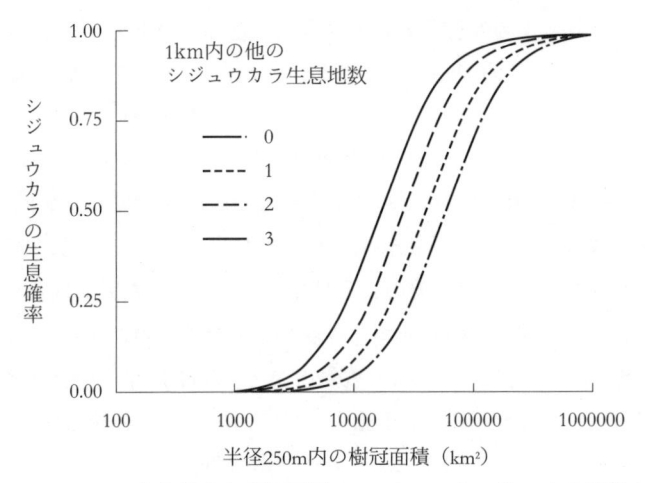

図4 シジュウカラの生息確率と樹冠面積および1km内の他の生息地数との関係．（Hashimoto, et al. 2005の図を改変）

シジュウカラのヒナは生まれた場所の近くに分散することが知られ（Kluijver, H.N. 1951），冬季に群れを作ることがペア形成に重要な役割を果たしている（Saitou, T. 1979）．また，第1回繁殖[5]によって巣立ったヒナの約40％が500m以内に分散し，1～2km離れた場所へ行くのは10％未満であると報告されていることから（Verhulst, S. et al. 1997），生息地が隣り合っていることで個体が侵入・補充されて個体群が維持されていると考えられる．したがって，説明変数として選択された1km内の他のシジュウカラ生息地数は，生息地の連続性のよい指標といえる．

（3） シジュウカラの生息に必要な樹木量

得られたモデルからは半径250m内に1.8ha（9％）～6.0ha（31％）の樹冠

面積がシジュウカラの生息に必要とされた．森林域のシジュウカラのなわばり面積は森林域では約1haとされるが，なわばり外でも採餌を行い（長井2000），行動圏は約3haになると報告されている（East, M.L. and H. Hofer 1986, 中村1975）．東京では1ha以下の樹冠面積でも生息していることがあるが（生態計画研究所1996），0.1～1.1haの小さな孤立林では繁殖成功度が低いことがイギリスで報告されている（Hinsley, S.A. et al. 1999）．したがって，シジュウカラは1ha前後で営巣するが，そのような場所では永続した繁殖地とはならず，局所的な絶滅と周囲からの侵入がくり返されているものと考えられ，今回得られたモデルにおいて選択された変数である1km内の他の生息地数は周囲からの侵入してくる確率，1haを超えるプラスアルファの樹冠面積は周囲から侵入して来ようとする個体にとってその場所がどれだけ魅力的か，ということを説明しているものと考えられる．

(4) シジュウカラの分布をシミュレートする

このようにして得られたシジュウカラの生息確率の予測モデルを都市緑化計画案の評価に用いたいが，このモデルだけでは，1km内の他の生息地数という現地調査にもとづく情報を利用しているため，現在のシジュウカラの分布がわかっている場合の部分的な緑地計画案に対してしか適用できない．したがって，広域の都市緑化計画の評価に対応するためにいくつかの仮定を置いたシミュレーション・アルゴリズムを現在構築中である．このアルゴリズムには確率が入ることになるので，実行するたびに少しずつ異なった結果を返すことになる．したがって，モンテカルロ法のようにたとえば100回のシミュレーションを行って，50回以上行動圏に含まれた範囲を生息域とする評価法が考えられる．また，都市緑地計画の評価であるから，この予測されたシジュウカラの生息域が都市内の樹木の何％をカバーしているか，というの

がひとつの評価指標となるだろう．

(5) 都市の緑の最低目標

　最低目標としては，市街化区域内のすべての公園の樹木と街路樹がシジュウカラの生息域に含まれている状態，と筆者は提案したい．シジュウカラが生息可能な緑の量があれば，ヒヨドリ，キジバト，メジロといった種もほぼ同時に生息が可能となるから，複雑な食物網が形成されて樹木に発生する昆虫の個体数もある程度抑制される．そのような緑と野鳥が豊富な地域が連続してひとまとまりになっていれば，近年関東地方で市街地への進出が著しい小型のタカの仲間であるツミの生息も期待できるかもしれない．シジュウカラという小鳥を指標とした上記のシミュレーションを行って都市の緑地計画案を評価することで，生物親和都市に近づくための具体的な計画を立てることが可能になると期待している．

いのちの森

▶ ・・ 引用・参考文献

前田琢（1993）「鳥類保護と都市環境——鳥のすめる街づくりへのアプローチ」『山階鳥類研究所報告』25: 105-136.
武内和彦（1991）『地域の生態学』朝倉書店．
井上忠佳（1987）「野鳥等の生息に配慮した都市緑化方策」『新都市』41（4）: 40-57.
夏原由博（2000）「都市における自然景観創造」『ランドスケープ研究』64: 135-137.
Marzluff, J.M. and K. Ewing (2001) Restoration of fragmented landscapes for the conservation of birds: A general framework and specific recommendations for urbanizing landscapes. *Restoration Ecology*, 9 : 280-292.
倉本宣・園田陽一（2001）「里山における生物多様性の維持」『里山の環境学（武内和

彦・鷲谷いづみ・恒川篤史（共編））』83-92，東京大学出版会．
橋本啓史・夏原由博・森本幸裕（2003）「大阪市街地の都市緑地の樹林を利用する鳥類を決定する要因」『国際景観生態学会日本支部報』8: 53-62.
樋口広芳・塚本洋三・花輪伸一・武田宗也（1982）「森林面積と鳥の種数の関係」『Strix』1: 70-78.
Fernández-Juricic, E. (2000) Avifaunal use of wooded streets in an urban landscape. *Conservation Biology*, 14: 513-521.
Clergeau, P., J. Jokimäki, and J.L. Savard (2001) Are urban bird communities influenced by the bird diversity of adjacent landscapes?. *Journal of Applied Ecology*, 38: 1122-1134.
和田岳（1999）「大阪市内の公園で繁殖する鳥の種数について」『大阪市立自然史博物館研究報告』53: 57-67.
Seki, S. and H. Takano (1998) Caterpillar abundance in the territory affects the breeding performance of great tit *Parus major minor*. *Oecologia*, 114: 514-521.
Ito, Y., and K. Miyashita (1968) Biology of Hyphantria cunea Drury (Lepidoptera: Arctiidae) in Japan. V. Preliminary life tables and mortality data in urban areas. *Res. Popul. Ecol.*,10: 177-209.
小河原孝生（1996）「都市の森――生きものの生息環境づくり」『緑の読本』38: 557-563.
生態計画研究所（1996）『都市のエコアップ調査（その3）』生態計画研究所．
川内博（1991）「緑のバロメーター」『野鳥』535：18-19.
Hashimoto, H., Y. Natuhara, and Y. Morimoto (2005) A habitat model for *Parus major minor* using a logistic regression model for the urban area of Osaka, Japan. *Landscape and Urban Planning*, 70:245-250.
Kluijver, H.N. (1951) The population ecology of the Great Tit, *Parus m. major* L. *ARDEA*, 39: 1-135.
Saitou, T. (1979) Ecological study of organization in the Great Tit, Parus major L.IV.Pair formation and establishment of territory in the members of basic flocks. *J.Yamashina Instit. Ornithol.*, 11：172-188.
Verhulst, S., C.M. Perrins, and R. Riddington (1997) Natal dispersal of Great Tits in a patchy environment. *Ecology*, 78: 864-872.
長井晃（2000）「育雛期のシジュウカラのなわばり外での採食頻度」『Strix』18: 115-119.
East, M.L. and H. Hofer (1986) The use of radio-tracking for monitoring Great Tit *Parus major* behavior: a pilot study. *Ibis,* 128: 103-114.
中村登流（1975）「日本におけるカラ類群集構造の研究 Ⅲ．；カラ類の行動圏分布構造の比較」『山階鳥類研究所報告』7: 603-636.

Hinsley, S.A., P. Rothery, and P.E. Bellamy (1999) Influence of woodland area on breeding success in Great Tits *Parus major* and Blue Tits *Parus caeruleus*. *Journal of Avian Biology*, 30: 271-281.

小林四郎（1995）『生物群集の多変量解析』蒼樹書房.

加藤和弘（1996）「生物群集の多変量解析とその地域環境計画への応用」『ランドスケープ研究』60（1）：46-55.

De'ath, G. (2002) Multivariate regression trees: A new technique for modeling species-environmental relationships. *Ecology*, 83: 1105-1117.

Larsen, D. and P.L. Speckman (2004) Multivariate regression trees for analysis of abundance data. *Biometrics*, 60: 543-549.

http://www.okada.jp.org/RWiki/index.php? RjpWiki

De'ath, G. and K.E. Fabricius (2000) Classification and regression trees: A powerful yet simple technique for ecological data analysis. *Ecology*, 81: 3178-3192.

加藤和弘・一ノ瀬友博・高橋俊守（2003）「分類樹木を用いた生物生息場所の分類：河川水辺の鳥類を対象とした事例研究」『応用生態工学』5（2）：189-201.

Guisan, A. and N.E. Zimmermann (2000) Predictive habitat distribution models in ecology. *Ecological Modelling*, 135: 147-186.

▶ ·· 註

1）生物群集の分類手法については，絶版になったが小林（1995）の本にくわしい．加藤の論文（1996）も参考になる．近年主流の TWINSPAN は，調査地を序列化することによって特定の調査地に偏在して出現するいくつかの種を指標種として選び出し，その指標種群が出現しているかいないかによって，調査地点群の2分割をくり返していく手法で，植物社会学的植生調査における表操作に似た作業を統計的に行っているといえる．他にも座標づけの後，クラスター分類を行って生物群集を分類する手法もある．生物群集を対象とする場合の座標づけの手法は，主成分分析（PCA）よりも除歪対応分析（DCA）が好ましい．調査地と種の座標づけとその環境要因との対応まで同時に分析する正準対応分析（CCA）という手法や，群集分類とその環境要因との対応まで分析する多変量回帰樹木（Multivariate Regression Trees）(De'ath, G. 2002; Larsen, D. and P.L. Speckman 2004) という手法もある．多変量回帰樹木以外の手法は，"PC-ORD Version 4 -Multivariate Analysis of Ecological Data-" (Mjm Software Design 社）というソフトウェアに揃っている．多変量回帰樹木については，統計解析ソフト S-PLUS のバージョン3用のライブラリ関数"trees++"がア

メリカ生態学会のウェブサイト上のエコロジカル・アーカイブスで公開されているほか，無料でオープンソースの統計解析環境 R 用のパッケージ関数 "mvpart" がウェブサイト CRAN（国内外に多数のミラーサイトがある）で公開されている．R に関する日本語による情報は，ウェブサイト RjpWiKi（http://www.okada.jp.org/RWiki/index. php? RjpWiki）を参考のこと．
2) 判別分析とは，グループ間に最適な境界線の式を求める手法である．説明変数は，種数の重回帰式で選択された環境要因のうち，全調査地を対象とした式，樹冠面積 1ha 未満の緑地を対象とした式，樹冠面積 1 ha 以上の緑地を対象とした式，の優先順位で，相関係数の絶対値が 0.5 以上の他の変数を除いた変数をもちいた．説明変数の選択は $F_{-in} = 2.0$, $F_{-out} = 1.9$ とするステップワイズ法で行った．なお，近年はパーソナル・コンピュータの処理能力の向上もあって，決定木法（Decision Tree）あるいは分類・回帰樹木（Classification and Regression Tree）とよばれる判別分析と競合する手法が生態学分野でさかんに利用されるようになってきた（De'ath, G. & Fabricius, K.E. 2000）．この手法は説明変数をもちいて目的変数を次々とグループ分けしていく手法で，それぞれの分割には 1 つのみの説明変数をもちいるため，データの正規性を仮定する必要性や多重共線性の問題がなく，また結果がわかりやすく表現されるために解釈が容易であるという特徴を持つ．日本語による解説は加藤ら（2003）によるものがある．この手法はいくつかの市販の専門ソフトウェアのほか，ウェブサイト CRAN で公開されている S-PLUS または R 用の関数 "rpart" によって利用できる．統計的な生息環境評価手法については参考になるよい英文総説（Guisan, A. & N.E. Zimmermann 2000）がある．
3) 樹冠面積は常用対数変換を行って正規化した値をもちいた．
4) ロジスティック回帰分析とは，目的変数を生息確率 p とした時，
$p = \exp(y) / (1 + \exp(y))$
$y = b_0 + b_1 x_1 + b_2 x_2 + ... + b_i x_i = \text{logit } p$
の式であらわされ，2 値変数で表される生態学的現象によくあてはまることが知られている．下段の式はロジット式とよばれ，上段の式中の y に相当する．尤度比検定で $p = 0.20$ を取捨の基準とするステップワイズ法による変数選択を行い，最大尤度法であてはまりのよいモデルを求めた．また，モデルは樹冠面積の読み取り半径別に 5 種類作成し，赤池の情報量指数（AIC）が最小となる半径のモデルをもっともあてはまりのよいモデルとした．なお，二値データの分類には註 2 で紹介した判別分析や決定木法も適用できるが，データの正規性などの仮定が成り立てば，確率として予測結果が得られるロジスティック回帰分析のほうが情報量が多く有用であると筆者は考えている．ただし，ロジスティック回帰分析において，変数増加法や変

数減少法は用意されている市販ソフトはいくつかあるが，ステップワイズ法による変数選択が可能な統計ソフトウェアが，筆者の知る限りでは，高度な統計解析ソフトSAS（SAS Institute 社）に限られているのが難点である．変数の組み合わせ数が少なければ，すべての組み合わせを手動で検討し，AIC が最小のモデルを選択してもよい．

5) 多くのシジュウカラのつがいは 1 回の繁殖期に 2 回程度の子育てを行う．1 回の産卵数は 4〜11 個で，約 2 週間で卵はふ化し，ふ化後約 3 週間で雛は巣立ちする．巣立ち後も半月から 1 か月くらいは親鳥が雛に餌を運ぶ．樹洞に巣材を詰め込む作業にかかる 1 週間から 10 日間を含めると，1 回の子育てが約 2 か月で終わることになる．地域や年によって 1 回目の産卵時期は 3 月下旬から 4 月下旬くらいまで少しずつ異なるが，これは雛のふ化と餌となるチョウやガの幼虫の大量発生時期がうまく合致するように逆算しているためと考えられている．

▶ ·· **関連読書案内**

樋口広芳・森下英美子（2000）『カラス，どこが悪い！？』小学館文庫.
加藤和弘（1996）「生物群集の多変量解析とその地域環境計画への応用」『ランドスケープ研究』60（1）: 46-55.
川内博・遠藤秀紀（2000）『現代日本生物誌 1　カラスとネズミ』岩波書店.
小林四郎（1995）『生物群集の多変量解析』蒼樹書房.
前田琢（1993）「鳥類保護と都市環境——鳥のすめる街づくりへのアプローチ」『山階鳥類研究所報告』25: 105-136.
松田道生（2000）『カラス，なぜ襲う——都市に棲む野生』河出書房新社.
夏原由博（2000）「都市における自然景観創造」『ランドスケープ研究』64: 2.
小河原孝生（1996）「都市の森——生きものの生息環境づくり」『緑の読本』38: 557-563.

夏原由博
Yosihiro Natuhora

Section 4-4

都市に自然をつくる

1 | 失われたものはなにか

　私が育ったのは1960年代の滋賀県の小都市で，いまは大阪市内淀川の南に住んでいる．子どもの頃見られたがいま身近に見られないものには，カブトムシ，ヘイケボタル，キアゲハ，オニヤンマ，ミンミンゼミ，タガメ，アメリカザリガニなどで，アオスジアゲハやシオカラトンボはいまもよく目にする．大阪と滋賀では比較にならないかもしれないが，一時は公害で有名になった大阪市西淀川区にも，昭和初期にはタガメ，ホタルがいたという（宗田ほか 2000）．
　上にあげたような生物は，タガメを除けばいまでも少し郊外に行けば見ることができる普通種であり，原生林や高山でなく人が農林業を営んできた「里地・里山」とよばれる場所を生息地としている．実はこうした種が都市だけでなく日本中からいなくなりつつあることが環境省の「新・生物多様性国家戦略」の中でも取り上げられ，その保全に国として取り組むことがうたわれている．もっと歴史をさかのぼれば，大阪平野にもシイやカシなど照葉樹林

の原生林があったことも地層からの花粉分析によってわかっている．人がいなければいまもそのままの姿を維持しているかもしれない．

　自然を再生しようとするときに目標となるのは，まず第一に失われた自然であり，おそらく失われてからまだ年数が経っていないような種類の自然から順に再生することが合理的だろう．都市にいきなり照葉樹林を造林しても，そこに住む生物の多くはすでに周辺から失われてしまっていて，本来の照葉樹林の生態系はよみがえらない．加えて，私のような都市に住む大人の多くが，子ども時代を過ごした「里山」に親しみを感じていることも事実である．

　本書で取り上げた事例は，そうした最近失われた自然を再生しようという試みだというのも偶然ではない．では，どうすれば失われた自然を再生できるのか．日本を代表する自然再生事業である釧路湿原再生に取り組んでいる北海道大学の中村太士教授は，失わせた原因を見つけて取り除くことが大事なんだと教えてくれた．釧路では一度直線にしてしまった川を再び蛇行させて，失われた自然を取り戻すことに成功した．だが，大阪や京都で自然が失われた原因はそう単純でなく，都市はまず経済や生活の場であることを考えると同じやりかたはできそうにない．以下に，生態学に基礎をおきつつ，都市という枠の中で自然をつくる方法を提案したい．

2 自然をつくる生態学

(1) 自然をつくる

　自然をつくるとは，生物がそこで生き続けられるようにすることに他ならない．それも人が水や肥料を与えて，枯れたらまた植え替えるということを続けるような状態を自然とはよばない．木なら木が放っておいても育って，

やがて種ができるとそこからの芽ばえが再び大きく育つような，自立した状態が自然であろう．

　生態学では，種が生き続ける単位を「個体群」とよぶが，もっとも単純に考えると個体群が存続するためには，生まれる子どもや種子の数と死んでいく数のバランスがとれていることが必要である．したがって，生存率が十分高い環境を整えることが自然創出の条件である．多くの植物にとっては，土壌や水，光がそうした条件だろうし，動物にとっては餌となる動植物の種類や住みかや移動経路が重要だろう．

　しかし，これはそう単純ではない．ひとつには生物は食う食われるという関係や競争など種間の関係があって，ひとつの種の生存率の増加が他の種の生存率を低下させることもある．もうひとつには，種によって好適な環境が異なるため，ひとつの種にとって好適な環境が別の種には適さないことがある．

　少し広いスケールで見ると，個体群はパッチ状に点在していて移動によって個体数が増減していることもある．その場合には出生率と死亡率に加えて，移入率と移出率も加えてバランスがとれている必要がある．しかし，ここでいうバランスとは常に一定であることではなくて，長い目で見てバランスが取れていれば短期的にひとつひとつの個体群が絶滅してもかまわない（1-2参照）．

　したがって，自然をつくるには広い面積の中にいろんな環境があって，多様な種が複数の場所で相互に関係しながら生息できるようにすることが肝心である．ところが都市では広い面積を生物のために確保することができないことが多い．

　もうひとつ，できるだけ多くの種についての生活史や生態系の中での位置づけが研究されることが必要である．とはいっても生物の種数は多くて調べつくせるものではない．そこでいくつか重要だと思われる種やグループに限って調べることによって，生態系全体を代表させられないかというアイデ

アが出てくるのは当然である．たとえば環境アセスメントの生態系評価では，典型性，上位性，特殊性という性質で調査する対象を絞ることを薦めている．

(2) 自然のポテンシャル

　ある生物が生息できるかどうか，種間関係や生物と環境とが働きあう生態系がどのようにできあがるかは，気候や地形，土壌など物理的，化学的な条件が基礎になって決まってくる．植物生態学では，人手が加わらなければ成立したであろう植生を「潜在自然植生」とよんでいる．ただし人手が加わらなくても，水流や風のような自然のかく乱によって植生は変化するので，同じ地域でも潜在自然植生は多様である（2-2参照）．わが国の場合，現実には人によって植林されたり，農地になったり，都市化されているので潜在自然植生と異なる植生に変化している場所がほとんどである．しかし，人手が加わらなくなれば，長年かかって植生は徐々に変化し，ある場合には潜在自然植生へと回復する（人による環境の変化が元に戻すことができないほど大きい場合には潜在自然植生と異なる植生になる）．

　自然をつくることを考えるときにこの「潜在（ポテンシャル）」という語はよく使われる．日置（2002）は，ある場所で種が生息できるか，生態系が成立するかといった可能性を「環境ポテンシャル」とよび，①立地ポテンシャル，②種の供給ポテンシャル，③種間関係のポテンシャル，④遷移のポテンシャルによって構成されるとしている．

　都市に自然をつくろうとする場合に，自然をつくることによって環境ポテンシャルも変化するため，現状のポテンシャルを評価するだけでなく，環境ポテンシャルのどのような変化が可能かを予測することが重要である．また，後述のように生息地の大きさそのものが環境ポテンシャルの重要な構成要素になることに留意する必要がある．

3 都市の自然の目標とポテンシャル

(1) 自然の保全と修復

　私たちはどのようにして自然をつくり出そうとしているのだろうか．ここで，いくつかのキーワードを整理してみる．保全（conservation）は将来の利用のために保護するという意味を持つ．自然環境の保全とは自然の構成要素である生物の種や大気や水など，さらにそれらの相互関係である生態系が大きく損なわれないような方法で利用することである．したがって，自然に手を触れないで保護する保存（preservation）とは異なる．しかし，保存は保全の方法のひとつでもある．一方，復元（restoration）は破壊されたり劣化した生息場所を元の状態に戻すことである（図1）．完全に戻らないまでも，自然に近いよりよい状態にすることを修復（rehabilitaiton）とよんでいる．また，もとの生態系と種組成などの構造が異なっているが機能的には回復させるものを再生（reclamation）として区別している．復元や修復もまた保全のための特殊な手段だといえるだろう．

　自然を修復するには目標がなくてはならない．一般的には，図1に示したように，劣化する以前の構造と機能が目標とされる．釧路湿原のようなところでは，比較的最近まで手つかずの自然が残されていたため，その状態を目標とすることができる．都市の自然が劣化した原因は明らかで，森林や草地など植物に覆われた部分や自然な水辺が失われたためである．自然の面積そのものが重要なことは，1-2で見たとおりである．しかし，大阪平野では2000年以上前から森林が切られ，難波の宮の時代から治水のための大規模な土木工事が行われた．人々は干拓され埋め立てられた水辺，あるいは切り開かれ整地された森林のあとに生活している．したがって都市化する前そのままの

都市に自然をつくる | 4-4

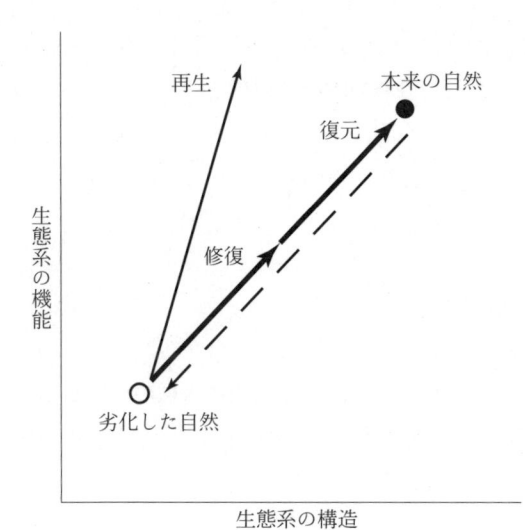

図1　自然復元の考え方と言葉

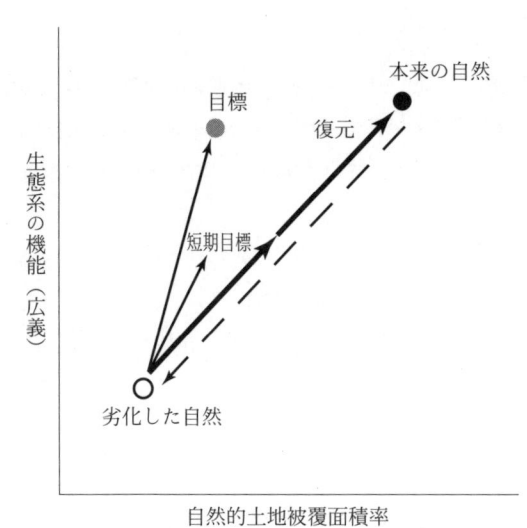

図2　都市の自然再生の考え方

自然を復元することはできないだろう．

広い意味での生態系の機能の回復を目標とするときに，緑地の面積を増やすことと同時に緑地の質や配置を変えることによって小さな面積で高い機能を持たせる再生ないしは修復が求められている（図2）．

4 都市の自然の歴史

新しい自然をつくるためには，日本列島に人類の足跡がはじめて残されて以来の自然環境の変化や水田による稲作がはじまり人口が増加したことによる変化を見ておく必要がある．

(1) 大阪の自然の歴史

いまから2万年ほど前（BP2万年）の後期旧石器時代は，最後の氷河期にあたり，地層の中の花粉分析などによると，西日本の山地および東日本はツガなどの針葉樹林におおわれていたらしい（安田1980）．この頃は海面が現在より100mほども低かったこともわかっている（中田1995）．縄文時代はBP1万年頃からはじまるが，その少し前，BP1万3000年から温暖化がすすみ，BP6000年には現在よりも，気温が2度ほど高く，海面も2-3m高かったとされている．大阪府羽曳野市古市の地層からの花粉分析によると，BP1万年頃まではゴヨウマツ類に混じって寒冷地に生える針葉樹であるトウヒ属の花粉がみられ，イチイガシ，アカガシ，ツクバネガシ，アラカシ，ウラジロガシ，シラカシなどの照葉樹を含むアカガシ亜属はBP7600年頃から出はじめ，増加している．この温暖化により，東日本はブナやミズナラなどを主とする落葉広葉樹林，西日本ではシイ，カシなどの照葉樹林におおわれるようになった．

そして，BP4000年頃には温暖化が終わり，気温が低下しはじめる．この気温低下はBP2500年頃が最大で，現在よりも寒冷化するが，照葉樹林の北進を妨げるほどのものではなく，再び上昇して，BP2000頃に現在とほぼ同じくらいの気温になったようである．

この気温低下によって，海は再び後退した．上町台地より東側は，淀川による堆積のため，海面が低下すると広大な干潟や湿地となった（梶山・市原1986）．これが，縄文晩期から弥生時代の水田耕作にとって有利だったと思われる．海の後退によって新しく陸地となった低湿地にはアシ原が広がり，ヤナギやエノキ，ムクノキなどが育ちはじめ，山の上に照葉樹林が残っていた．洪水により水没しない場所であれば，遷移がすすみ，やがてはシイやカシなど照葉樹林となるはずであった．照葉樹林の拡大速度はさまざまな条件によって異なるが，桜島の溶岩上では，噴火後500年でタブノキ・アラカシからなる極相林ができている．

われわれが今日，里山を代表する生物としている，カタクリ，ギフチョウ，ミドリシジミ類などは，数千年前の温暖化による照葉樹林化から焼き畑によって守られたのではないかという仮説がある（守山1988）．縄文時代の採集文化は西日本よりも東日本の落葉広葉樹林の中で発達し，西日本は焼き畑による原始的な栽培を経て，弥生時代の水田耕作の時代になって急速に発展した．守山は，それまでの落葉樹林にかわって照葉樹林が北上してきた頃，縄文時代人は焼き畑を行い，落葉広葉樹の二次林をつくった．ギフチョウやミドリシジミ類など落葉広葉樹時代の生物は人によりつくられた落葉広葉樹林，里山林で生き残ったという．

さらに時代が進むと，建築材料や薪として近くの山の照葉樹林は伐採され，都市周辺の山はコナラやアカマツなどの雑木林へと移り変わった．瀬戸内海沿岸や中国地方では，製鉄や製塩などの産業が起こると，大量の燃料を消費するため，これらの雑木林はぎりぎりの所まで収奪され，いまわれわれが求

めているような豊かな森からは遠い禿げ山寸前であった．これは当時の絵図等からもうかがえる．里山林の土壌は，しだいにやせて，土地本来の森林植生を維持できなくなり，アカマツやクロマツの林，もっとひどいところはイバラやススキあるいはコシダの野になったという（只木 1988）．江戸時代の難波にもマツを主とした都市林が点在したことが知られている．

　自然への人間の干渉が都市という形で完成する中で，わが国では都市は農地を取り込みながら拡大した．武士の町である江戸は，面積の70％が武士の居住地であったが，多くに自家用の農地を持っており，モザイク的な土地利用がなされていた．もうひとつには，都市の中で庭園という自然を模した造形を完成させた．上級武士の屋敷や社寺には庭園がこしらえてあり，現在の東京都心の緑にそうした過去の遺産の貢献は大きい．大きな武家屋敷の少なかった大阪でさえ，現在の樹被面積への貢献は公園よりも社寺境内の緑が多いという．庭園の生物多様性への貢献は 1-3 で見たとおりだが，都市内で水辺のネットワークが維持され，それが都市外の自然な水辺と連続していたことがもっとも重要な要因であっただろう．さらに自然景観のミニチュア化と借景という技術は現在の都市の自然づくりに資するところが大きい．

　かつての大阪平野が広大な湿地であったことはすでに述べたが，河川のつけかえ，干拓によって人の生活に適した土地に変えられてきた．大阪平野を流れる2大河川，淀川と大和川の両方ともが，流れがまっすぐになるようつけかえられた人工河川である．大阪城から住吉大社まで南北に伸びる上町台地の西は潮が入り，江戸時代に書かれた住吉大社の絵図では，住之江で潮干狩りをしている姿が描かれているが，埋め立てによって海岸から数kmも離れてしまった．それでも冒頭で紹介した西淀川区の記録では，昭和初期にはシジミ，アサリ，ウナギをとっていたことが記されている．

(2) 街路樹と公園

　日本の都市は戦前から緑化が進められていたが，大阪市の場合には戦後の緑化努力はめざましい．公園樹本数は1964年には約40万本であったのが，1993年には300万本に増加している．こうした緑化は見かけだけのものでなく，生態系にも影響を及ぼしていると考えられる．大阪では，ヒヨドリやキジバトは1970年代に，シジュウカラ，メジロ，カワラヒワ，ハシブトガラスは1980年代に都市域に進出して繁殖を開始した（和田1999）．これは鳥の習性の変化によるものかもしれないが，戦後公園の植樹や街路樹の数が増加したことも一因だと考えられる．

　一方で，顧みられなかったタイプの自然もある．万博記念公園では日本野鳥の会大阪支部によって1985年から定期的に観察会が実施されており，平(2004)によれば年間で60種程度が観察されている．ヤマガラ，アトリなど森林性の種は増加しているが，キジ，ホオジロなど林縁の農地で見られる種は観察頻度が減少した．1980年代に造成された大阪市内の鶴見緑地でも同様の傾向が見られ，1986年に記録されているキジは最近出現していない．

(3) 環境保全林と鎮守の森

　大気汚染が大きな社会問題となっていた1970年代からコンビナートや大規模工場を中心に工場緑化が推進された．これらの工場緑地の特徴はシイやカシ，クスなど冬にも葉を落とさない照葉樹を中心とした樹林である点である．シイ林は関東以西の極相林のひとつであり，神社や寺など人の手が入ることをタブーとし，保存されてきた鎮守の森のタイプでもあった．

　本来の鎮守の森は極相林であるがゆえに生態的に安定しており，管理コストがかからない．また，冬にも葉があることから環境保全機能のうえでも価

第4章 　共生の管理と計画

値が高い．近畿地方の鎮守の森は，自然林としてはほとんど残っていない照葉樹林が保護されており，林内には貴重な動植物が残っている場合が多い．そのことからも，古い鎮守の森の保全は最優先されなければならないとともに，新しい「鎮守の森」がつくられることも意義深い．

　発電所など，多くの環境保全林創造の手法として用いられているのが宮脇 (1982) の「ふるさとの森づくり」である．現在の都市，産業，交通諸設備の中やまわりのように自然植生の失われている地区では，まず土地本来のふるさとの森を創造することがもっとも焦眉の，まちがいのない方法である」として，土地本来の自然植生と同質の環境保全林を創造すべきだとした．

　この手法の概略は，1) 自然植生の調査，2) 植栽樹種の選定，3) 植栽地盤の造成と表土の復元，4) 幼苗の密植である．年を経るにつれ階層性をもつ林が成立するとされているが，大阪南港発電所の例では，植栽後10年近くを経ても明瞭な階層構造は成立しておらず，同様の手法で植栽後20年を経た関西電力多奈川第二発電所においても大きな変化はみられない．南港発電所では成長速度の速いクスノキが優占しはじめ，森林組成が単調化しつつある．本来の方法である，地域の自然植生を十分調査したうえで自然植生に見られる樹種を植栽したものとはやや異なってきている．これらの問題はポット密植緑化手法に共通の問題である（前中 1989）．さらに，林床植生やアリ，地表性甲虫のように移動力の劣る生き物に乏しい事実も指摘されている（夏原ほか 1997，服部ほか 2001）．これは新しくつくられた都市緑地に共通する問題のようで，古くからある緑地との差は際立っている（図3）．

　緑化における鎮守の森の再現は都市緑化に自然の回復という新しい概念を持ち込んだこと，たとえ小面積であっても樹林をつくることによって野鳥や昆虫が戻ってくることを実証したこと，また経済的に環境保全林を構築するスタンダードな技術として，大きな成果を上げた．しかし，市民のアメニティ志向を十分満足させる緑地とはならなかった．加えて，自然度の高さを種数

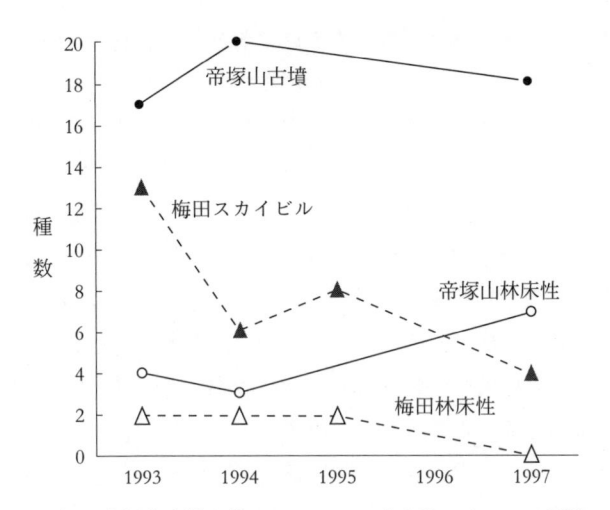

図3 帝塚山古墳と梅田スカイビル中自然の森のアリ種数
面積はほぼ同じ 400m² 程度で，中自然の森は 1993 年に作られた．

の尺度で測るならば期待されたほどの豊かな自然をもたらすことができなかった．その原因は成熟した森の生物の多くが林内で閉じた生活をしており，孤立した場所に新しく造成された森には移動してくれなかったことと，鎮守の森＝照葉樹林の林内が季節を問わず暗く閉ざされており，林床に新しく草や木が芽ばえる余地がないことが原因であろう．自然の移り変わりは数百年単位の時間を考えるべきなのかもしれないが，都市緑化を計画する時間単位としては長すぎよう．

(4) 里山の見直し

自然植生である照葉樹林を人間が焼いたり伐採したあとにできた植生とし

て里山林がある．里山林は田畑にすき込む落ち葉をとるための農用林や薪や炭の原木をとるための薪炭林として利用されていたが，1950年代以降，燃料の変化や化学肥料の利用などにより衰退した．それが1970年代後半になって再評価されはじめた．クヌギ，コナラなど落葉広葉樹を主体とした雑木林は，都市に住む人々に郷愁をよび起こすものとなっている．宮崎駿のアニメ「となりのトトロ」や国木田独歩の「武蔵野」にみるように，里山は日本人のふるさとである．美しい新緑，薄桃色のカタクリや白いニリンソウの咲く林床，マツタケなど豊富な山の幸のイメージが強い．里山は人の手の入らない原生林とは異なり，農耕文化の発生以来，1960年頃までつづいた人と自然のかかわりを象徴するものでもあった．下草を刈って手入れされた落葉広葉樹は冬には林内が明るく，早春，多くの林床植物が芽ばえ，定期的な伐採と萌芽更新によって環境の異なるパッチ状の森となる．

　イギリスにおいても，ナラ類やハシバミなどの萌芽更新であるコピスはわが国と同じように第二次世界大戦後衰退の道をたどった（Peterken, G.F. 1981）．保護の重要性が気づかれたのもそう古いことではなく，1970年あたりかららしい（Rackham, O. 1971）．コピスは通常，高木を点在させる立ち木混在コピスとしてつくられる．萌芽更新林としては，地表近くで伐採するコピスに対してより高い位置で伐採するポラードというものもある．これらの萌芽更新林を保護する一方で，同様の生態的特徴を持つ林道や林内の空き地もあわせて保全している．

　里山ということばは四手井綱英先生が農用林をさして使いはじめたとしているが，その後自然保護や景観生態学研究の中で農業によってつくられた農地，二次林，草地，ため池，用水路などがモザイク状に織りなす環境をさすことばに変化した．さらに最近では里地里山とよばれることが多い．野鳥や昆虫などの種類がもっとも豊富な自然である里地里山は，その長年にわたって土地の気候に適応した自然のサイクルが築かれてきた．そこで，都市を緑

化するにあたってはその地方に固有の里地里山を再生するような形も，自然復元の考えと一致する緑化のひとつであると考えられる．

(5) ビオトープの時代

エコロジーパーク

　ロンドンのテムズ川右岸，ロンドン塔の対岸にあった遊休地にウィリアム・カーチス・エコロジーパークがつくられたのは 1976 年であった．わずか 0.8ha であるが，さまざまな植生を組み合わせて，ポケット・カントリーサイドとよばれていた．建設費はわずか 500 ポンド，当時の為替レートで 250 万円の予算であった（高橋 1981）．1980 年代にはロンドン市内の公園や港湾再開発地にもエコロジーパークの一角がつくられだした．南港野鳥園はほぼ同時期 1983 年に開園したが，大阪の都市公園にビオトープがつくられるのはずっと後のことである．

学校ビオトープ

　学校ビオトープは，子どもたちがのびのびと遊び，その中で環境に対する関心と理解を深めていく場となる．千葉県松戸市にある小金高校では，「都市から姿を消した生き物たちをよび戻したい」という願いのもとにビオトープ建設が計画され，1996 年 4 月に完成した（川北・山田 1997）．中庭につくられたビオトープは面積 1100 m^2 で，井戸水を水源とした池（71 m^2），水路（18 m），ミニ雑木林（200 m^2），畑（170 m^2），雑草園（250 m^2）から構成されている．畑は無農薬であり，一部（生物科農場）に野鳥の餌となる実のなる木やチョウの幼虫の食草，成虫の蜜源の花なども植えられている．

　学校ビオトープは学校園か生態園という名前でもいいはずだが，前者では花や野菜が植えられて，「害虫」は殺されるイメージだし，後者では，「自然」が保護されていて，ドングリを拾うのも禁止されるイメージがある．そのど

ちらでもなく，生態系としての自然とふれあい，理解する場をさす用語として用いられているようだ．ビオトープはドイツ語だが，ドイツで日本と同じ意味で使っているかどうか私は知らない．日本の学校ビオトープはアメリカやイギリスではスクールヤード・ハビタットとよばれている．学校だけに押しつけてしまう日本と違って，アメリカではバックヤードハビタットといって，民家の庭を野生生物の住みかにしようというよびかけを州政府などがすすめている．

　学校ビオトープをうまく作るには，ランドスケープについて，いくつかの異なるスケール考える必要がある．ひとつはもちろんビオトープ内の環境で，どのような植物をどのように植えたらいいのか，水辺はどうするかなど．もうひとつは，地域の中でのビオトープの配置を考える必要がある．

　ところで，都市環境のような孤立した人の手のはいる動的な環境において，豊かな生物相が安定して存在するためには，多様な生物種が持続的に供給されることが必要である（守山・飯島 1989）．横浜市の調査では，学校ビオトープの面積は過半数が $20m^2$ 未満であり，「自立した生態系」を期待できるものではない．都市内に小さな緑地をつくり出し生物相の存続を期待する場合，大きな森林公園や郊外の緑地などからの距離が重要だと指摘されている（守山ほか 1985）．また，トンボも含め，動物が新しい環境に移住する場合，空から飛来した種がその群集の構成に重要な役割を果たすといわれている（Layton, R.J. and J.R. Voshell 1991）．多くの昆虫が確認されたことは，比較的近くにこれらの種の供給源となる水環境が存在していることを示唆している．逆にいうと，ビオトープの造成は，都市部にすむ水生昆虫の新たな生息地を産み出すのであり，移動力をもった昆虫にとってより安定的な生息地ネットワークを提供するものだといえよう．

里山公園

　人口 80 万人の大阪府堺市の丘陵地にもレッドリストに記載されているオ

オオタカやカスミサンショウウオが生息している．カスミサンショウウオはかつては水田だったが耕作しなくなった谷で産卵していた．放棄水田と周囲の森林の一部がゴルフ場の拡張予定地に含まれたが，「鉢が峰の自然を守る会」の運動によって，ゴルフ場は予定を変更し，カスミサンショウウオを保護することに決めた．私は研究室の大学院生や「守る会」のメンバーとともにカスミサンショウウオが産卵できる湿地を造成した．これには大阪府能勢町で休耕田の湿地づくりの経験のある昆虫学研究室の大学院生馬場直人，向井康夫両君にも助言と労力を提供してもらった．対象地はネザサやミゾソバに覆われていたので，まずこれらを刈り取り，粘土を掘り返して水深の異なるふたつの湿地をつくった．造った時点で深いほうは15cm，浅いほうはひたひた程度とした．幸い上流に溜池があり，真夏の渇水期にも水が得られた．カスミサンショウウオの産卵は2〜3月である．2001年11月の調査で，湿地の近くに置いた木の板の下で越冬している成体が4匹もみつかり，以後少数ながら毎年産卵されている．現在，大阪府内でカスミサンショウウオの生息場所が保護されているのは3か所にすぎない．

　1992年に開園した横浜市にある舞岡公園は谷戸の地形を残して市民が農体験や自然観察を楽しみながら，里山の自然を保全していることで有名だが，堺市でもオオタカなどが生息する地域を「ふれあいの森」として市民参加の里山公園づくりに着手した．こうした都市近郊の里山保全は「生物多様性国家戦略」の中でも重視され，2002年に制定された自然再生推進法に基づいて埼玉県のくぬぎ山で実施されるなど今後も活発になるだろう．

5｜いろいろなハビタット

　生物が生活し，繁殖するためにはいくつか必要なもの（餌や住み場所，環境

の組み合わせが必要である．その組み合わせは種それぞれ異なっていたり，一部分共通していたりする．たとえば，ミカン科の木はアゲハの幼虫に必要なものだが，これだけではアゲハが生息するには不十分で，成虫が蜜を吸うための花（たとえばウツギやクサギ），飛び回るための明るい開けた空間などが必要である．

ひとつの環境と隣あう環境との間の推移帯（エコトーン）は生息場所として重要である．推移帯とは水と陸との間の水辺，森と草地との間の林縁などである．イギリスでは，大蛾類の60％は開けた林地，林道，伐採地，低木のような推移的な林の生息場所に結びついている．都市の森は広さに関して本当の森とはなりえず，本当の森の林縁的環境といえる．その意味で，林縁についてくわしく知ることがたいせつである．とはいえ，どこからどこまでが林縁かと定義するのはむずかしい．植生から見た林縁は森林と草地との間の潅木やマント群落のみられる範囲とすることもできるし，草地の草本がもっとも深く森林に侵入している地点とすることもできる．前者は11〜12m，後者は40m以内といった測定値がある．動物による林縁の定義はもっとばらついている．林縁に営巣する鳥の巣の場所を調査した例では，林内50m程度までという一方，林内性の鳥は林縁から200m以上入らないと増加しないという報告がある．

都市の鳥や植物，菌類についてはくわしい説明があるので，重複しない範囲で都市の生息場所について解説する．

(1) 森

本当は新しい森をつくるよりも古くから残された森の保護が重要である．古い森には大木や枯れ木があり，これらの場所を必要とする小動物を保護している．また，移動能力の小さな陸貝や土壌動物などが生息している．そう

した種は新しい森をつくっても自然に住み着くまでには数百年以上かかるかもしれない．

しかし，古い森だけが生物にとって重要なのではない．潅木—先駆種—極相種といった森の成長段階に応じて異なる生物が生活する．伐採後の年数と森林，チョウおよび数種の鳥の密度が種によって異なる変化をしめすことが報告されている．このように萌芽更新される雑木林では，伐採後の回復によって生物相が変化するので，森を区画化して伐採年を変え，いつもさまざまな回復段階の樹林があることが望ましい．森は，はじめから完成されたものとしてつくられるのでなく，樹木の生長とともに変化しながらつくられていく．

気をつけなければならないのは，森は生きた木だけによってつくられているのでなく，落葉，枯れ木など「死んだ」木の存在が重要なことである．斉藤（1974）によれば，樹齢40年のヒノキ林では，枝と葉の量が 44 t/ha に対して，枯れ枝が 9 t で地表に落ちている落葉落枝（A0 層）は 17 t であった．イギリスでのデータでは，完全な森林の全有機物量の 17％は枯死材だという．古い森ほど枯死材の量は多く，枯死材を利用している生物の種も豊富である．菌類やカミキリムシなどの昆虫が代表的だが，枯死材を利用する昆虫の多くは幼虫期を枯れ木ですごすが，成虫は林内の開けた場所ですごし，花の蜜や花粉を食べている．

(2) 草　　地

森林と比べてかえりみられないが草地は重要なハビタットである．草丈によってススキやヨシなど高茎草地とシバのような低茎草地に分けられるが，草食動物にとっては広葉植物かイネ科・カヤツリグサ科かの区別も重要である．植物との共進化の中で，広葉植物は動物の食害を避けるために二次物質を蓄積し，イネ科などは珪酸によって葉を硬くした．チョウの仲間は狭い範

第4章　共生の管理と計画

囲の広葉植物に特殊化して解毒酵素を用意することによって，他の種が食べない植物を食べるよう進化し，バッタの仲間は強いあごを持つことでイネ科の硬い葉を食べるように進化した．

　コオロギやキリギリスなど鳴く虫も日本の風物詩として文学や絵画に古くから登場している．これらの昆虫は草原だけでなく，さまざまな植生に適応して生活している（小林1990）．たとえば，マツムシはススキなどの高茎草原，スズムシは林縁のマント群落，カンタンはヨモギの生えている草原を好む．

　緑地の草刈はいっせいに行うのでなく，どこか一部に背の高い草地が残るような刈りかたをすれば，高茎草原をすみ場所としている生物の生息が可能となる．高茎草地はオオヨシキリやセッカなどの鳥やカヤネズミの営巣場所である．一方，ヒバリやケリなどは低茎草地や畑などで営巣する．

(3)　裸　　地

　草地よりもっとかえりみられないのが裸地である．しかし，洪水によって形成される丸石河原がカワラノギクなど希少種の生息場所であったことが知られ，裸地の価値が見直されている．河川敷内で営巣する水鳥にとっても中州の存在が重要と指摘されているが（3-1），コアジサシもそうした環境で営巣する．しかし，自然な丸石裸地がほとんど失われたため，人工的な環境を利用する例が増加しているらしい．大阪市では淀川の水利施設につくられた人工中州で営巣している．東京都では下水処理場の屋上で営巣したため，屋上をコアジサシの楽園にするよう都と市民が共同で事業に着手している．

　裸地や草地など遷移初期のハビタットは，再開発予定地など都市の一時的な遊休地で実現可能である．都市全体で計画的にローテーションを組んでそうしたハビタットを維持するシステムをつくることが望まれる．

(4) 干潟と湿地

大阪湾や東京湾では大部分の干潟が干拓や埋め立てによって失われてしまった．大阪南港や東京湾の野鳥園での経験から明らかなように，人工干潟であってもある程度の多様な生物のハビタットとして機能を発揮する．最大の問題は人工干潟は面積が狭いことである．

大阪や東京の湾奥は水質が悪いため底生動物の種が限られるが，現存量そのものは低くない．大阪府内のいくつかの河口に非常に狭い干潟が形成されているが，ハクセンシオマネキを含む数種のカニが生息している．干潟のスナガニ類は水質よりも底泥の粒径や高さで定着が決まるようで，人工干潟の構造によって修正が可能である．ヨシ原や後背の海岸林を含むエコトーンの形成が生息する生物の種数を増加させる．淀川でも人工干潟が実験的に造成されたが，完成を待たずヤマトオサガニの定着が確認できた．一方貝類はカニより水質に敏感だが，現在生息できていない貝なども多くは幼生がプランクトンとして供給されており，水質が改善されれば容易に定着する可能性があることが東京湾で調べられている．

6 進化する自然づくり

(1) 再びなにが足りないか，なにができるか

都市で失われたものは，川の中洲や丸石川原，足が砂や泥に埋まる海辺，田んぼと畑，雑草しか生えていない原っぱ，ヤブカラシのからまる藪，そうしたものが集まったランドスケープ．昭和の初期に戻すのでなく，新しい形でそうしたランドスケープを作り出すくふうが必要だろう．何人かの先達が

うまい考え方を提案してくれている．「中自然」である（高橋1981，吉村1986）．高橋は人が作り出した自然である田園景観を重視し，吉村は都市に必要な野性（しかし危険のともなわない）としての森づくりを提案した．しかし中自然の考え方は進化する．私たちの中自然は，中自然のさきがけとなった万博公園の木を切ることからはじまった．さらに中自然は森だけに限るのでなく，ランドスケープでなくてはならない．里山が二次林からランドスケープ全体を意味することばに変化したように．

　これにはふたつの意味があって，ひとつは水辺や林縁など異なる生態系間の移動が大切だということ．すなわち，木から落ちた毛虫が魚に捕食され，逆に水から羽化した水生昆虫が鳥に食べられるという関係である．もうひとつは，日本庭園の借景のように大きな自然地と都市のハビタットが視界でつながっていることである．トンボが光る面をめがけて舞い降りるように，鳥や昆虫の多くがハビタットを目でみつけている．都市の生態系は都市外の自然なしには自立できないから，そうした自然地に生息する生き物の視野に都市のハビタットが入っていることが生き物の誘致のための要因のひとつとなるだろう．人にとって緑被率より緑視率が大事だと言われることと一部共通する．

(2) 科学的実験としての自然づくり

　都市緑地の管理に順応的管理が適していることはすでに1-1で説明されているが．ここでは，自然科学の実験としての側面を強調したい．自然は不確定な要素が多いために，その保全や修復は経験に頼ったり，無計画になされることが多かった．しかし，工学分野と同様にこれまでの理論にもとづいて，モデル化し，できれば適切な処理区と対照区を設けて計画，施工，実証するというプロセスを経ないと発展はない．万博記念公園の人工ギャップ造成で

は実験デザインが組まれモニタリングされて理論へのフィードバックが行われている．次には，緑地の配置やエコロジカルネットワークの効果などもう少し大きなランドスケープスケールでの実験がなされることと思う．

動植物の導入

　孤立した森には目的とする生き物が移住してくれるとは限らないから，樹木だけでなく，草本や魚，昆虫も人為的に導入することもある．とくに，生態系のキーストーンとなる種，林内の送粉性昆虫や種子散布するネズミやアリなどは場合によっては積極的に導入するほうがいい．しかし，もともとその地域にいなかった動物・昆虫を持ち込んではいけない．植物については緑化工学会の提言などを参考にすべきである．また，都市化以前に生息していた種を再導入（あるいは移植）する場合には，以下のような条件を満たす必要がある．
○再導入する種がその地域にかつて分布しており，現在生息していないこと．
○再導入する生物は近くでとられたものであること．また，そのことによって，採取場所の自然を攪乱しないこと．
○再導入先の環境条件がその生物にとって好適であること．
○再導入の予定を公表し，経過を記録すること．

---

(3) 見えない自然が見えてくる

　都市の自然は利用されてこそ意味を持つ．利用にはさまざまな形態があるが，重要なひとつに生き物とのつきあいかたを学ぶことがある．宮武 (1995) は，「虫嫌いは自然に対して無関心になることにつながり，」「親が虫嫌いでは『人と自然の共生』という大事な理念の継承はおぼつかない」と指摘している．

第 4 章　共生の管理と計画

その出発点は遊びだろう．

　紅の森では，ハトへの餌やり，虫採り，ザリガニ採り，シジミ採り，川での水遊び，落ち葉遊び，キノコ探し，木の枝を使ったチャンバラ，泥遊びなどの自然物遊びが非常に多く，次にボール遊びが多かったという．こうした自然あそびの場として活用されることはたいせつである．

　もう少しすすんだ段階として，発見する楽しさがある．いのちの森でのきのこの発生の変化は，自然のおもしろさを教えてくれる．ぼんやりと見ていたのでは，見えなかったものが，調査を続けることによって見えてくる楽しさである．大阪では 1975 年からタンポポ調査が行われている．タンポポは関心のないひとには黄色い花としか見えないが，調査を通じて市民や子どもたちだけでなく研究者もいままで見えなかった自然の世界が開けてきた．もともとは里地里山のシンボルとしてのカンサイタンポポと都市化のシンボルとしてのセイヨウタンポポやアカミタンポポの分布の変化を知ること通じて，都市の自然を守ることが趣旨だったが，それだけにとどまらず外来種と在来種の交雑の問題も明らかになり，保全生物学の例を見ない教材となっている．都市のハビタットが子どもたちや市民に新しい感動を与えてくれる場所になってくれることを願いたい．

いのちの森

▶ ………………………………………………… 引用・参考文献

宗田好史・北本敏夫・神吉紀世子・あおぞら財団（2000）『都市に自然をとりもどす』学芸出版社.
高橋理喜男（1981）『緑の作戦』大月書店.
吉村元男（1986）『野生でよみがえる都市』学芸出版社.
服部保・小野由紀子・鍛冶清・石田弘明・鈴木武・岩崎正浩（2001）「臨海部における

照葉人工林の種多様性と種子供給源の関係」『ランドスケープ研究』64：545-548.
梶山彦太郎・市原実（1986）『大阪平野のおいたち』青木書店.
小林正明（1990）『秋に鳴く虫』信濃毎日新聞社.
Layton, R.J. and J.R. Voshell(1991) Colonisation of new experimental ponds by benthic macroinvertebrates. *Environ. Entomol.* 20:110-117.
前中久行（1989）「エコロジー緑化」亀山章・三沢彰・近藤三雄・輿水肇（編）『最先端の緑化技術』ソフトサイエンス社，p.285-294.
宮武頼夫（1995）「都市における生き物とのつき合い方 4　人と自然の共存をどのように考えるか」『日本環境動物昆虫学会誌』6:187-191.
宮脇昭（1982）「環境保全林の創造について」『環境研究』41:90-103.
守山弘（1988）『自然を守るとはどういうことか』農山漁村文化協会.
中田正夫（1995）「最終氷期以降の海水準変動」日下雅義（編）『古代の環境と考古学』古今書院.
夏原由博・今井長兵衛・田中真一（1997）「大阪南港発電所（関西電力）の環境保全林（エコロジー緑化）における樹林の発達と鳥，アリ群集の特徴（1933-4年）」『大阪市立環境科学研究所報告』59:68-82.
Peterken, G.P.(1981) *Woodland conservation and management.* Chapman and Hall, London.
Rackham, O.(1971)Historical studies and woodland conservation. In *The Scientific Management of Animal and Plant Communities for Conservation.*（Duffey, E. and A.S. Watt, eds）:Blackwell Oxford, pp.563-580.
斉藤秀樹（1974）「落ち葉」只木良也・赤井瀧男（編著）『森——そのしくみとはたらき』共立出版，p.60-77.
宗田好史・北本敏夫・神吉紀世子・あおぞら財団（2000）『都市に自然をとりもどす』学芸出版社.
只木良也（1988）『森と人間の文化史』日本放送協会.
平軍二（2004）万博公園探鳥会で観察した鳥.
　　http://park.expo70.or.jp/kankyoutyousa/tantyoukai_19nen.pdf（2004年12月参照）
高橋理喜男（1981）『緑の作戦』大月書店.
和田岳（1999）「大阪市内の公園で繁殖する鳥の種数について」『大阪市立自然史博物館研究報告』53:57-67.
安田喜憲（1980）『環境考古学事始』日本放送出版協会.
吉村元男（1986）『野生でよみがえる都市』学芸出版社.

あとがき

　2001年に新・生物多様性国家戦略が閣議決定された．すでに行っている各省庁の施策をまとめただけのホッチキス戦略との揶揄もあった旧・戦略とくらべて，こちらは全国的なレッドリスト調査と，独自のすぐれた絶滅確率評価結果も踏まえた格調高い宣言である．なかでも評価したいのが，生物多様性が豊かな文化の源泉である，という指摘である．

　本書でとりあげた事例のひとつ，下鴨神社糺の森は，「古都京都の文化財」として1994年に世界遺産に登録された．この都市のなかの半自然林が，1400年前に始まったとされる葵祭（あおいまつり）の舞台であり，森を行く行列の人々の「簪」（かんざし）には巨木となるカツラの小枝と湿った林床を好むフタバアオイという河畔林の自然要素が使われる．

　世界遺産は，とかく矛盾するものと考えられてきた自然と文化をともに，人類の宝物として認知する．「自然遺産」と「文化遺産」としての登録基準があるが，日本の「文化遺産」には，その背景となる森に大きな特徴があることを強調したい．新たに世界遺産の仲間入りをする熊野古道を含む「紀伊山地の霊場と参詣道」，すでに登録されている文化遺産「厳島神社」も，その背景となっている原生林が著名である．森が生態学的に持続可能であるためには，社会的にも持続可能でないといけない．こんなあたりまえのことを文化遺産の森が示しているのではないか．さらに，文化的自然の代表ともいえる伝統的な日本庭園も，実はある意味で生物多様性の宝庫であることを本書で

あとがき

述べた．
　大阪吹田にある万国博記念公園の自然文化園地区や大阪南港野鳥園での自然再生の試みも取り上げたのだが，実は出版社からはローカルな話題すぎるのでは，いう消極的ご意見もいただいた．だが，前者は大規模造成地の森林再生として，後者はすでにほとんど失われてしまった干潟の本格的な自然再生として，それぞれ日本最初の事例なのである．しかもこれだけ綿密なモニタリングが行われていることも特筆できる．だからこそ，自然再生推進法が2003年に成立したいま，思いだけでは再生しない自然とのつきあい方を検討するためにも，全国にその情報を発信する意義があると考えた．
　さて，本書の題名となった「いのちの森」は「生物親和都市」のコアとなるべき緑という思いを込めているが，京都市の梅小路公園の一角にできた野生生物の聖域の固有名詞でもある．行政上は各地に整備されている自然生態観察公園（アーバン・エコロジー・パーク）のひとつだ．しかし，これほど自然から遠かった都心の一等地がまとまって野生に開放され，しかもそのモニタリングをボランティアグループが継続している例は他にない．新・生物多様性国家戦略に描かれたグランドデザインのひとつ，自然豊かな都市を作り上げていくには，本書に紹介したようないくつもの地道な取り組みと，その理論構築にむけた研究がきっと役立つはずであると考えた．たとえば，合計でおなじ面積の緑地を確保するならより効果的な立地と配置があるし，放置するよりも人々とのかかわりによって自然的かつ文化的価値を高める森や庭園がある．河畔林をはじめとする水辺のエコトーン（生態系の推移帯）や山際の緑のモザイク構造は重要な意味を持っているらしいことなどがわかってきた．
　このように，これまでとかく願望を絵に描くだけのことの多かった「緑地計画」から脱皮して，本来その地に生息していた生物種を絶滅に追い込まない都市づくり「生物親和都市」をめざして，私たちが総合研究を展開しよう

あとがき

としていたとき，ニッセイ財団の 2001 年度の環境問題研究助成「都市の野生生物生息環境ダイナミックスと順応的管理」(代表：森本幸裕) を得ることができ，さらにその研究成果の出版助成を得ることができた．

　まだ発展途上のこうした研究にご理解を賜った日本生命財団，編集と出版に際してたいへんお世話になった京都大学学術出版会の鈴木哲也氏，桃夭舎の高瀬桃子氏に厚く御礼申し上げる．これを機会に，さらに生物親和都市にむけた研究とその成果の展開を図りたい．

著者を代表して　森本幸裕

■本書の刊行にあたってご協力を頂いた皆様

〈調査地提供〉
京都市
(財)京都市都市緑化協会
賀茂御祖神社（下鴨神社）
久保道男（田野井地区区長）
(独)日本万国博覧会記念機構

〈データ提供〉
大阪府環境農林水産部緑整備室
環境省国民公園京都御苑管理事務所

〈共同研究者（執筆者以外）〉
青井　俊樹　（岩手大学農学部）
今西　純一　（京都大学　地球環境学堂　助手）
折原　貴道　（京都府立大学農学部）
勝又　伸吾　（京都大学農学部）
川島　聡子　（元大阪府立大学農学部）
川村　周仁　（ユリカモメ保護基金　代表）
岸本　佳子　（奈良県五條市）
北川　ちえこ（京都ビオトープ研究会　会員）
北尾　玲子　（元滋賀県立大学環境科学研究科　修士課程）
楠本　　勝　（岸和田市立新条小学校校長，元 きしわだ自然資料館　指導主事）
小林　久泰　（茨城県林業技術センター　技師）
澤　　邦之　（環境省）
鈴木　　彰　（千葉大学大学院自然科学研究科　教授）
瀬戸　　剛　（元 大阪市立自然史博物館）
武田　一郎　（京都教育大学　教授）
田中　安代　（元名城大学大学院農学研究科　博士課程）
谷亀　高広　（千葉大学大学院自然科学研究科　博士課程）
董　　建軍　（京都大学　農学研究科　博士前期課程）
中村　　進　（大阪府立泉南高校　教諭）
西尾　伸也　（清水建設(株)）
長谷川美奈子（日本野鳥の会　会員）
普代　貴子　（元奈良女子大学大学院人間文化研究科　修士課程）
牧野　亜友美（京都大学農学研究科　博士課程）
三木　聡子　（滋賀県立大学環境科学研究科　博士課程）
棟田　　愛　（元京都教育大学教育学部）
大和　政秀　（株式会社環境総合テクノス生物環境研究所　副主任研究員）
和田　　岳　（大阪市立自然史博物館　学芸員）

京都ビオトープ研究会いのちの森モニタリンググループの皆様

索　引

［アルファベット］
IUCN（国際自然保護協会）　74
NDVI（正規化差植生指数）　316
SLOSS　45
TWINSPAN（二元指標種分析）　352

［ア　行］
アオサ　222-223
アオモジ　88
イタチ公害　272
一次遷移　54
イチモンジタナゴ　57
逸出　89
羽化時期の種間差　260
エコロジーパーク　379
エコロジー緑化　306-307, 311
エコロジカルネットワーク　343
エッジ　44
大阪湾　215

［カ　行］
カイツブリ池型ビオトープ　203
外来種　62
攪乱　113
　　　——プロセス　77
河川改修　54
河川敷　198
学区ビオトープ　203
学校ビオトープ　5, 203, 379
学校林　203
褐色腐朽菌　137
桂離宮庭園　69
かび　132
鴨川　185, 195
カモ類　195
川調べ（川遊び）ビオトープ　203
カワセミ　20

環境形成能力　11
環境傾度　36
環境保全林　376
環境ポテンシャル　369
環境要因　325
間伐管理　318
希少種　26
きのこ　130, 132
ギャップ　123
　　　——ダイナミクス　329
胸高断面積　117
胸高直径　117
郷土種　308
局所生息場所　38
極相　54
ギルド内共食い　246
菌根　139
菌類　132
空間構造の多様化　262
空中産卵　246
クスノキ　116
景観　37-38
　　　——生態学　37
　　　——要素　37-38
形状指数　66
コイ　59
酵母　132
高林管理　318
5 界説　131
コケ類　71-72
古細菌　131
個体群　368
古典メタ個体群モデル　46
コピス　378
孤立林　84
コリドー　38

索 引

[サ 行]
材上生きのこ 143
再生 370
サギ類 196
里地・里山 366
里山林 378
三次的自然 76
シードバンク 14
シギ・チドリ類 216-217
シジュウカラ林型ビオトープ 203
自生種 308
自然観察会 30
シダ類，シダ植物 71, 90
実生バンク 123
湿地 214
　　――づくり 218
子嚢菌 133
シベリアイタチ 270
織宝苑 63
集団営巣 205
修復 370
樹冠回廊 12
種間関係 49
樹高成長不良 313
種数―面積関係 39, 85
種の絶滅 74
準絶滅危惧 74
順応的管理 24, 26
植生遷移 54
植物相の変遷 27
植物組織内産卵 246, 255
自立した森 324
シロチドリ 230
真正細菌 131
新・生物多様性国家戦略 76, 366
侵略的外来種 23
森林の世代交代 123
推移帯（エコトーン） 39, 382
住吉浦 216
生活史 48
生息場所の孤立化 47
生態系 38

　　――の定量評価 43
生態遷移 20, 54
生態的指標種 357
生物親和都市 32
生物多様性保全 346
西暦2000年の地球 73
絶滅危惧（種） 73-74
絶滅寸前 74
先行優先効果 251
潜在（ポテンシャル） 369
　　――自然植生 369
　　――的な生息地 43
ソースシンクモデル 47

[タ 行]
タイリクアカネ 244
タシロラン 149
打水産卵 246
糺の森 9, 111, 113
打泥産卵 255
ため池の消失 242
単回帰分析 86
担子菌 133
地域 38
地上生きのこ 143, 145
中自然 386
直径の相対成長率 119
鎮守の森 112, 375
ツキヨタケ 17, 144
庭園 56
低林管理 318
データロガー 326
デトライタス 224
天空率 331
冬虫夏草 134, 139
動的平衡仮説 44
トウネン 230-231
都市河川 185
都市鳥 204, 356
土壌有機物集積モデル 314
都市緑化 34
鳥被食型散布 113

索　引

トンボ　240
　　　——池型ビオトープ　203

[ナ　行]
内部の不均質性　101
ナチュラル・ハビタット・ガーデン　5
7界説　131
南港　216
　　　——野鳥園　215
二次遷移　54
ニッポンアカヤスデ　16
ニホンイタチ　271
日本の重要湿地500　227
熱慣性特性　316

[ハ　行]
パイオニア種　114, 268
ハイドロシーディング　305
パイライト　312
白色腐朽菌　137
パッチ　38
　　　——状更新　318
万国博記念公園　104, 308, 324
判別分析　354
ビオトープ　25, 379
　　　——型公園　209
干潟　214-215
光汚染　19
光環境評価　325
微環境　328
微地形　98
琵琶湖　57
復元　370
　　　——型ビオトープ　8, 25
腐植分解性　138
ふるさとの森づくり　376
平安神宮　57, 63
偏向遷移　22
保護の重要性　378
圃場整備事業　256

捕食寄生　235
保全　370
　　　——作業　237
保存　370
ほどほど管理　26-27
ポラード　378
本来の種　26

[マ　行]
埋土種子　329
マトリックス　38
水の回転率　66
ミトコンドリア　131
緑のネットワーク　34
都鳥　187
メタ個体群　46
猛禽類　21
木材腐朽菌　137
モザイク　38, 50
モニタリング　125, 236
モヤシ林　317

[ヤ　行]
ヤゴ　240
　　　——救出作戦　251
有機物の移入　267
ユリカモメ　186, 209
陽斑　325
葉緑体　131
ヨコエビ類　224

[ラ　行]
落差工　198
落葉分解菌　138
ラムサール条約　211, 214
緑視率　386
緑被率　386
レッドリスト　7, 74
レフュージ　76
ロジスティック回帰モデル　358

397

■著者紹介

伊藤　早介	（いとう　そうすけ）	株式会社日建設計ランドスケープ室　1-3
岩瀬　剛二	（いわせ　こうじ）	株式会社環境総合テクノス生物環境研究所主任研究員　2-3
大藪　崇司	（おおやぶ　たかし）	京都市建設局水と緑環境部緑政課　2-3
下野　義人	（しもの　よしと）	大阪府立香里丘高等学校教諭　2-3
須川　恒	（すがわ　ひさし）	龍谷大学・京都教育大学非常勤講師　3-1
髙田　博	（たかだ　ひろし）	南港グループ96代表，日本野鳥の会大阪支部 幹事　3-2
田端　敬三	（たばた　けいぞう）	大阪府立大学大学院農学生命科学研究科博士後期課程　2-2
中村　彰宏	（なかむら　あきひろ）	大阪府立大学大学院農学生命科学研究科助手　4-2
夏原　由博	（なつはら　よしひろ）	大阪府立大学大学院農学生命科学研究科助教授　1-2, 4-2, 4-4
橋本　啓史	（はしもと　ひろし）	京都大学大学院農学研究科博士課程　2-4, 4-3
松良　俊明	（まつら　としあき）	京都教育大学生物学教室教授　3-3
村上健太郎	（むらかみ　けんたろう）	きしわだ自然資料館学芸員　1-2, 2-1
森本　幸裕	（もりもと　ゆきひろ）	京都大学大学院地球環境学堂教授　1-1, 1-2, 1-3, 2-2, 4-1
和田　太一	（わだ　たいち）	南港グループ96海岸生物調査担当，シギ・チドリネットワーク 湿地学習コーディネーター　3-2
渡辺　茂樹	（わたなべ　しげき）	成安造形大学非常勤講師　3-4

いのちの森 —— 生物親和都市の理論と実践
©Yukihiro MORIMOTO, Yosihiro NATUHARA 2005

平成17（2005）年3月20日　初版第一刷発行

|編　著|森本　幸裕|
|夏原　由博|
|発行人|阪上　孝|

発行所　**京都大学学術出版会**
京都市左京区吉田河原町15-9
京大会館内（〒606-8305）
電　話（075）761-6182
FAX（075）761-6190
Home Page http://www.kyoto-up.gr.jp
振替 01000-8-64677

ISBN 4-87698-655-X
Printed in Japan

印刷・製本　㈱クイックス東京
定価はカバーに表示してあります